海洋资源开发系列丛书

FPSO单点系泊系统故障分析与完整性管理

韩宇　李牧　余建星　余杨　编著

天津大学出版社
TIANJIN UNIVERSITY PRESS

图书在版编目(CIP)数据

FPSO单点系泊系统故障分析与完整性管理/韩宇等编著. —天津：天津大学出版社，2023.5
（海洋资源开发系列丛书）
ISBN 978-7-5618-7344-1

Ⅰ.①F… Ⅱ.①韩… Ⅲ.①海上油气田－单点系泊－故障诊断－研究 Ⅳ.①TE54

中国版本图书馆CIP数据核字(2022)第226562号

出版发行　天津大学出版社
地　　址　天津市卫津路92号天津大学内（邮编:300072）
电　　话　发行部:022-27403647
网　　址　www.tjupress.com.cn
印　　刷　北京盛通商印快线网络科技有限公司
经　　销　全国各地新华书店
开　　本　787mm×1092mm　1/16
印　　张　16
字　　数　379千
版　　次　2023年5月第1版
印　　次　2023年5月第1次
定　　价　59.00元

目　录

第 1 篇
FPSO 系泊系统风险评估

第 1 章　FPSO 系泊系统故障梳理

1.1　系泊系统历史故障统计

1.1.1　历史故障收集

现阶段,浮式生产储卸装置(Floating Production Storage and Offloading, FPSO)的主要风险是由系泊系统故障引起的,这也造成了主要石油生产国及相关国际机构的担忧。为了更好地识别此类故障进而避免风险发生,要求石油公司可以对系泊系统的退化失效进行监测预警,如英国对现阶段在北海作业的海洋工程浮式结构(如半潜平台、FPSO 等)都提出了相关要求。

英国作为第一个提出并实施 FPSO 系统性解决方案的国家,一直将 FPSO 系泊系统完整性视为重大关切问题,因此英国健康与安全执行局(Health and Safety Executive, HSE)早期收集了大量有关于系泊系统故障的原因,并提供了 1990—2010 年系泊系统故障的详细公开报告。

美国也通过提高安全警报(如 MMS/BOEMRE,现 BSEE)或要求石油公司(如 PTA 等)直接收集挪威大陆架附近的系泊系统警报数据以实现故障数据收集。

故障数据的另一个主要来源是石油公司的新闻公开。所有的大型石油公司都曾对系泊系统安全故障事件进行过公开,部分地区发布的系泊系统故障原因就来源于此,但是某些小型石油公司可能不会提供有关故障的信息,有关系泊系统退化的公开报告更是少之又少。

在本书中,我们将讲述和分析所有公开的系泊系统故障事件及其影响,以及一些系泊系统未到达使用年限就提早被替换的案例及其具体原因。

1.1.2　故障清单

附录 2 中提供了系泊系统故障的统计记录列表。第一份记录来自挪威相关机构对过去 10 年中各地区系泊系统故障数据的综合报道。第二份记录为英国 HSE 统计的 1980—2005 年北海海域系泊系统故障统计。

可以使用第一份记录中的故障案例表格(仅包含 FPSO)提供的详细信息作为 FPSO 系泊故障根本原因评估的基础。第二份记录没有详细指出发生故障的平台,除 FPSO 外,还额外包含了其他类型浮式结构系泊系统故障,包括钻井平台、FPSO 平台等。

值得注意的是,第二份记录的数据来源都是较为老旧的平台和系泊系统,系泊设计方案相对落后。早期阶段在某些情况下,由于计算限制,无法针对 FPSO 的系泊系统进行足够详细的疲劳分析,因此系泊疲劳问题相比现在更易发生。即便到了 20 世纪 90 年代中期,系泊系统设计仍依赖于简化方法和水池模型试验结果,评估的案例也非常有限,这便导致极端环境条件下的系泊故障更容易发生。基于此类原因,本书中的评估将主要集中于第一份统计记录中的数据,而第二份统计记录中的数据主要用于潜在故障模式识别。

第一份统计记录记录了 2001—2018 年,28 次系泊系统故障或退化的案例,同期挪威大陆架附近钻井装置的相关数据记录为 19 次;第二份统计记录显示了北海海域所有类型平台的 260 次故障,其中 138 个为安装和检索故障,另外 122 个是操作期间的实际系泊故障。在下一节将对这些案例进行初步分析。

另外一个信息来源是 Deepstar 项目数据库,其中列出了 1997—2012 年整个海工行业总计 73 个浮式结构的 107 次系泊故障,故障原因包括以下几类:

(1)51 个单缆故障;

(2)9 个多缆故障;

(3)38 次预替换活动;

(4)9 份严重退化报告。

1.1.3 FPSO 全球布置及系泊故障统计

首先确定现有 FPSO 的作业位置、环境条件以及水深等参数,特别是那些服役时间为 5 年以上的 FPSO。附录 1 中提供了现有 FPSO 清单,列出了 525 个浮式生产平台,其中 FPSO 的数目为 222。由于故障计数过程主要针对 FPSO,因此在本书中将 FPSO 的统计总数定为 222 艘。

报告中发生系泊故障的 FPSO 作业区域的统计见表 1-1。

表 1-1 故障区域分布

区域	平台数量(个)	故障次数	故障率
南美洲	57	2	4%
非洲	44	3	7%
北欧	28	8	29%
东南亚	26	2	8%
中国	13	3	23%
墨西哥	10	2	20%
澳大利亚	9	0	0
地中海	3	0	0
中东	3	0	0
加拿大	2	0	0

北海海域、中国南海和墨西哥湾等台风和冬季风暴高发的地区,故障率为 20%~30%,约占总的 FPSO 系泊系统故障次数的 1/3;南美洲、非洲和南部东南亚等较为温和的地区,故障率低于 10%。特别值得一提的是巴西,拥有 55 艘 FPSO(约占全世界总数的 1/4),但仅发生了两次系泊系统故障。

1.2　国内单点系泊系统故障梳理（含南海案例）

1.2.1　单点系泊系统概述

单点系泊（Single Point Mooring，SPM）系统是指通过浮筒安装锚链或者塔架等单点系泊结构，在受到外部环境载荷作用时，可以通过位移来提供回复力的一种系泊方式。美国船级社（ABS）将单点系泊系统分为四种类型，包括悬链浮筒式系泊（CALM）系统、单锚腿式系泊（SALM）系统、塔架式系泊（TMS）系统和转塔式系泊（TM）系统。

本书研究的软刚臂单点系泊系统（图 1-1），属于塔架式系泊系统，在我国渤海湾这种海域水深较浅，环境海况具有比较明显随机性的环境下应用较为广泛。值得注意的是，在世界范围内，塔式软刚臂单点系泊系统的应用数量远不及其他单点系泊系统。

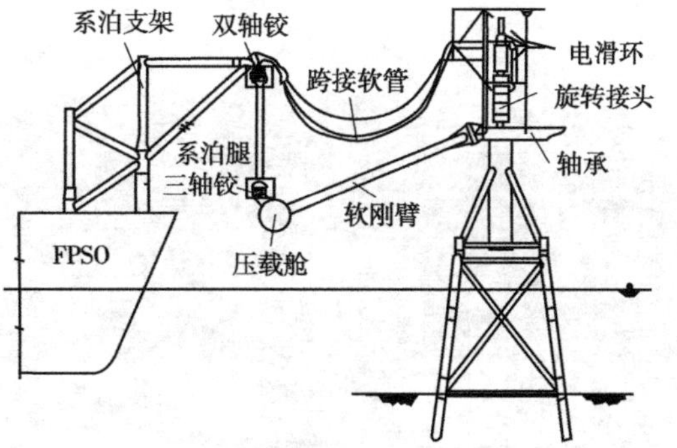

图 1-1　典型软刚臂单点系泊系统

截至 2019 年，中海油集团公司共有 7 艘 FPSO 使用软刚臂单点系泊系统，具体情况统计见表 1-2。

表 1-2　渤海软刚臂系泊系统统计

序号	名称	命名	油田	作业水深（m）	系泊方式	单点公司
1	渤海友谊号	海洋石油 101	BZ28-1	23.4	塔架水上软刚臂单点	SBM
2	渤海长青号	海洋石油 102	封存	无	塔架水上软刚臂单点	SBM
3	渤海明珠号	海洋石油 105	封存	无	塔架水上软刚臂单点	SBM
4	渤海世纪号	海洋石油 109	QHD32-6	19.6	塔架水上软刚臂单点	SOFEC
5	海洋石油 113	海洋石油 113	BZ25-1	17	塔架水上软刚臂单点	SOFEC
6	渤海蓬勃号	海洋石油 117	PL19-3	32	塔架水上软刚臂单点	Blue water
7	海洋石油 112	海洋石油 112	CFD11-1	24	锚链悬挂水下软刚臂单点	APL

1.2.2 专业类别故障梳理

1.2.2.1 浮体结构专业故障

浮体结构专业故障是指单点系泊系统在海洋环境作用下,由于受到环境载荷导致过度运动或折损,致使运动部件机械损伤的故障。由于浮体结构可以被认定为海洋工程中的一个专业(浮体常被定义为结构专业的一个分支),因此可以使用此方式对故障进行归类。

1. 渤海某载重 5.7 万吨 FPSO 单点刚臂(YOKE)与船体剐蹭

据记录,该载重 5.7 万吨 FPSO(图 1-2)曾在 1997 年冬季遭遇过一次 YOKE 与 FPSO 艏部剐蹭事故,此 FPSO 服役于绥中 36-1 油田,海域平均水深 32.8 m,百年一遇设计海况为有义波高 5.3 m,1 h 平均风速 33 m/s,流速 1.76 m/s。

图 1-2 渤海某载重 5.7 万吨 FPSO

由于故障发生年代久远,相关资料查找困难,但从该 FPSO 单点 YOKE 结构图(图 1-3)可以看出,此 FPSO 的 YOKE 压载舱设计在两侧,为保证 YOKE 的三角形结构强度(非系泊系统刚度),在两个压载舱之间设计了横撑结构,而该设计缩短了 FPSO 纵荡运动的容许距离(图 1-3 中 H 值)。在正常的运动幅值范围内,YOKE 的任何一个位置都不应与船体发生干涉,据记录剐蹭位置发生在 YOKE 压载舱尾部和船艏系泊支架底部。

由于缺少相关事件海况记录,无法做出准确判断,但从结果来看,很有可能是 FPSO 向着单点中心出现“过度的前冲”运动引起二者发生剐蹭事故。

图 1-3　渤海某载重 5.7 万吨 FPSO 单点 YOKE 结构

2. 渤海某 5.3 万吨 FPSO 单点 YOKE 系泊头压溃

该 FPSO(图 1-4)于 2008 年完成改造后被统一编号,并从 BZ-34 油田移位至 BZ-28-2S 油田继续服役。2011 年 4 月 1 日凌晨,此 FPSO 单点 YOKE 横纵摇轴承连接部位的圆筒发生变形,造成整个横纵摇轴承下移至单点外侧,导致该 FPSO 风向标运动受阻,受损部位变形严重,部分被压溃甚至撕开(图 1-5)。

图 1-4　渤海某 5.3 万吨 FPSO 单点 YOKE 故障

根据现场应急处理和勘验的记录,并没有发现明显与材料、焊接、腐蚀有关的迹象。在随后的维修工程中，在对现场装置进行维修时，法国（Bureau Veritas，BV）船级社对故障成因进行了分析。

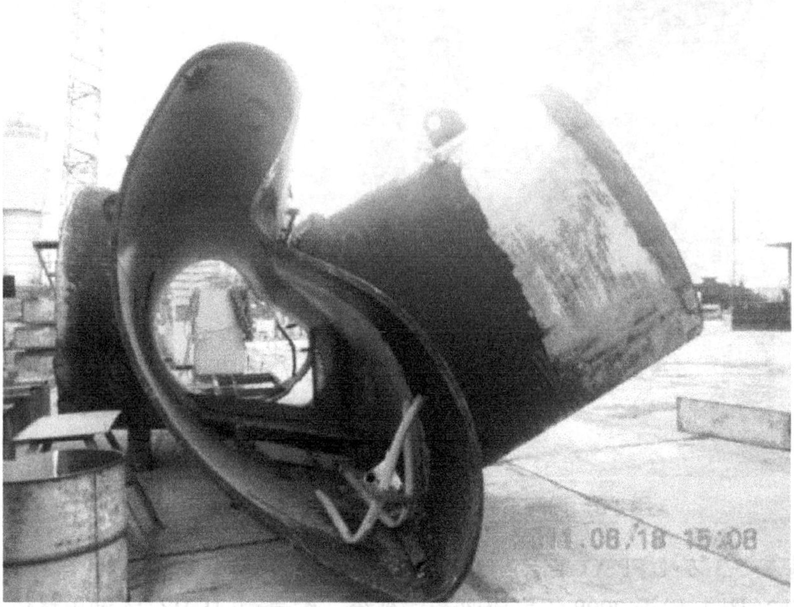

图 1-5 渤海某 5.3 万吨 FPSO 单点 YOKE 压溃

根据 BV 船级社事后独立分析报告的分析，事故可能是由于在故障工况下风浪来自船艉时 FPSO 与软刚臂发生碰撞引起的（图 1-6）。此时作用在软刚臂上的系泊力和碰撞力共同作用导致系泊头附近的节点发生屈曲破坏。由于软刚臂系统设计上考虑的是风向标效应，在风浪来自船艉时将船体及单点系统视为尚未达到稳定状态，而这种工况是在根据规范的设计过程中无法考虑的，一般不作为设计控制工况。在 BZ28-2S 软刚臂原始设计中同样也没有考虑该工况。

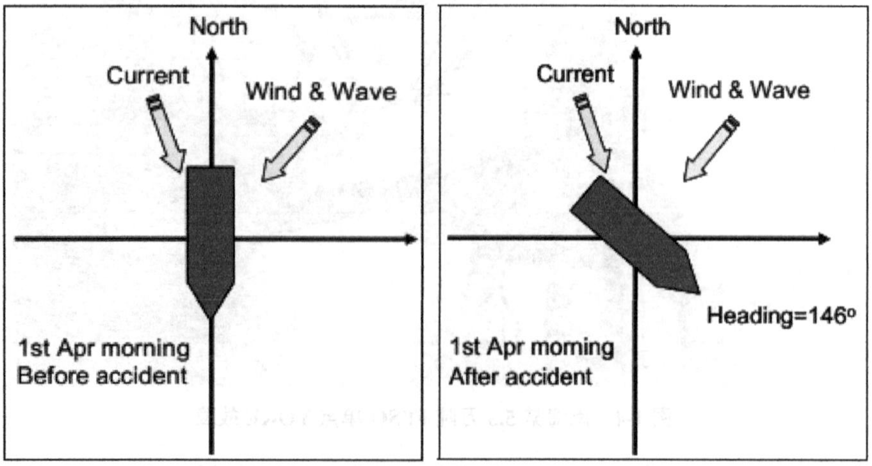

图 1-6 YOKE 压溃故障前后海况对比

3. 渤海某 16 万吨水下软刚臂系泊 FPSO 单点塔倒塌

2009 年 11 月,渤海某 16 万吨水下软刚臂系泊 FPSO 单点塔倒塌,连接 FPSO 的单点上部被拽倒。

根据事后水下探摸和打捞的结果(图 1-7),轴承表面未见损坏, YOKE 挂钩挂在轴承的两个挂耳上,挂钩和连接部位未见损坏, YOKE 挂钩与 YOKE 臂在连接处脱落,只剩下约 3 m 长的柱体,柱体断头有一圈表面光滑的螺杆,没有螺帽,螺杆末端有毛刺,在轴承上的挂钩情况如图 1-8 所示。

图 1-7　渤海某 16 万吨水下软刚臂系泊 FPSO 单点塔打捞

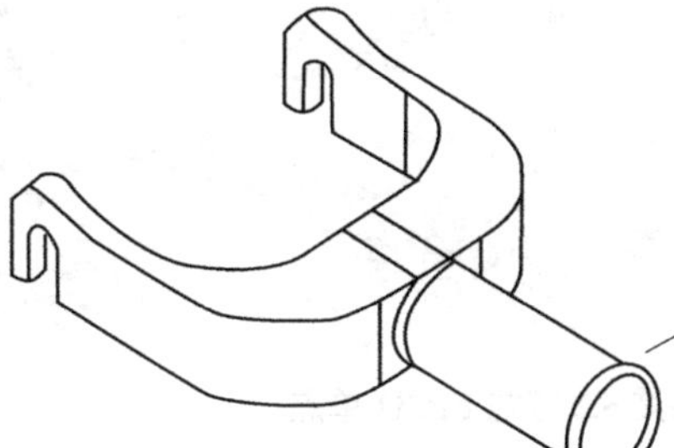

图 1-8　渤海某 16 万吨水下软刚臂系泊 FPSO 单点 YOKE 故障位置

故障的直接原因是原设计 YOKE 头 Y-NODE 处,横摇轴承的连接螺栓失效,导致 YOKE 头脱落,此时单点塔与 FPSO 的连接主要依靠跨接软管,跨接软管在拉扯过程中部分断裂,部分牵拉导致了单点塔的倾覆。

故障发生时海况并未达到设计百年一遇的极限工况,主要考虑原因是单点各旋转机构设置在水下，由于油田处于黄河入海口，泥沙冲击汇集较为严重，泥沙冲入轴承、螺栓缝隙，一定程度上加速了各旋转机构的磨损；另一方面由于原 FPSO 单点单锚摇臂系统（SAL YOKE System，SYS）设计系泊力的传递较为复杂，在波浪随机运动环境中产生了较大的间隙和不同步情况，导致了故障的发生。

在 2014 年渤海某 15.6 万吨水下软刚臂系泊 FPSO 单点更换项目中，针对原 SYS 设计的“运动虚位”问题进行了多项改进，得到了较好的效果。

1.2.2.2 机械专业故障

1. 渤海某 5.2 万吨 FPSO 系泊腿止推轴承故障

2013 年 6 月，中海石油（中国）有限公司天津分公司组织海洋石油工程股份有限公司、单点设计方（SBM 公司）对渤海某 5.2 万吨 FPSO（图 1-9）进行年检，年检过程中 SBM 公司工程师发现 FPSO 左舷系泊腿万向铰接头处有声音传出，同时可以明显感觉到伴随着轻微振动现象。更为严重的是，位于上部万向铰接头和止推轴承之间靠近止推轴承铰接的系泊腿部分，有明显的崭新表面（高度大约 15 mm），SBM 公司工程师判断为系泊腿出现了向上窜动现象，并初步分析左舷系泊腿推力调心滚子轴承损坏。

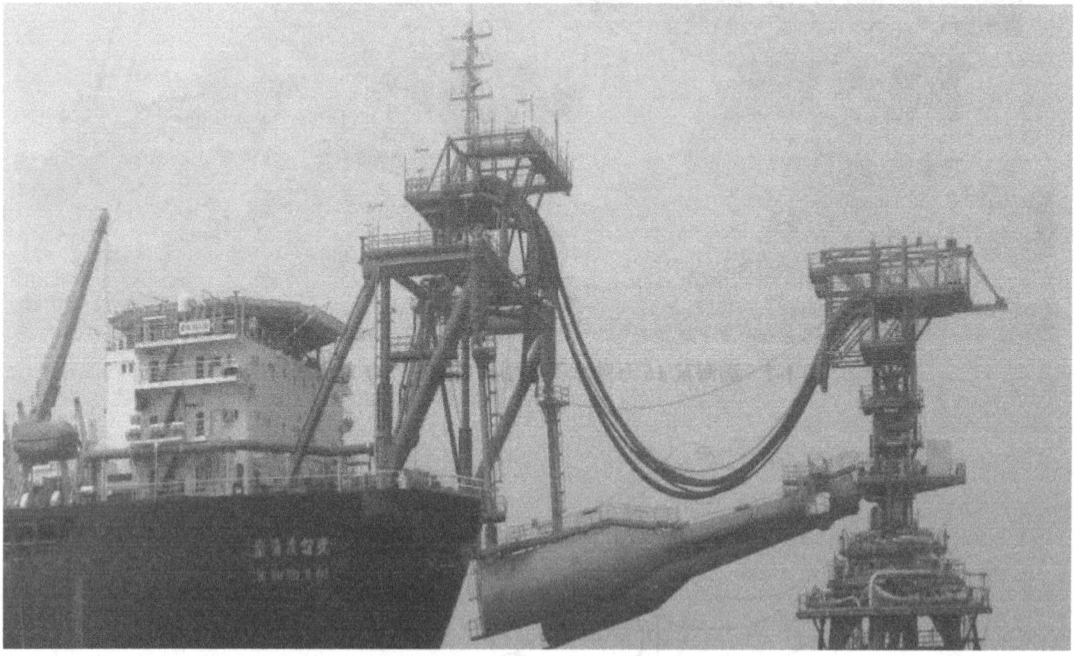

图 1-9 渤海某 5.2 万吨 FPSO 单点

2013 年 10 月，中海石油（中国）有限公司天津分公司再次组织海洋石油工程股份有限公司、单点设计方（SBM 公司）对该 FPSO 左右舷系泊腿进行检查（图 1-10），并对系泊腿上下关联结构进行了无损（Nondestructive Testing，NDT）探伤，没有发现疲劳导致的结构缺陷，系泊腿轴承润滑良好。据此，SBM 公司工程师推断系泊腿推力调心滚子轴承损坏是过载引起的。

图 1-10　渤海某 5.2 万吨 FPSO 左舷系泊腿耳轴与密封盖错动

在 2014 年系泊腿更换项目后，天津分公司组织相关机构和专家对旧系泊腿进行拆解分析，发现原轴承部件已经磨损严重，部分扭曲变形甚至粉碎（图 1-11）。

图 1-11　旧系泊腿止推轴承拆解照片

通过相关单位的计算分析，认为疲劳破坏、轴承静载荷安全系数不足、轴承偏磨、缺少润滑等是轴承失效的主要原因，该原因是综合性的，但主要来自设计机械结构没有较大冗余来承受系泊载荷。

2. *系泊腿万向节运动不畅*

塔架软刚臂系统中，两条系泊腿上下分别布置一组万向节，其作用是释放 FPSO 横摇、纵摇、艏摇方向的自由度，并转递系泊力。万向节的设计通常由机械构件实现，常选用销轴衬套的组合，其中衬套有石墨润滑铜套、自润滑衬套等形式。

在渤海湾使用的软刚臂系统，运行一定年份后大都会出现万向节运动不畅的情况，下面举例说明。

1）*渤海某 5.3 万吨 FPSO 系泊腿下部万向节*

渤海某 5.3 万吨 FPSO 系泊腿下部万向节为轴销衬套结构，由两组销轴和一个 U 形凸耳（LUG）组合而成（图 1-12）。2010 年 7 月厂家年检发现，润滑油脂无法从油嘴注入。原设计销轴内有导流槽，润滑油脂可以沿导流槽注入销轴衬套缝隙，起到辅助润滑的作用。在润滑不畅的情况下，系泊腿组件发出了异常的擦伤声音。

图 1-12 渤海某 5.3 万吨 FPSO 系泊腿下部万向节

2）渤海某 16 万吨 FPSO 单点万向节

SOFEC 公司所供应的 TOWER YOKE（轭架楷）式单点系泊系统于 2013 年 1 月起在 BZ 25-1/S 油田服役。在此期间，出现过两次 U-JOINT 异响情况（2016 年 10 月和 2017 年 10 月，图 1-13），两次均发生在较恶劣的海况下且异响位置相同。

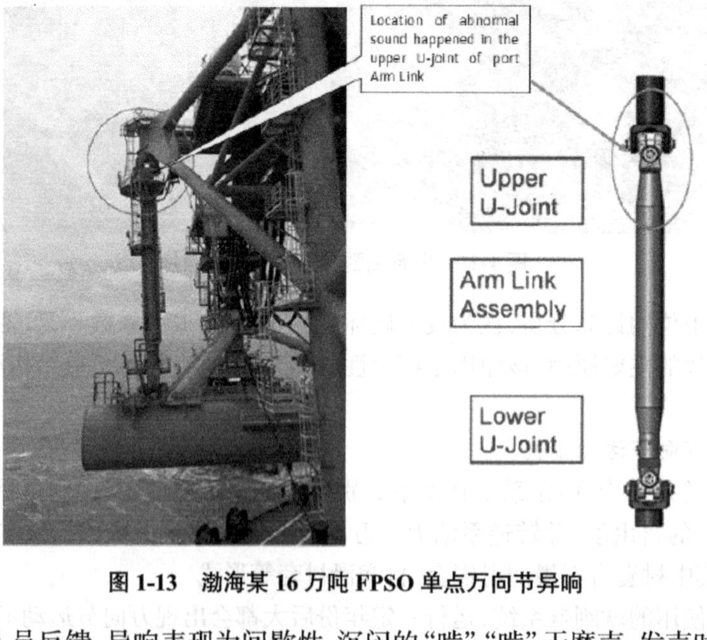

图 1-13 渤海某 16 万吨 FPSO 单点万向节异响

根据现场人员反馈，异响表现为间歇性、沉闷的“啃”“啃”干磨声，发声时间无规则，振动传导到 FPSO 生活楼，导致整个舱壁都出现很大振动。

FPSO 单点采用自润滑轴承，不设置注脂辅助润滑功能，根据现场检查结果，未发现明显零件损伤或油漆脱落现象，但有可能存在万向节轴向间隙不对称的情况。

3. 渤海某 16 万吨 FPSO 单点滑环扭矩臂断裂

2013 年 11 月 20 日下午，在持续两天的大风涌浪停息后对渤海某 16 万吨 FPSO 单点（图 1-14）检查时发现单点在用混输油滑环扭矩臂断裂（图 1-15）。

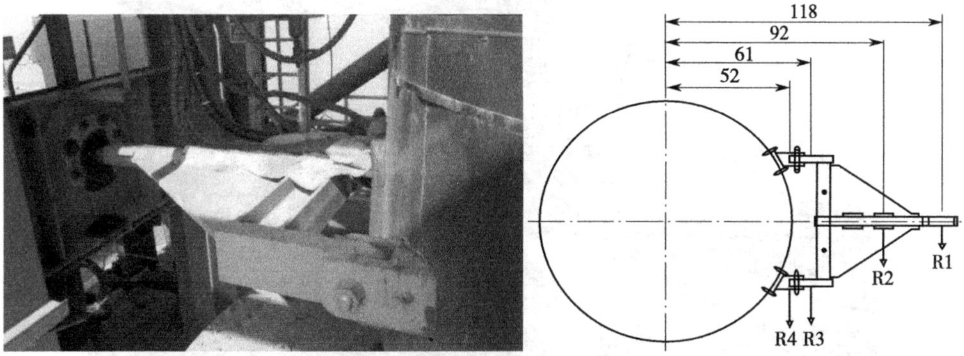

图 1-14　渤海某 16 万吨 FPSO 单点

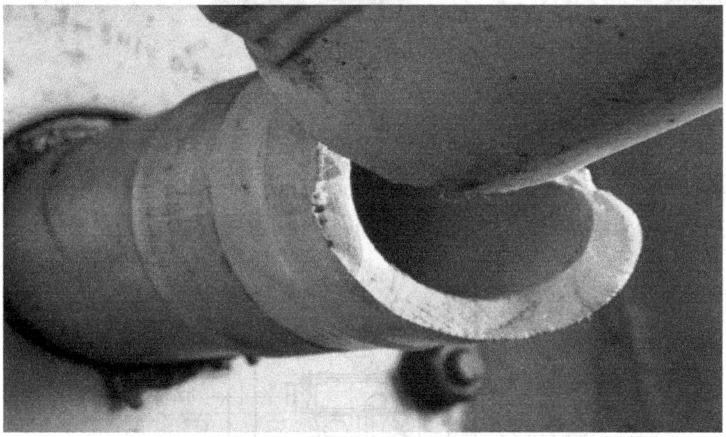

图 1-15　滑环扭矩臂断裂面

经过进一步检查发现：断裂面有缺陷锈蚀表现，且断裂发生在此处；断裂后断口距离扩大（图 1-16），原因不明；两个出口管线的支撑有明显移位现象，随 FPSO 的移动移位明显，目视最大移位距离约 8 cm。

1.2.2.3　工艺流程专业故障

1. 渤海某 5.2 万吨 FPSO 的 14 寸天然气外输滑环泄露

2013 年 5 月 28 日 10：00，因 27 日大风，各专业人员对渤海某 5.2 万吨 FPSO 单点进行大风后例行性检查，发现单点 1 号滑环（14 寸天然气外输滑环）的滑环密封管线有较大流量的气体流动声音，检查 L3 CHECK VAVLE 有天然气泄漏，L4 管线手触时有气体流动产生的振动。

通过检查 L3 管线上的 LEAK CHECK 阀 V14-X，发现有天然气对外泄漏，可以判断下部倒数第三道密封处有泄漏；用手接触 L4 管线感觉有气体流动，怀疑下部倒数第二道密封处也有泄漏。随即对泄露滑环各个位置的 LEAK CHECK 阀进行检查;初步判断倒数第二、第三两道密封处均存在不同程度的损坏,造成滑环内介质泄露。

图 1-16 扭矩臂现场固定

2. 渤海某 5.2 万吨 FPSO 4#滑环泄露

2017 年 3 月 6 日 10:20 大风过后对单点进行检查发现,位于单点第二层的 6#滑环(Q-M8803,SWIVEL No.2)、4#滑环基座位置有轻微原油渗漏(图 1-17),打开泄露监测点 L3 观察渗漏速度约为每 5 s 1 滴原油,查看就地重油罐内发现大量原油进入。

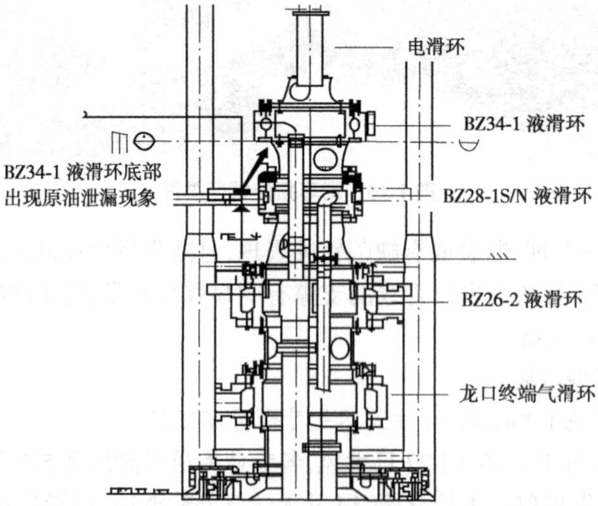

图 1-17 单点滑环布置示意

由于南北平台 3#滑环下部密封泄露与盖滑环泄漏液体同时进入 LRU 罐(图 1-18),检测液位画面无法准确体现 4#滑环泄漏量,参照近期排放记录,未发现异常。

图 1-18　滑环底部原油泄漏

海上作业人员将 4#滑环下部第一道和第二道之间（L3 点）3 处观察孔全部打开，排放残液加注重油，压力控制在 0.5 MPa 左右，反复加压冲洗直至没有原油流出，进行保压试验，观察滑环下部密封的连续泄漏量，约 10 h 没有泄漏变化，压力也没有下降，滑环底部密封处已无油滴泄漏的情况，随机对流程介质进行取样化验检测，没有检测出任何杂质。（图 1-19、图 1-20）

图 1-19　第一、二密封腔室内残液清理

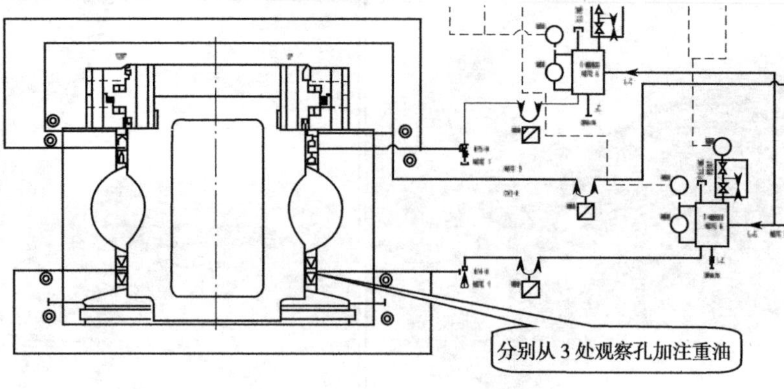

图 1-20 L3 点具体位置

根据以上检测/检查结果，推断 6#滑环下层的第一层密封保护可能已经破损，但滑环本身具有的第二道密封保护，状态是否良好还需要长时间连续对滑环泄漏量开展观测。故障原因初步判断是由于输送介质流量波动瞬间增大，对密封造成冲击引发泄漏。

3. *渤海某 16 万吨 FPSO 单点润滑脂色变问题*

2014 年 11 月 9 日，渤中 25-1 作业公司员工在单点周检的时候发现渤海某 16 万吨 FPSO 1#滑环挤出来的油脂变为黑色，其他滑环挤出来的油脂是正常的黄色。

外观检查滑环没有发现异常，润滑脂自动注油系统正常。厂商 SOFEC 公司认为用于诊断轴承或润滑脂状况的是其中铁和铬的含量，也就是轴承材料的磨损情况。润滑脂中存在非有色金属材料（如铜、铅和锡），表明腐蚀或磨蚀来自轴承架的磨损。粉尘（硅或者钙）或者海水（钠、钾或镁）的存在情况，可以帮助确定磨损金属存在的原因。所用润滑脂颜色的变化，是其被污染、氧化、增稠剂分离、进水等原因导致的。

4. *南海某 15.2 万吨 FPSO 单点液滑环渗漏*

2018 年 3 月 1 日，生产中控人员发现单点泄漏罐（容积 60 L）液位突然上涨，1 h 后中控画面显示液位从 6%涨至 27%，7 d 后液位上涨至 50%，累计泄露量为 26.4 L，闭排罐液位正常。

2018 年 3 月 15 日，现场人员巡检发现 P1 滑环外圈有大量油迹。隔离 P1 第一道密封后，第二道密封压力上升，滑环泄漏量变大，打开第一道密封，观察有大量气体溢出并携带油滴，泄漏速度为 3.1 L/d。（图 1-21）

依据滑环系统专用维保检验文件（1829-APL-O-MB-0001 Swivel System Operation and Maintenance Procedure），完成故障排查（图 1-22）。经核实发现 P1、P2 滑环泄漏回收回路的限流器（ORIFICE）存在堵塞现象，导致第一、二道密封泄漏液无法进入闭排（Close Drain Tank），最终突破第三道密封后进入泄漏回收罐（Leak Tank），同时由于第三道密封后为滑环轴承，不具有密封性，因此泄漏液从滑环轴承间隙漏出，从而流至滑环外壁。

图 1-21　南海某 15.2 万吨 FPSO 单点液滑环渗漏

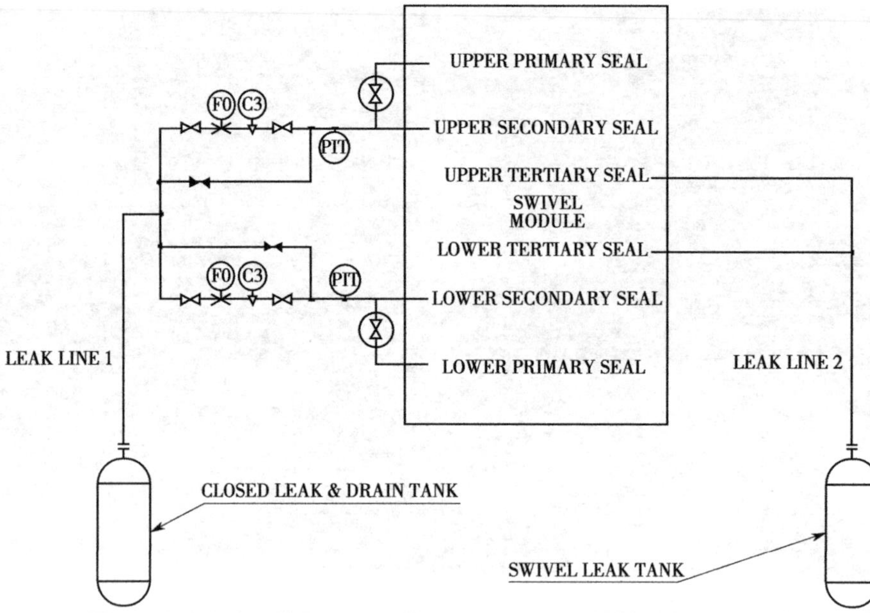

图 1-22　滑环系统专用维保检验文件

5. 南海某 15.3 万吨 FPSO 单点液滑环大修

2013 年 8 月，南海某 15.3 万吨 FPSO 在经历台风“尤特”之后，单点舱内出现异常的响声和振动。经单点厂家工程师到达现场检查后，确认问题发生在液滑环，随即对液滑环的液压密封系统进行泄放并对多点的密封液压油进行取样。

液滑环在泄放后重新恢复密封压力，油田复产后，异常的响声和振动消失。对油样进行检测，检测结果显示各点所取油样的清洁度均未达标。结合液滑环的异常状况分析，液滑环的异常响声和振动有可能是动密封长期受压导致变形引起的，也有可能是因为内部零件（如轴承）发生磨损。（图 1-23）

图 1-23　现场维修检测

将油滑环解体后，发现其中一个轴承的垫圈以及部分滚子出现坑蚀。通过更换新轴承消除了该重大隐患。（图 1-24）

（a）　（b）

图 1-24　轴承拆解维修

（a）轴承垫圈以及部分滚子出现坑蚀　（b）更换新轴承

1.2.3.4　电气专业故障

1. 渤海某油田单点电滑环 C 相断路故障

2017 年 5 月 12 日，渤海某 16 万吨 FPSO 单点 35 kV 电滑环输出到 B 平台的电滑环 C 相断路，造成输出 B 平台的电网缺相，FPSO 的电站输出主开关接地保护动作，VCB19 开关跳闸，致使 25-1B 平台及下游平台 25-1 A/C，19-4 A/B 平台失电。

经过各节点排查后拆开电滑环上、下端高压接线，对电滑环进行通断测试检查，25-1B 平台使用的 A 相、B 相滑环为导通状态，C 相为断路状态。检查结论：B 平台电滑环自身 C 相断路。现场电气人员把 B 平台的电滑环进线和出线接到备用电滑环上，临时恢复生产。

现场分析得出故障原因可能为：碳刷损坏或内部主回路连接件脱落导致主回路断路。

2. 渤海某油田电滑环进线接线箱内部故障

2017 年 7 月 18 日 15：00，FPSO 35 kV 配电盘接地报警，VCB19 开关分断跳闸，25-1 A/B/C、194 A/B 平台失电。电气部门断开单点去 B 平台海缆箱，对电滑环、海缆以及平台 35 kV 主变压器进行检查，经绝缘测试后没有发现异常情况，19：15，5 个平台的电力供给恢复。

2017 年 7 月 18 日 23：50，35 kV 电力输出再次故障接地，关停以上平台再次进行检查，单点电滑环 B 相绝缘为 206 MΩ，打开电滑环上部接线箱发现内部有水汽，回路 B 相有明显放电痕迹。

电滑环输出到 B 平台的 B 相电缆绝缘存在问题，请示陆地指挥中心后，现场打开电滑环上部接线箱，把电滑环上部接线箱吊起后，发现内部有大量水汽，失电故障为该接线箱受潮产生水汽，B 相电缆接头对地放电，使输出 B 平台一路电网失电。（图 1-25、图 1-26）

图 1-25 滑环内部水渍

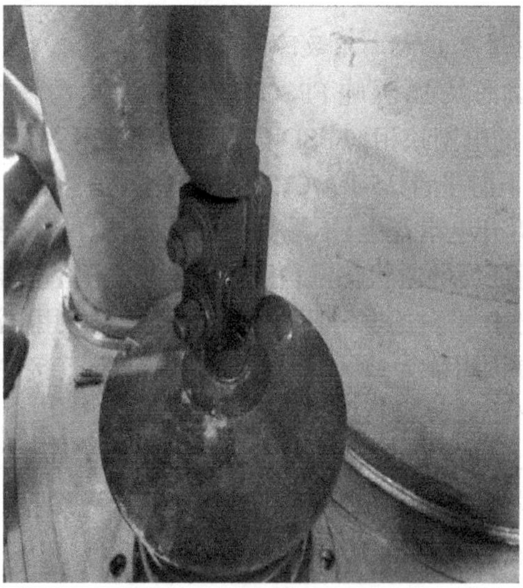

图 1-26 B 相电缆接头对地短路

3. 渤海某 15.6 万吨 FPSO 单点高压电滑环故障

曹妃甸油田 FPSO 通过单点系泊(SPM)高压电滑环给油田其他设施进行供电。2014 年 5 月单点更换后至事故发生时,运行了 3 年左右。2017 年 11 月 20 日 00:23,该 FPSO 单点高压电滑环监测系统 DDCS 第一次发生弧光报警,此后连续出现报警,截至 12 月 24 日,共发生 55 次报警,最大报警值为 11.6 fc,说明高压电滑环可能已经出现损伤,有失效的趋势。

1)单点高压电滑环内部检查

电滑环内部检查发现, 9007 三相电滑环及电刷磨损严重,并且有严重的电弧放电痕迹,具体损坏情况如下。

(1)电刷部分:电刷夹口上半部分损坏严重,碳刷部分及碳刷弹簧已全部磨损殆尽,另外，碳刷连接导线处有明显金属熔液溢出；电刷夹口下咬合面碳刷基本完整，但表面灼烧严重，碳刷弹簧失效；碳刷固定端与碳刷之间的金属导电片严重变形隆起。(图 1-27)

图 1-27　电刷夹口及碳刷失效

(2)滑环部分：滑环上合面灼烧严重，并呈鱼鳞状；下合面比上合面情况要好，但有明显电弧放电痕迹。(图 1-28)

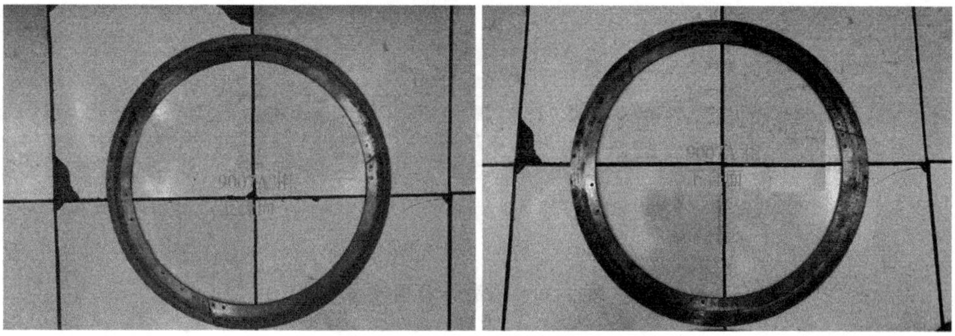

图 1-28　集电环上下接触面

(3)腔室内部：9001/9002 电滑环无明显损伤，但腔室内部有大量金属碎屑，高压电滑环顶部非旋转部分与低压电滑环旋转部分有明显摩擦痕迹。(图 1-29)

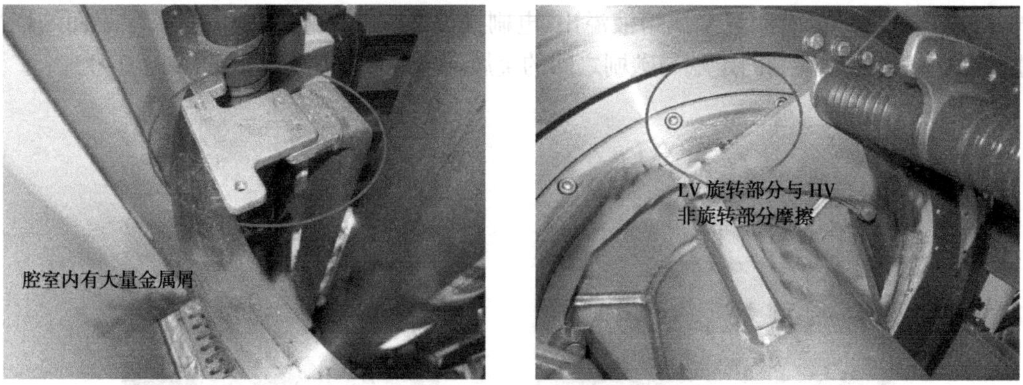

图1-29　腔室内部金属屑

2)单点高压电滑环故障原因分析

(1)根据电刷的结构特点及安装方式进行分析,可知电刷能够有效避免水平振动导致的电刷和电滑环之间接触不良(9001/9002电滑环无明显电弧放电现象,说明水平振动对电滑环无直接影响)。

(2)自2014年5月,新高压电滑环上线后,9001、9002电刷电流基本保持在330 A左右(9001/9002变压器并联运行),9007的电刷电流基本保持在500 A左右(新电滑环额定电流为640 A,限定运行电流为520 A)。

电滑环监测数据显示,9007的电刷电流始终比9001或9002的高出近180 A,而电滑环上部温度较底部温度高出8 ℃,电刷温度更是接近60 ℃。(图1-30)

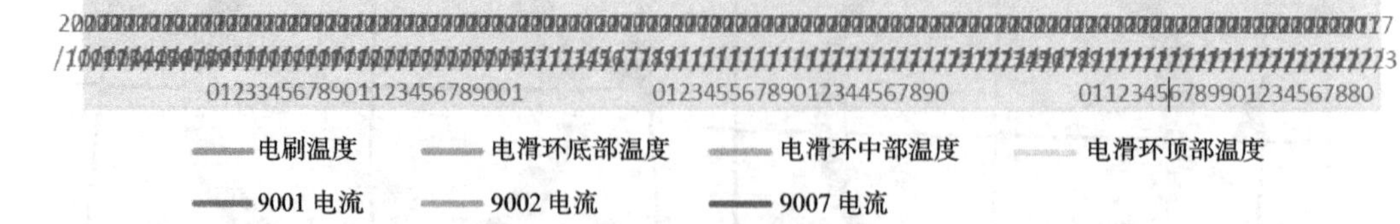

图1-30　电滑环监测数据

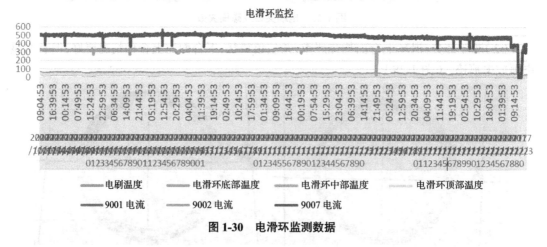

根据以上分析,如9001电滑环A相电刷温度达到60 ℃,9007电滑环由于电流比9001电滑环高出近180 A,那么9007电滑环三相电刷温度将比9001电滑环A相电刷温度高出很多。从而导致电刷固定端与电刷之间金属导电片严重变形隆起,电刷向固定端收缩,电滑环与电刷接触面减小。

接触面减小进一步加剧电刷升温,从而导致碳刷弹簧高温失效。失效的弹簧加剧了电刷与电滑环接触不良，加剧了电刷磨损，电刷无法夹紧电滑环，又因为电刷自重原因，电刷上部接触电滑环表面，电刷下部无法有效接触，进一步加剧电刷上部磨损。

根据电滑环表面磨损情况及弧光探头（安装在电滑环底部）报警数据分析，报警值高的电弧放电多发生在 9007 电滑环下部，处于弧光探头能够直接照射的范围。

综上所述，9007 电滑环故障原因初步判断为其载荷电流较高导致电刷导电片发生形变，同时滑环水平振动加剧了导电片隆起变形，最终导致电刷与电滑环接触面积不足；另外高压电滑环固定部分与低压滑环旋转部分互相摩擦，掉落的金属碎屑可能对电滑环运行产生不良影响，这种可能性有待高压电滑环厂家进一步分析。

4. 渤海某 28.1 万吨 FPSO 电滑环故障

2014 年 7 月 11 日 14：00 左右，在 PMS 上检查各个设施载荷时，发现 RUP（断路器 F12）和渤海某 28.1 万吨 FPSO 单点（对应断路器 F15）之间的联络线的载荷为 3.3 MW，明显低于其他两对联络线的载荷 7 MW，此时油田总载荷为 56 MW。渤海某 28.1 万吨 FPSO 2 台机组运行，单机载荷为 18.5 MW；RUP 1 台机组运行，单机载荷为 19 MW。通过查看三相电流时，发现该联络线 C 相电流几乎为零。

现场人员于下午抵达 RUP 现场检查该海缆继电保护装置中 C 相的电流值，确实为零。分析可能是二次回路开路造成的，或是保护装置出了问题导致送到 PMS 的功率不对，或确实一次回路出现开路或接地故障。

将 RUP 和 FPSO 之间剩余的两个联络开关 F4、F9 隔离出来，FPSO 和 RUP 电网分别独立运行。对单点的接线箱和电滑环进行检查，发现接线箱均正常（图 1-31），但电滑环有损坏的情况。打开电滑环箱门，发现最上方的电滑环 X3.3 L3（即开关 F15 的 C 相）上的 8 个电刷已经烧毁，电滑环整个一圈表面存在不同程度的烧伤。（图 1-32、图 1-33）

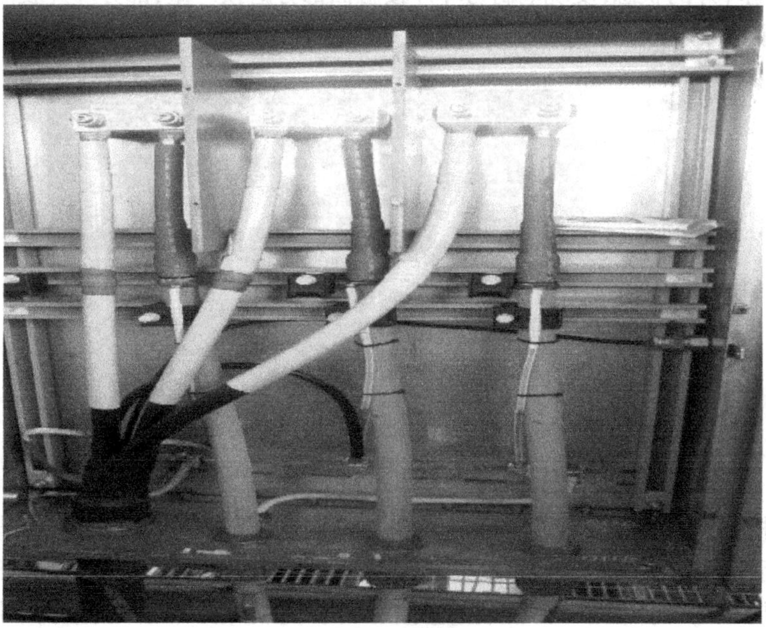

图 1-31　接线箱状态良好

图 1-32　损坏的电滑环

图 1-33　损坏的电刷

检查其他环片的状态，发现电刷与环片接触面部分磨损严重，部分环片表面存在金属涂层脱落。（图 1-34）

图 1-34　下部中压电滑环故障情况（X3.1 L1）

原因分析，可能是环片表面及电刷上面的润滑脂从 2009 年投产后未进行清洁和涂抹新润滑脂，表面磨损加剧引起间隙放电，从而引起环片表面烧蚀，最终导致电滑环烧断形成开路；缺乏运维（PM）保养程序，未定期检查电滑环内部状态；没有有效的监测手段，在电滑环内部出现异常放电后，不能及时发现。

1.2.3　工程阶段故障梳理

1.2.3.1　建造阶段故障

1. 南海某 14 万吨 FPSO 坞修新单点浮筒立管接头漏水

2018 年，南海某 14 万吨 FPSO 回接沉没式转塔装卸系统（STP）浮筒后单点舱吃水 10 m。旋转测试时发现新浮筒动密封圈（即动密封）、转塔锁止环上部分螺栓、PY4-2 序列立管与转塔护管间密封（即立管密封）存在渗漏现象。复产后，经与 APL 公司现场工程师检查，发现动密封损坏，不满足密封要求，需要更换动密封以及立管密封备件。（图 1-35）

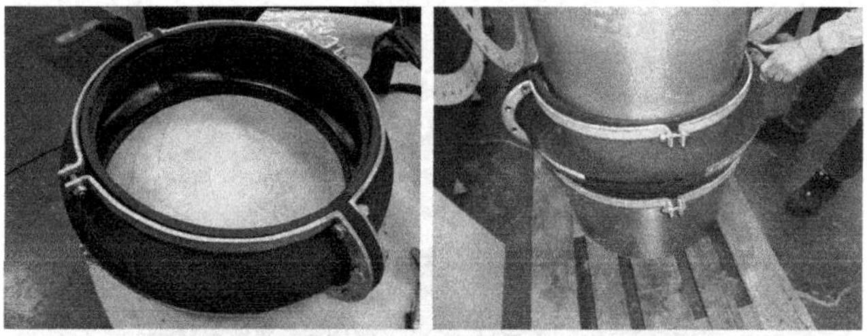

图 1-35　立管接头处使用的防水卡环

2018 年第 22 号台风“山竹”过后，检查 PY4-2 立管附近无水迹，PY5-1 立管附近有可见水迹，水深 5~8 mm。

该故障并不是立管本身出现泄漏，而是保护立管的通道由于安装建造过程中的某些原因导致外围海水渗漏。初步分析，单点浮筒建造过程中，由于机加工原因，实际的单点转塔通道端部内径比钢质立管外径小 1 mm，涂装厚度控制不到位，因此对相应通道进行了重新机加工处理。可能是由于二次加工，导致开口超过了标准设计，再加上横置加工的原因，管段端部的密封不能完全保证精密配合（重力向下作用），因此在单点回接后出现渗水现象。（图 1-36）

图 1-36　单点浮筒加工制造

1.2.3.2 海上连接阶段故障

1. 南海某 11.8 万吨 FPSO 系泊缆故障

2009 年 6 月，检测发现南海某 11.8 万吨 FPSO（图 1-37）3#锚缆 27~40 m 处出现最多 28 根断丝；同时发现 2#锚缆相比其他锚缆较为松弛。

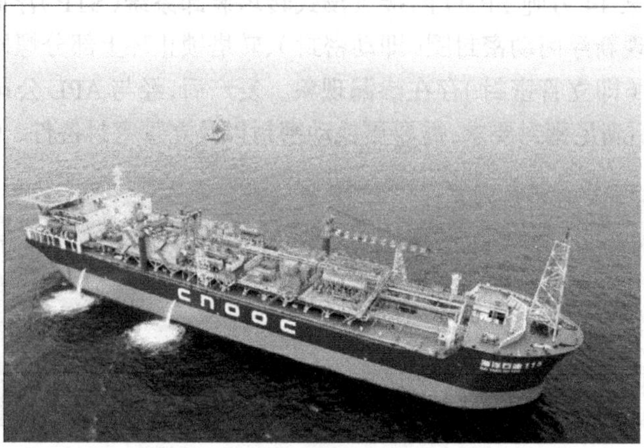

图 1-37　南海某 11.8 万吨 FPSO

为进一步查明隐患情况，于 2009 年 10 月安排潜水员对 3#锚缆断丝情况做进一步检查，并从断丝处取样。同时对 1#、2#、3#系泊缆在 STP 浮筒处的连接件焊缝进行无损探伤，未发现明显裂纹。另外，对 3 根系泊缆的入水角度进行测量，证实 2#系泊缆角度偏差较大，3 根系泊缆存在受力不均匀现象。

2010 年 4 月，安排遥控无人潜水器（ROV）对 2#系泊缆松弛原因进行了调查，同时对 1#、2#、3#系泊缆的关键点进行打点定位，发现 2#系泊缆的着泥点距 STP 浮筒中心距离较 1#和 3#系泊缆近 30 m，进一步证实了 2#系泊缆的角度异常情况。（图 1-38）

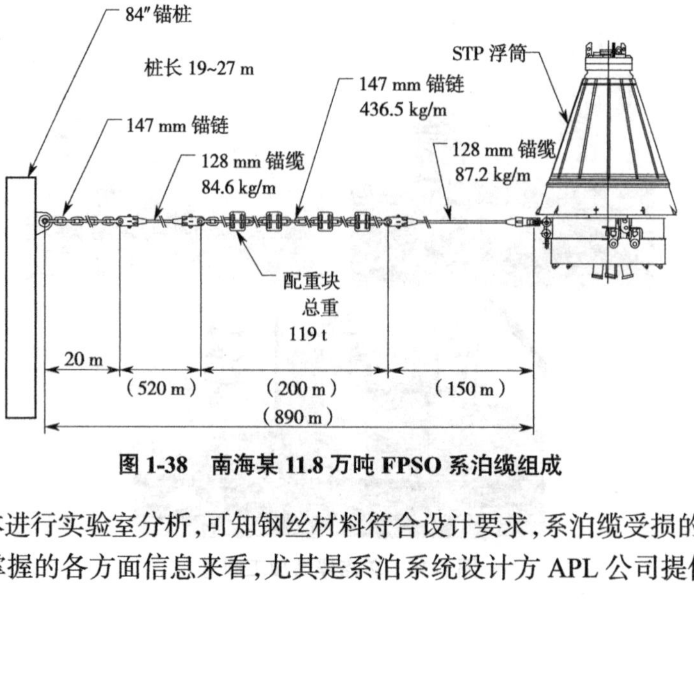

图 1-38　南海某 11.8 万吨 FPSO 系泊缆组成

通过对样本进行实验室分析，可知钢丝材料符合设计要求，系泊缆受损的原因为外力机械磨损。根据掌握的各方面信息来看，尤其是系泊系统设计方 APL 公司提供的资料，认为应属于在海上建造的尾期 FPSO 油轮回接单点系泊系统时工程船擦碰所致。

1.2.4　中国以外软刚臂单点系泊系统介绍

软刚臂是世界上广泛使用的用于浅海油气开发浮式装置定位的系泊形式，但由于地理位置的条件限制，除中国以外，世界上其他软刚臂系统并不多，统计情况见表 1-3。

表 1-3　中国以外塔架式软刚臂系泊系统

FPSO 名称	所属国家或地区	所属公司	投产时间
Sea Eagle FPSO（图 1-39）	尼日利亚	Shell	2002
Kome Kribi Ⅰ FPSO	喀麦隆共和国	Exxonmobil	2003
Yuri Korchagin FPSO（图 1-40）	里海	Lukoil	2014
Gagak Rimang FPSO（图 1-41）	印度尼西亚	Exxonmobil	2014
Amoca FPSO	墨西哥	ENI	2021

图 1-39　Sea Eagle FPSO

图 1-40　Yuri Korchagin FPSO

图 1-41 Gagak Rimang FPSO

针对世界其他塔架式软刚臂故障，由于国外采油公司信息保密的原因，目前暂未得到相关故障信息，如得到，将对相关内容进行补充。

本章部分图例

说明：为了方便读者直观地查看彩色图例，此处节选了书中的部分内容进行展示。页面左侧的页码，为您标注了对应内容在书中出现的位置。

第 2 章　FPSO 系泊系统故障原因及后果分析

2.1　系泊系统故障原因及后果分析

对于确定的故障列表，第一步是将这些故障分类到不同的排序方案中，以确定原因和后果，例如：

（1）故障严重性，即故障缆数量及后果；

（2）故障原因；

（3）故障时的平台服役年限；

（4）故障平台作业海域。

这些数据在附录 2 的表格中可以查到。该项工作的目的是收集信息以对故障模式进行分类，相关内容将在本书的后续章节中介绍。

2.1.1　故障危害程度

一般来说，故障可以分为不同的级别。例如，在许多情况下，如果在设计中考虑了单缆损坏情况，则通常应将双缆断裂视为系统故障。此外，基于"故障次数"分类仅表示缆故障的计数而不是后果，这是定义完整性问题时的主要标准。因此，需要根据系泊系统损害结果程度来定义区分系泊系统是否出现故障或仅仅是造成损坏，关键是检查是否仍能保护海底设备免受任何不良影响，直至下一次定期检查。基于这个概念，系泊系统故障可分为以下三种类型：

（1）造成立管损坏的多缆破损；

（2）没有立管损坏的多缆断裂；

（3）单缆断裂连同其他缆可疑。

使用相同的方法，事件也可以根据后果进行分类：

（1）没有其他缆断裂的单缆断裂；

（2）单缆或多缆损坏（断裂）需要更换缆；

（3）单缆或多缆损坏（无断裂），对缆强度的关注有限。

因为后果通常不太明确，所以对事件进行分类很困难，例如，在单缆断裂的情况下，对其他缆的影响很难评估——在单缆断裂的情况下，除非已经明确证明其他缆受到相同原因的高度影响，通常只能替换一条缆。例如 Dalia FPSO 由于系泊缆的扭曲导致系泊缆打结，发生单缆故障，但其他系泊缆中是否存在类似隐患无法准确评估。基于对安装过程的回顾，存在其他打结风险是可能的，但是无法确定。因为获取发生的条件是非常复杂的，该事件由 TOTAL 进行实验复核，最终处理结果为换缆和系泊系统的剩余部分重新安装，还伴随着移动锚桩位置。

2.1.1.1　多缆破损导致立管损坏

目前,已记录共四起多缆破损导致立管损坏系统故障,即 Gryphon Alpha FPSO 和南海的三艘 FPSO。它们主要与极端环境条件有关,例如台风、冬季风暴或大风。其中两艘 FPSO 位于台风易发的南海,而 Gryphon Alpha FPSO 处于北海的恶劣环境中,极端海况事件引发已经退化的系泊系统发生故障。

在这四起事件中, FPSO 都漂移了一定距离导致立管破裂。虽然没有伤亡记录,但由于长期停产维修,造成经济损失等后果也非常严重。

2.1.1.2　多缆破损没有导致立管损坏

至少有四起事件发生多缆破损,幸运的是没有对立管造成任何损坏,其中包括 Banff、Volve、Girassol 和 Jubarte FPSO。

2.1.1.3　单缆破损伴随其他缆安全不确定性

如果其他缆处于故障边缘,单缆断缆可被视为系统故障。一条缆的断裂很容易使相邻的缆依次过载,很快导致多米诺效应,即是扩大系泊故障的定义,将单缆断裂的事件与其他可疑缆一起包括在内,如 Dalia、Schiehallion、Foinaven、Kikeh 和 Kumul FPSO。

值得注意的是,这些事件中的缆损坏有相同的机制,发生在多条缆上,并且沿着悬链结构在锚链相同的位置处。换句话说,弱点的存在通常适用于所有缆,增加了多缆故障的可能性。例如,南海发现号的四次断裂全部发生在系泊钢缆的同一位置处。这证明了系统性设计安全的重要性。

由于系泊系统设计专门考虑单缆破断情况,通常工程师将这些称为“单缆破断工况”而不是故障。系泊系统的主要功能是使船舶保持在作业位置上,以保护立管、脐带和海底设备免受损坏。根据行业规范,一条缆失效的系泊系统仍应能够以较低的安全系数保持系统功能。这种情况不会立即威胁到立管的安全性。在 2001—2014 年的记录中,有许多单缆破断的情况,并且所有记录显示在单缆破断后其仍可以保持立管的完好无损。

2.1.2　故障部件

故障可能发生在系泊缆的任何一点,但在大多数情况下,故障发生在不连续处。这个不连续处可能是系泊缆和船只之间的导缆孔处,不同类型系泊缆之间的连接处(如锚链和钢缆部分之间),系泊缆上浮标、重力块、三角板等处,系泊缆与海床动态接触的地方(触底区),系泊缆下降到海床与锚或桩连接处。从历史上看,在设计中系泊缆是作为一个简单的只受拉力的元素来建模的,其断面属性反映了系泊缆沿长线方向的组成部分。因此,压缩、弯曲和扭转都被忽略了,但已发现每一个因素都是缆线失效的主要原因或促成原因。

尽管人们已经意识到某些锚链连接处经历弯曲,疲劳寿命会显著降低,但是工程实施又不可避免。在这种情况下,应定期调整系泊缆以使相同的链节不长时间受弯曲载荷(和磨损)。例如在 FPSO 内转塔或 CALM 系统上,已经证明在大多数系泊缆的上部所经历的高载荷下,锚链更像是一个横向运动的梁构件在顶部连杆处弯曲。据报道,这是早期 OPB 疲劳失效和损伤的重要原因。对该部位进行更详细的有限元分析是必要的。

由于锚链具有良好的耐磨性能,它通常用于系泊缆与海床动态接触的触底区域。在水池试验中，已经看到了在非常极端的风暴载荷下锚缆失去张力和重新张紧时发生断裂的例子。这种载荷可能会造成更大的破坏，特别是当链节开始卡死时，因此可能需要进一步调查。更常见的情况是，设计者没有检查船舶偏移运动的全部操作范围，锚缆的下端可能接触海床，从而将导致锚缆发生弯曲形成类似鸟笼状造成损害。这种情况往往在钻井船上比较常见，或者是在随后的系泊缆上通过浮标或砝码修改，使触泥点与原设计不同。鸟笼状钢缆位置会过早地出现疲劳失效，但这种损伤比较容易被 ROV 目测发现。

锚链供应商通常提供在安装阶段限制锚链和绳索部分的建议扭曲量，当很长的系泊缆从锚机上放下，并连接到锚桩的预埋链段时，安装承包商将尝试通过目测系泊缆外侧的纵向识别线来尽量减少系泊缆的扭曲。根据小规模的测试，即使在非常高的扭曲度（24°/链节）下，仍对链节的极限强度或疲劳强度无显著影响。然而，在 Dalia FPSO 上，底部锚链的扭曲导致了两次故障。在这种情况下，会在锚链上形成一个踠节。通常情况下，这个踠节会被轻易拉出，但在海床内，土壤阻力会对其运动产生抑制作用，张力载荷集中于踠节上，而不是正常的导缆孔端到锚链端，导致在一个非常难以修复的位置出现疲劳失效。可以通过改进安装工艺避免这一故障。

由于系泊组件强度严重不足而导致过早失效的情况十分频繁。一些失效的系泊缆或被发现强度不足，原因就是对缺陷处进行了不恰当的焊接修复。而正确的方法应该是供应商在交货前更换有缺陷的链节。这显然是业界关注的问题，但是暂时也没有办法预先发现这种故障。

以前曾出现过系泊连接器的测试件不能反映全部连接器情况的问题，因此，虽然测试件的材料特性达标，但所提供部件的断裂韧性却低于规格要求。

其他有缺陷和故障历史的地方涉及对接焊缝和螺栓连接链上的松动螺栓。随着锚链尺寸和等级的增加，制造商越来越难以生产或检查对接焊缝，任何嵌入缺陷都会导致过早断裂或疲劳失效。制造商被要求生产新尺寸和高等级的部件，有时可能过于乐观，认为在这些新规范要求下可以达到高强度要求。在全面生产开始之前，供应商和采购商需要为合格保证和测试留出更多时间，将对近期的成本和进度产生影响。螺柱链的螺栓被证明往往会出现固定或焊接的问题，因此螺柱链往往仅限于短期应用，如钻井船。在螺柱链长期使用的情况下，腐蚀会导致螺柱松动，在这种情况下，螺柱链的疲劳寿命非但没有比无螺柱链好，反而变差了。

还有一些例子表明，在运输和安装过程中对系泊缆的处理不当或处理不善导致了故障或损坏。在锚处理船上不加控制地对链节进行焊接加热，产生了非常高的局部残余应力，导致锚链过早断裂。尤其是锚链往往会被粗暴处理，从而导致出现局部损伤、缺口和应力集中点。纤维绳比较脆弱，因此一般处理起来比较小心，而且和锚缆一样，是以受控的方式在卷筒上供应的。

在安装过程中，也有绳索局部损坏的例子，特别是护套和外线的损坏；渔船的锚链有时会切入或穿过纤维绳造成破坏。

在运行过程中，除了已经提到的问题外，还可能出现各种类型的问题。通常情况下，可能是由于在突发台风时没有及时断开电源，或者是在风暴期间依靠主动航向控制推进器系统来防止船舶在风暴期间失去控制。后一种情况可能需要人为借助其他系统（如电源、全推力可用性系统等）来维持航向控制。这些似乎是操作者可以改进实践的领域，如利用详细的故障模式效应分析(FMEAs)。一般来说,主动航向控制是一个复杂的领域,如果可能的话,最好避免涉及。

应该强调的是,腐蚀是造成几起事故的主要原因,包括 Jubarte、Nan Hai FaXian、Liuhua、Varg 和 Foinaven FPSO。微生物腐蚀(Microbiologically Influnend Corrosion, MIC)以及作为其亚型的硫酸盐还原菌(SRB)腐蚀,具有很强的局部侵蚀性,会腐蚀水中或海床上的金属。

图 2-1 为组件故障统计,表 2-1 为对该统计进行的重新划分。

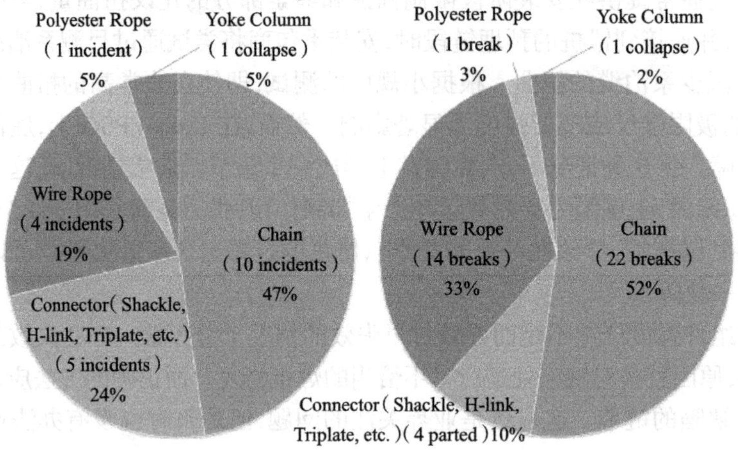

图 2-1 组件故障统计

表 2-1 组件故障统计

部件	故障数量及占比	断裂数量及占比
锚链	10 起,47%	22 起,52%
连接器	5 起,24%	4 起,10%
锚缆	4 起,19%	14 起,34%
纤维绳	1 起,5%	1 起,2%
软刚臂、转塔	1 起,5%	1 起,2%

可以看到,故障的主要原因与锚链有关。锚链由于其抗磨损和抗弯曲的能力,通常被放置在有较强约束条件的地方,如作为底链和顶链。因此,锚链受到的腐蚀加剧,增加了疲劳和极端失效的风险。对于更高等级的氢脆问题也可以确定为易碎化问题以及应力腐蚀问题。

由于制造工艺、锻造工艺和焊接工艺的系列化,特别是在焊接区域存在着引入缺陷的风险。这些缺陷虽然可以通过精密的检查得到缓解,这些缺陷在老式锚链中已经被发现并导致故障,但是在现代生产中仍然可能发生,特别是如果制造商和第三方无法对生产进行完整监测。

锚链的螺柱问题(材料、腐蚀导致螺柱损失,损失销钉后疲劳寿命大大降低)。

锚链的疲劳强度比其他部件弱得多,受力比连接器大一些,因为锚链部分还额外承受了一部分阻力。

连接器有以下两个缺点。

(1)制造:生产的非序列化使其更易出现质量变化,过去的普遍工艺流程也存在一些重大问题。

(2)安装:作为系泊缆的接口,如果出现安装不当、可移动部件固定不良等,都会成为安装问题的一个弱点。

锚缆通常比锚链受影响小。它们位于不太严格的区域,具有更好的疲劳寿命。但是,可以看到在锚缆失效的系泊系统中,通常存在多个锚缆故障。一些解释是,由于没有出现真正的疲劳问题,故障模式会与更直接影响整个系统的因素关联更加紧密。

(1)设计问题:如果设计不当,将影响整个系统。这些不正确的设计往往是与端部连接器位置相关的问题或不良端连接问题。

(2)安装问题:由于每根系泊缆安装过程相同,如果出现安装问题往往不会只出现在一根系泊缆中,如护套损坏、安装容器滑槽过度弯曲等。

纤维绳的材质是敏感材料,在安装过程中通常需要非常小心。其所有故障都与安装关联,例如,在 Girasol FPSO 下,纤维绳已经与安装船的木甲板接触,并且在纤维绳中进入了木屑,导致纤维被切割,成为薄弱点。还有拖网问题,即使专业人员在工程中重点关顾,这些问题也没有得到一个很好的保障。

软刚臂故障是另一个问题,尽管只有 9 艘 FPSO、1 个浮式液化天然气(Floating Liquefied Natural Gas, FLNG)设施,2 个浮式储存及再气化装置(Floating Storage and Re-gasrfication Unit,FSRU)和 4 个 FSO 使用了软刚臂,历史上也只发生过一次软刚臂故障事件。使用软刚臂的大部分 FPSO 为中国海洋石油集团有限公司(以下简称"中海油公司")持有,中海油公司一直面临着软刚臂的损坏和退化问题,也公开了其中一些故障事件。

2.1.3　故障原因

根据第一个故障清单,除了前文中提到的原因之外,报告的故障原因还可以按照图 2-2 进行划分。将初始根本原因与最终失效原因分开至关重要,过高估计极端载荷或使用较小的疲劳载荷,会推导出完全不同的结论。

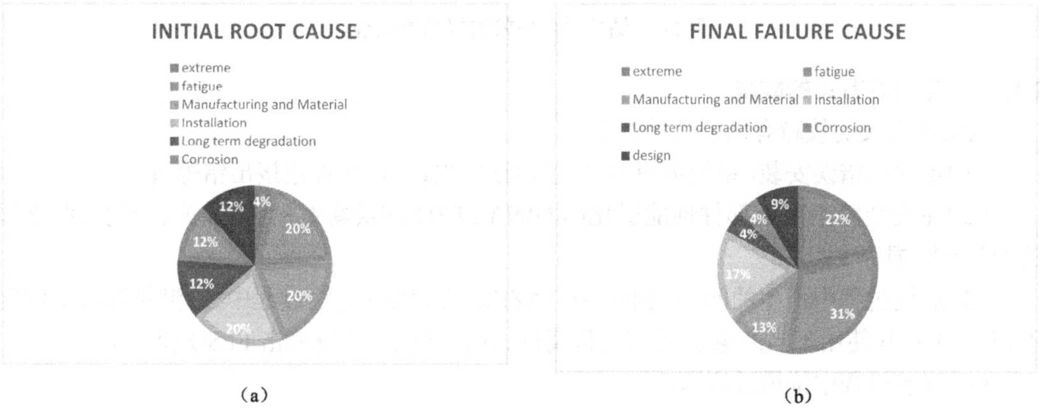

图 2-2　失效原因统计

(a)初始根本原因　(b)最终失效原因

在初始根本原因中，老化原因占24%，包括锚链的腐蚀（12%）及锚缆和锚链的长期退化（12%），是导致失效的主要原因；其次，是安装、材料和纯疲劳引起的失效（20%）；设计和极端工况导致的失效相对来说较为少见。

最终失效原因则主要与极端或疲劳载荷有关。

看一下最终失效原因，疲劳是最关键的原因（31%），极端载荷失效率约为20%。事实上，其他原因也是先产生疲劳或系泊系统的退化，最终导致极端或疲劳失效。

所以可以列出失效的根本原因为：①安装；②设计；③制造；④疲劳；⑤极端工况；⑥老化。

可以看到FPSO和钻井平台失效的根本原因是相同的（图2-3）。主要区别在于钻井平台由于安装因素导致的事故占更大比例。进一步分析数据可以发现，这些故障与现场锚定故障有关。需要注意的是，数据中钻井装置的锚固方式是使用定期安装的拖曳锚。在永久性平台上，如今已经很少使用拖曳锚，因为使用拖曳锚产生锚固错误的风险比使用桩锚或类似装置更大。可以在永久平台上使用拖动锚，在这种情况下，可以更严格地监视安装过程。对钻井平台而言，由于定期进行安装，这种广泛的调查不太常见。还需要注意的是，在不考虑安装以及检查过程中发生故障的情况下，仅由于安装不当导致安装后出现故障的情况，在20世纪90年代和2000年初，就使英国钻井平台系泊系统的故障数量几乎翻倍。

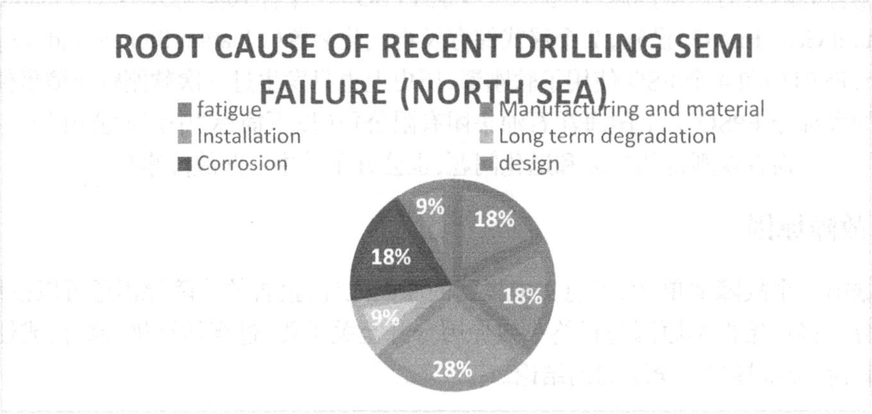

图2-3 钻井平台失效的根本原因统计

2.1.3.1 与安装有关的故障

与安装有关的故障有以下几种类型：

（1）组件的错误安装（系泊缆扭曲、连接器锁定失误、连接件连接出错等）；

（2）在安装阶段部分部件性能退化（EGINA FPSO的最新案例：锚缆护套断裂、纤维绳的切割或磨损等）；

（3）运输过程中产生的问题（例如，在PAZFLOR FPSO运输过程中，导流管在海上固定不当，由于材料使用不当产生了钢/双阴极腐蚀，导致导流管反复撞击FPSO船体）；

（4）安装过程中锚缆过度弯曲。

这些情况都影响着系泊系统未来的完整性，通过适当的审查和遵循运输和安装程序，并且在安装期间和安装后进行适当的检查，可以防止大多数故障的发生。因此，在运输和安装过程中需要适当的检验。

如果安装调查没有报告，多余的检查将使系泊系统处于退化状态，并可能导致系泊系统部件退化得更快，最终导致潜在的故障。在至少 1/6 的失效故障案例中发现了此类问题。

在已发现的故障案例中几乎一半的故障发生在平台服役前两年。因此可以确定，系统部件发生了比设计预测更快的退化，早期退化的因素有可能被低估了。这些早期退化的原因与安装、设计或制造有关（共占报告案例的 39%），设计和制造等原因产生的故障更容易识别。

还需要强调的是，安装过程中的此类退化通常会对系泊系统的部件强度产生很大的影响，使系统无法经受极端风暴条件，往往还会导致部件迅速退化、疲劳。因此，与安装有关的故障是系泊系统早期完整性管理的一个重要问题，通常不会影响该装置的后续寿命（在服役初期）。

2.1.3.2　与设计有关的故障

设计错误是产生故障的罕见原因，仅占记录故障根本原因的 12%。设计故障是由设计程序和设计审查在不合标准的水平上进行导致的，通常是缺乏计算、在设计程序中没有考虑到某些情况或计算的精度不够，例如，Volve FPSO 没有考虑卡扣载荷，Norne FPSO 使用了强度不足的锚链，导致系泊缆故障。

暂时还没有故障案例证明故障是输入数据中存在问题造成的，如果第三方的设计评审已经按照程序进行，那么这些故障原因可以被认为是无关的。

另一个需要提出的问题是，在过去的 20 年中，设计检查能力大大提高，只有少数计算工况在 20 世纪 90 年代后期使用简化方法。在今天的动态计算中可能需要考虑数千个工况，这可以解释旧 FPSO 导致纯疲劳失效的原因，因为过去 FPSO 的疲劳计算通常限于小于 100 年一遇的海洋气象情况，会引发计算的代表性问题。因此有必要重新评估旧设备（通常在 2010 年之前设计）的疲劳，基于最先进惯例的实际疲劳寿命来确认这些设备的剩余疲劳设计寿命。

与设计相关的另一个问题是锚缆下部的鸟笼状变形。在锚缆末端受到冲击的情况下，冲击波沿着绳索传播，导致下部产生塑性压缩，锚缆产生鸟笼状变形，降低锚缆的极限承受强度和疲劳强度。在中海油公司经历过的故障案例中，目前还没有任何锚缆故障与此类问题相关联，因为在检查期间此类问题很容易被识别，从而进行更换（图 2-4）。在正确的设计下应该是不会发生这种冲击的，但在较新的 FPSO 上这个问题是比较常见的。

2.1.3.3　与制造有关的故障

制造问题也是一个主要的早期故障原因。目前，已经确定了一些制造和材料原因，例如，断裂韧性较低，锚链中焊缝处出现未检测到的缺陷，选择不合适的材料产生电位腐蚀。

图 2-4 钢缆末端缠绕示例

由于断裂韧性较低，美国能源管理、监管与执行局（Bureau of Ocean Energy Management, Regulation and Enferement, BOEMRE）在塔希提钪岛和 Kikeh FPSO 发生故障后发出了两次安全警报。这与行业的一般做法相关，即在测试样板上贴片测试，而不是在实际产品上进行连接器材料测试，从而产生尺度效应，使测试不具有代表性。由于组件热处理是在这些非代表性板上进行校准的，导致 2007 年以前生产的组件在夏比 V 形缺口测试方面有很大的标准偏差，即断裂韧性低，其中一些不符合标准并导致潜在的断裂失效。这些部件仍然存在于许多老旧的 FPSO 中，在未来的某个时间可能会导致故障的发生。这也导致了专门的 JIP（以 BV 为主导）对组件裂缝进行评估。

2007 年后 FPSO 的更新是在这些故障发生后，测试程序立即进行更新的，此类问题不再容易发生。

2.1.3.4 与疲劳有关的故障

疲劳是故障产生的另一个主要原因，在故障的初始根本原因中占 20%，在最终失效原因中占 31%。安装或制造问题通常是疲劳失效的初始根本原因，腐蚀会加速疲劳，不充分的计算可能导致大量的疲劳失效出现。

事实上，根据 BV 为中海油公司深圳疲劳研究项目进行的可靠性评估得出，通过适当的设计、制造和安装（包括考虑适当的腐蚀情况），在考虑适当的安全因素纯疲劳问题时，应该有更低的疲劳寿命，安全系数为 3，单线故障对整个系统寿命的影响约为 2%。

另一个有待解决的疲劳问题是 OPB 疲劳，这导致 Girasol FPSO 和 Shiehallion FPSO 在 6 个月内出现故障。这种在高预紧系泊系统中出现的意想不到的设计问题现在已经成为设计实践的一部分。（低、中水深台风区 FPSO 不受影响）

2.1.3.5 与极端工况有关的故障

极端工况导致失效的主要原因在于，极端事件可能只是最终失效事件的根本原因，会发生在系泊系统退化之前(如由于长期退化,腐蚀或疲劳裂纹萌生,裂纹的传播导致故障)及安装、制造或设计等阶段。

在恶劣的海洋环境情况下,发生故障时,损坏的位置(如大型腐蚀疲劳裂纹萌生等)受到巨大的能量冲击导致失效,但这些原因无法被定义为极端事件失效的根本原因。

在过去 10 年发生的 5 起极端环境导致的 FPSO 系泊故障中,只有流花 FPSO 和班夫(Banff)FPSO 发生的故障与超过设计值的海域环境条件有关。其他情况,即使发生在极端条件下,也都是由多种原因导致的故障。例如:南海某 FPSO 的系泊故障是由于台风突然来袭时无法断开连接;Gryphon Alpha FPSO 的系泊故障是由于制造缺陷;Volve FPSO 的系泊故障是由于动态断裂负载,是设计问题导致的。即使在流花 FPSO 的案例中,锚缆的退化也可以被确定为一个初始根本原因。

因此,在最近的 FPSO 系泊故障中,极端工况故障是罕见的故障原因。

当着眼于老化的设备或 FPSO 以外的设备时,锚所承受的载荷导致锚发生拖拽的情况更为常见,但这是由于大量使用拖拽锚作为锚点导致的。对于实际工程中的 FPSO,特别是较新的 FPSO,锚点设计方式的优化使锚本身不再是 FPSO 的弱项。因此,在故障统计中计入这种情况,会过高估计 FPSO 系泊失效的极端工况风险。

2.1.3.6　与老化有关的故障

最后一个导致故障的重要原因是系泊缆老化。系泊缆老化分为两种情况,即锚链和连接器腐蚀以及锚缆长期退化。每种情况都有 12%的故障发生概率。

系泊缆老化有两种腐蚀机制(在这里没有考虑材料选择不良情况下的腐蚀):

(1)一般腐蚀,产生均匀的部件腐蚀;

(2)硫酸盐还原菌(Sulfate Reducing Bacteria, SRB)导致的细菌腐蚀。

基于观察和测试,腐蚀速率主要随着水温和水中溶解的硝酸盐含量(DIN)的增加而增加。

由于锚链位于系泊系统的上部,水的氧含量、温度以及 DIN 均较高。因此,锚链的腐蚀速率较高,导致由腐蚀引起的相关失效增加。同样,对于底链,由于土壤中存在硫酸盐还原菌且土壤存在某些电位因素,腐蚀速率也比较高。但是,底链会经过多次更换,载荷也较小,底链的腐蚀无法视为导致锚链失效的直接原因。

关于腐蚀问题需要强调,即使没有直接与更深层次的问题联系,至少在水下的前几米由于微弱电流,顶部锚链部分会受到船舶阴极保护。这些较高等级的金属成分(R5,、R4S 和较少的 R4)在阴极保护下使合金存在氢脆的风险。

需要解决的另一个问题是锚链腐蚀问题,特别是用于检查锚链腐蚀问题的腐蚀弱点,即锚链闪光焊接。在焊缝内部和热影响区(Thermal Affected Zone, TAZ)中,由于焊接,材料性能发生了一些变化(因为有脱碳和粒度测定,而热处理没有完全恢复)。在距离焊缝几毫米的 TAZ 中,这种性质的变化产生了可能发生优先腐蚀的位置。这导致几毫米深度和宽度的腐蚀槽,并因此产生应力集中。基于简单的评估,这意味着锚链的寿命就像螺柱丢失的情况一样,高于 10%以上。这个问题需要在检查期间加以解决。SOFEC 公司在一些系泊系统上已经证明了这种情况确实存在,并在 FPSO 论坛系泊完整性用户组中进行了内部讨论。

锚缆的退化机理与其他部件不同,锚缆的腐蚀需要经历以下连续步骤。

（1）护套损坏：在该阶段，锚缆外层的外部开始腐蚀，但并不会导致强度损失。

（2）锚缆的阻隔化合物脱落：保护性阻隔化合物未从钢丝上脱落前，锚缆不会发生腐蚀，阻隔化合物可以避免锚缆与腐蚀性环境接触。

（3）锌丝在绳索内的阴极溶解：锌丝可以为锚缆提供阴极保护，在此阶段锚缆尚未发生腐蚀。根据API提供的资料，锌丝提供的阴极保护可以为锚缆提供额外5年的腐蚀保护。

（4）锚缆本身的电镀或镀锌涂层的阴极溶解：这种现象存在于所有系泊绳上，在此阶段锚缆尚未发生腐蚀。

（5）锚缆的腐蚀：这是腐蚀的起点，由于锚缆由较小直径的钢丝组成，锚缆的腐蚀速度非常快，仅持续几个月到一年。

上述步骤意味着长期退化机制与缆材的腐蚀无关。因为，当钢丝开始腐蚀时锚缆已经处于临界状态，仅剩余几个月的寿命，并且由于单根钢丝的直径较小，锚缆快速失去强度（极端载荷和疲劳）。但与系泊缆腐蚀问题不同，在此阶段之前，锚缆处于完全功能状态，不会损失强度。

锚缆的腐蚀速度取决于锚缆的构造，腐蚀现象或多或少会发生，Recommended Practive for Design and Analysis of Stationkeeping System for Floating Structures（API RP 2SK）附录A1.3中解释了锚缆的不同规定寿命：

（1）镀锌多股缆的规定寿命为6~8年；

（2）镀锌未包装螺旋缆的规定寿命为10~12年；

（3）带镀锌填充焊丝的镀锌未包装螺旋钢绞缆的规定寿命为15~17年；

（4）镀锌夹套螺旋缆的规定寿命为20~25年；

（5）带锌填充焊丝的镀锌夹套螺旋钢绞缆的规定寿命为25~30年。

解决护套损坏问题的另一个方案是采用外部导缆全锁定缆圈导缆（Z形）。该方案可以避免缆内部进水导致的部分腐蚀，并且与护套相比具有非常好的耐磨性。但是系泊行业的平台寿命通常是在20~25年内不易磨损，从未考虑过这些缆的额外成本。然而，从2000年工艺逐渐形成至今，从采用带有或不带锌填充焊丝的多股缆发展到采用镀锌夹套螺旋钢绞缆，评估长期退化不再是锚缆的问题。至此，疲劳问题已不是锚缆失效的主要原因，因此，在新设备上产生的锚缆问题仅仅是设计不合理或安装过程中损坏的问题。

2.1.4 失效寿命

失效寿命是另一个需要解决的问题，用于评估系泊的完整性。根据2001—2011年的故障统计，可以得出图2-5所示结果。

我们可以确定系泊系统早期的失效率较高（前两年失效率为40%，失效次数接近3~10年的总和），这可能与以下因素相关联：

（1）安装引起的损坏导致故障，增加故障产生速度；

（2）材料缺陷，增加故障产生速度，设计缺陷导致系泊缆早期破断；

（3）设计中存在未考虑的OPB问题，导致疲劳寿命降低。

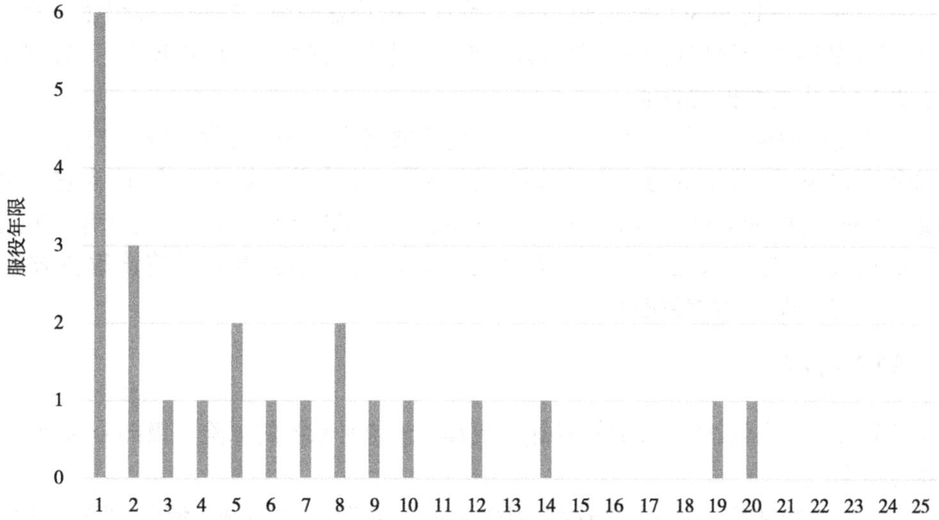

图 2-5　失效时服役年限

作为可靠性的一般模式，通过对比曲线发现这种故障服役年限遵循浴盆曲线，在服役早期，系泊系统具有小的故障率；随着服役年限的增长，故障率随之增加。早期故障率被解释为一般性问题，产生原因与我们的研究结论相符；随着服役年限的增加，由于疲劳导致的故障率逐渐增加，由此引发的极端事件也增多。平台服役越久，发生故障的概率越大，越有可能引发极端事件。

下面，将 FPSO 和新安装的数量进行比较（图 2-6）。

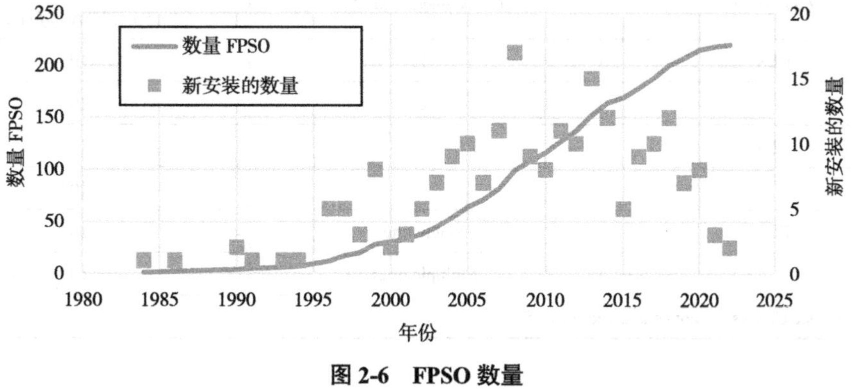

图 2-6　FPSO 数量

新服务的平台数量在 1995—2010 年期间稳定增加，从每年增加约 5 个平台到约 12 个平台，早期故障情况更常见于这些曲线是正常的。由于在此期间内的调试和退役率不变，例如行业目前正在考虑的情况，早期故障率案件的依赖程度会降低，但仍然是故障的主要原因。

这一时期的旧平台数量少于今天，2011 年服役的 120 个平台中仅有 40 个平台超过 10 年。如果对恒定数量的平台进行此类分析，考虑到调试和退役，则会有更多的延迟故障案例。

然而，即使考虑到FPSO增加，也不会导致真正的浴盆曲线。腐蚀故障仍然是故障的主要原因，晚期故障率应该保持不变或略微增加。这是在成熟的FPSO市场上可以预期的，也得到了2019年市场数据的验证。

部分摆脱这种偏见的解决方案不是考虑统计数据或FPSO服役年限的FPSO数量，而是考虑全球FPSO运营年份的总累计数量。这不是一个完美的解决方案，因为它无法取消这一统计数据，但除非等待足够的年份才能获得稳定的FPSO数量，或者至少有一个这种应对有限的情况，它将提供足够具有代表性的统计数据。英国shelf已将该解决方案用于2005年之前的浮式平台故障统计。

2.1.5 频率分析

为了解决全局完整性管理的故障风险，更具体地说是系统的风险等级部分，我们需要评估故障的频率。

解决总体故障频率，需要考虑这些故障的原因，对源（极端故障、疲劳故障以及其他原因）和组件进行适当的评估，以便更好地将其整合到系统中。实际上，系统将通过纯粹的监测和极端故障/组件故障的警告单独考虑疲劳。

此外，将这些比率与通常承认的基于风险的标准进行比较是有意义的。事实上，最发达的标准，也是最严格的标准，是挪威石油标准化组织（Norwegain Standards Organization，NORSOK）的挪威标准，记录在*Position Mooring*（DNVGL OS E301）中，见表2-2。

表2-2 挪威系泊风险接收原则

Limit state	*Consequence class*[1)]	*Target annual probability of failure*
ULS	1	10^{-4}
	2	10^{-5}
ALS	1	10^{-4}
	2	10^{-5}
FLS	Single line	10^{-3}
	Multiple lines	10^{-5}
1) Consequence Classes are not considered for FLS		

可以看到NORSOK在疲劳极限状态、载荷极限状态和偶然极限状态故障发生次数存在差异。我们将采取相同的分析方法，以便与基于风险的评估标准进行适当的比较。因此，在表格中考虑了分类。

第1类：系泊系统故障不太可能导致不可接受的后果，例如人员损失、与相邻平台发生碰撞、石油或天然气不受控制的流出、倾覆或下沉。

第2类：系泊系统故障可能会导致这些类型的不可接受的后果。

单缆故障从未导致第2类后果，多次故障并未导致生命损失。然而，由于立管破坏，我们最终可以将第2类保留在第2类，而没有立管故障的情况仍属于第1类。

此外，由于多个故障没有立管问题和 ULS 故障具有相同的级别和速率，我们可以将它们一起用于评判分析，分析案例的标准将是通过后果进行评估，这是如前所述最相关的。

2.1.5.1　全球故障和故障危害程度

首先，需要解决全球故障率对这些故障的评估。下面将评估 2001—2010 年的两个数据库列表和 Deepstar 列表，见表 2-3 和表 2-4。

表 2-3　失效频率（KT Ma 统计数据）

2001—2010 年清单	故障数量（次）	每项资产的年度概率
多缆（立管损坏）	4	4.0E-03
多缆（无立管损坏）	4	4.0E-03
多缆	8	8.1E-03
单缆	20	2.0E-02
总故障	28	2.8E-02

表 2-4　失效频率（Deepstar 数据列表）

Deepstar 清单	故障数量（次）	每项资产的年度概率
多缆	9	3.6E-03
单缆	51	2.0E-02
总故障	60	2.4E-02
先预防	38	1.5E-02
报告	9	3.6E-03
总损失	47	1.9E-02

可以看到，各类资产的年度故障概率在两种情况下都是相似的，而且单一故障的记录也类似。差异在于多个故障情况，因为在两个数据库中存在相似数量的多缆故障情况，但是 Deepstar 在更长的时间段内被记录，多次故障的速率更低。

Deepstar 团队还在历史记录中记录了故障率，该故障率在每个资产每年 0.025 次故障或者每行每缆 0.002 5 次故障的情况下非常稳定。

还可以从 Deepstar 的工作中看到，非故障的降级率（报告的损坏或保留替换）与单一故障的速率相似。这些降级与安装、制造或腐蚀有关，可以得出在仅考虑故障情况时，这三个问题被低估，因此作为一种保守的方法，我们建议将系统中的这些故障率加倍。

还可以看到 NORSOK 要求 $10^{-3}/10^{-4}/10^{-5}$ 的故障率，这在很大程度上超过了故障记录，全球故障率超过 100。因此，考虑故障的原因并将疲劳与其他案例区分开来更合适。

还看到 2001—2010 年数据库在多个故障情况下更严格，在单个故障情况下相当，我们将保留此数据库以绘制统计数据曲线。

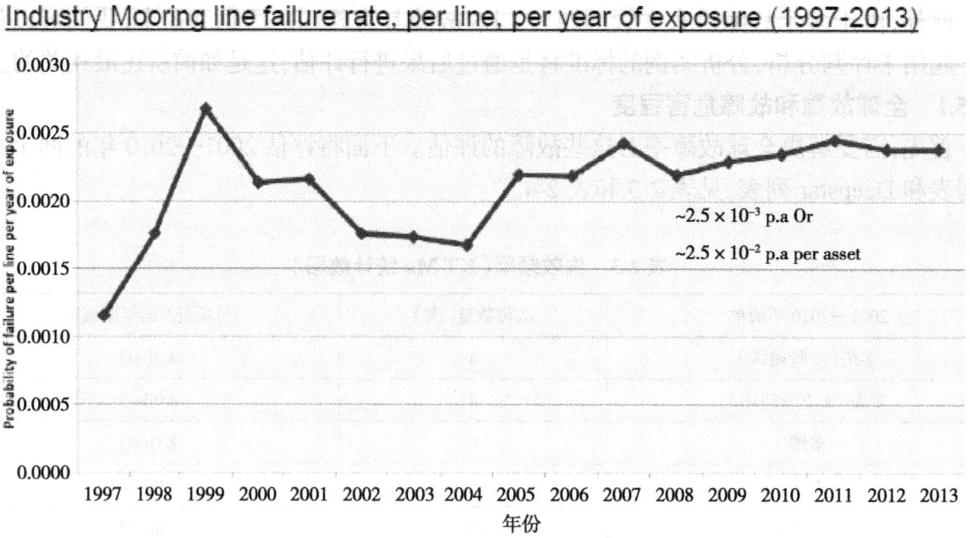

图 2-7 失效频率年变化

2.1.5.2 故障原因

将故障分类,可以得到下述结果。

单缆疲劳问题:9 例,年概率为 $1.2\times10^{-2}\gg10^{-3}$;

多缆疲劳问题:2 例,年概率为 $2.6\times10^{-3}\gg10^{-5}$;

1 级非疲劳问题:6 例,年概率为 $8.0\times10^{-3}\gg10^{-4}$;

2 级非疲劳问题:4 例,年概率为 $5.3\times10^{-3}\gg10^{-3}$。

可以看到,基于故障的故障率远远高于设计风险标准,但具体到原因会降低一些比率(单缆故障仅为 10)。多重疲劳失效和 2 级情况与标准存在极大差异。

对 1 级故障和 2 级故障,我们还将更详细地查看故障原因,无论是极端/腐蚀还是安装/基于 matrial,后者的统计数据需要加倍,如前所述。这些安装/材料案例对应于 2 类故障的 25%和 1 类故障的 67%。

因此,我们可以修改这些概率如下。

修改的 1 级概率:$1.3\times10^{-2}\gg10^{-3}$。

修改的 2 级概率:$6.6\times10^{-3}\gg10^{-3}$。

因此, ULS/ALS 年度失效率每年增加 2×10^{-2},大于疲劳原因。与安装相关的问题仍然是故障的主要原因。要记住对资产完整性监测的影响,在现场的前两年大部分时间都会发生相关故障。在这两年后,由这些原因导致故障的可能性降低。

2.1.5.3 失效部件

我们不会针对故障率来确定故障组件的范围,需要记住:

(1)锚链承受着所有的疲劳和腐蚀问题;

(2)连接器存在很大一部分制造问题(锚链上的制造问题也发生过几次);

(3)钢缆在极端故障中占很大比例, 5 个纯极端故障中有 3 个是由这个原因导致的,并且在所有情况下引发多个故障,因为故障的原因在所有支路上共享。

2.1.5.4　地理位置的影响

我们还需要强调的是，恶劣环境地区约占故障的 62%，占 FPSO 的 29%。在这种情况下，如果只考虑恶劣环境区域，故障率将加倍（实际上是乘以 2.16）。

因此，中国水域 FPSO 的最终故障率将如下。

单缆疲劳问题：9 例，年概率为 $2.4\times10^{-2}\gg10^{-3}$。

多缆疲劳问题：2 例，年概率为 $5.2\times10^{-3}\gg10^{-5}$。

1 级非疲劳问题：6 例，年概率为 $2.6\times10^{-2}\gg10^{-4}$。

2 级非疲劳问题：4 例，年概率为 $1.3\times10^{-2}\gg10^{-3}$。

故障率远高于标准，并且在全球范围内高于一般考虑的速率，单个故障的比率为 2，多个故障的比率为 5。

2.1.5.5　软刚臂案例

需要更详细地考虑软刚臂的情况，因为软刚臂的应用相对较少（在操作中或在筹备中）。

软刚臂 FPSO：11 艘 FPSO 安装在支架上，2 个使用了软刚臂浮筒，其中 7 个已经在渤海湾运营。

软刚臂 FSO：5 艘 FSO 在软刚臂上被安装，1 个使用了软刚臂的浮筒。

关于 5 艘 FPSO 状态和软刚臂架浮标状态的信息很少。因此，如果考虑到存在更清晰状态的平台，最终可以说，在 9 艘 FPSO 中，中海油是这类解决方案的主要用户，经历过 1 次故障，1 次软刚臂完全崩溃，以及几次系泊失效。这些平台累计运作 105 年。

仅对于故障，这导致 1×10^{-2} 的故障率（2 级后果率）。然而，由于软刚臂上存在连续的损坏（腐蚀、软缆故障……），这个速率（被视为 1 级故障）将迅速提高，速率为 $X\times10^{-2}$，X 为中海油记录的事件数量。有限数量的平台使统计数据无关紧要。

2.1.6　小结

本章列出了历史故障及其位置、严重性、原因和受影响的部分。

查看全球数据，可以达到以下故障概率：

单缆疲劳问题：9 例，年概率为 $1.2\times10^{-2}\gg10^{-3}$；

多缆疲劳问题：2 例，年概率为 $2.6\times10^{-3}\gg10^{-5}$；

1 级非疲劳问题：6 例，年概率为 $8.0\times10^{-3}\gg10^{-4}$；

2 级非疲劳问题：4 例，年概率为 $5.3\times10^{-3}\gg10^{-5}$。

这些案例分为疲劳问题和非疲劳问题。

（1）疲劳问题分为单缆和多缆疲劳故障。

（2）非疲劳问题分为 1 级（后果是系泊系统故障不太可能导致不可接受的后果）和 2 级（系泊系统故障可能会导致不可接受的后果）。

中国水域只有 3 个故障记录，因此只使用中国的故障来获取中国地区的数据是很困难的。但是，如果看一下类似的恶劣环境地区（北海、墨西哥湾），可以看到 3 个地区的统计数据是相似的。考虑到 3 个严酷的区域，可以看到这些区域约占故障的 62%，占 FPSO 的 29%。考虑环境原因和严重性来制定故障率并使其适应中国水域中存在的条件，中国水域

FPSO 的最终故障率如下。

单缆疲劳问题:9 例,年概率为 $2.4\times10^{-2}\gg10^{-3}$。

多缆疲劳问题:2 例,年概率为 $5.2\times10^{-3}\gg10^{-5}$。

1 级非疲劳问题:6 例,年概率为 $2.6\times10^{-2}\gg10^{-4}$。

2 级非疲劳问题:4 例,年概率为 $1.3\times10^{-2}\gg10^{-5}$。

这些值将在评估信息管理系统(Assessment Information Management System, AIMS)中考虑用于风险级评定。

海上结构通常接受的故障率非常高,因此需要实施适当的 AIMS。对历史故障的审查还突出了检查程序的改进点,以便在可能的情况下尽早发出故障风险警告。

2.2 渤海软刚臂单点系统故障机理分析(含南海案例)

2.2.1 渤海典型单一故障机理的纵向识别

软刚臂单点系统集众多功能于一体,其设计之初就以"实现在旋转中联通"为目标,不论是立管及工艺处理、高低压电源及通信,或是浮体在海中的风向标运动,在满足顺滑稳定"旋转"的基础上,各个子系统或称模块的功能才能得以保障。

以曹妃甸 FPSO 电滑环故障为例,电滑环故障的直接原因是载荷电流较高引起电刷导电片发生形变,导致电刷失效。但从单点系统整体角度出发(图 2-8),不难看出单点塔设计的偏心载荷与系泊力传递过程中的局部振动,一定程度上加速了电滑环的故障发生。

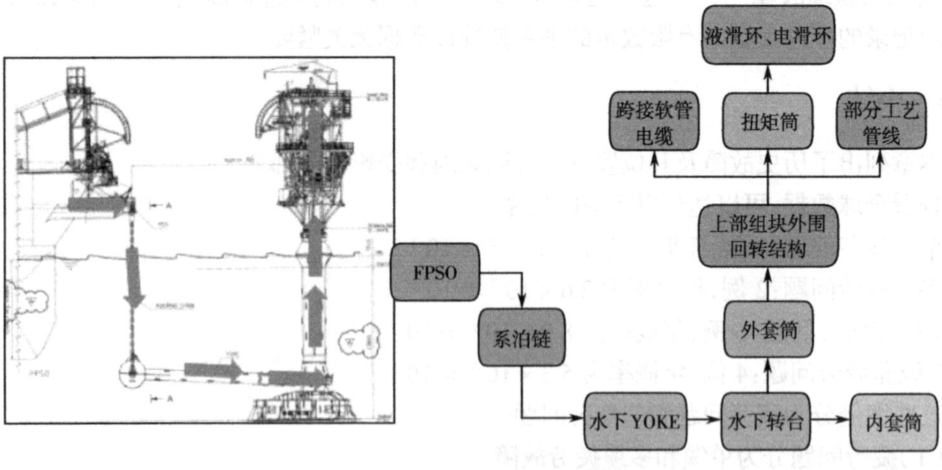

图 2-8 水下软刚臂力学传递关系

虽然曹妃甸新单点在 2015 年更换期间采取了多项改进设计(图 2-9),一定程度上减缓了整个单点系泊系统"松散"的系泊力传递状态,但由于其单柱结构的固有特性,上部模块连同跨接软管的偏心载荷仍存在。从 BV 船级社的分析报告和作业区的故障反馈,不难发现改偏心载荷最终传递到滑环装置,提高了滑环损坏的可能性。

图 2-9　曹妃甸新单点上部模块与外套筒连接的辅助阻尼器

在 FPSO 单点系统的运维过程中，首先被发现的往往是小的故障点。例如，发现单点通信滑环出现通信间断的问题，所属专业仪表部门可能首先将其列为一个一般性的设备类故障，通常是对损坏部位进行检修。但通过观察发现，通信滑环总是在 FPSO 旋转至一定角度后发生通信中断的；旋转远离特定角度时，通信又自行恢复。该类现象很有可能是由于整个单点转塔出现了偏心运动，应从整个系统角度对塔轴所在的轴承偏心度进行调查，及时发现并排除更大的隐患。表 2-5 列举了单点系泊系统风险源及可能影响的零件或部位，以供参考。

表 2-5　单点系泊系统风险源及可能影响的零件或部位

序号	风险源	所属 FPSO 子系统	受到影响的关键零部件或部位
1.	FPSO 尾流风险（FPSO 冲撞系泊塔、YOKE 压载舱挤压）	单点系泊	MSS 生根处、YOKE 压载舱
2.	轴承偏磨、风向标效应下降所引起的系泊系统超载	单点系泊	主转轴承、滑环轴承
3.	系泊支撑构件失效（裂纹、塑性变形）	单点、船体	系泊支撑构件
4.	系泊系统失效（锚链、钢缆断裂断丝）	单点系泊	锚链、钢缆、系泊钢缆接头、YOKE 连接螺栓
5.	滑环泄露（密封失效）	单点滑环	滑环密封圈、其他临近滑环
6.	滑环轴承过渡磨损、偏心磨损	单点滑环	滑环轴承
7.	电滑环异常振动	单点滑环	滑环、滑环螺栓
8.	极端气象条件（环境条件超设计值）	船体、单点	单点导管架、船体
9.	柔性软管系统泄露/表面包覆层破损	柔性软管系统	柔性管及其下方的 YOKE 结构

2.2.2 渤海典型多故障横向相关性分析

2.2.2.1 FPSO 尾流风险

对于渤海区域的软刚臂式单点系泊来说，FPSO 尾流风险是一类比较显著的高风险事件,其机理如图 2-10 所示。

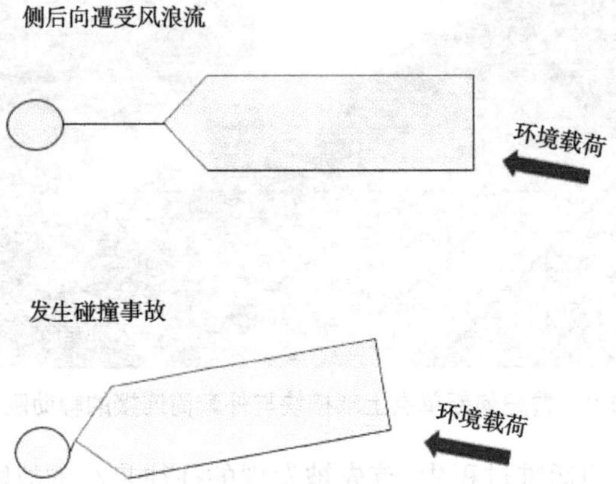

图 2-10 尾流风险机理

在软刚臂系统中,当风、浪、流等环境载荷发生改变时，FPSO 围绕着单点系泊塔做回转运动,以实现风向标效应。由于单点的回转具有一定的时间效应,并不可能完全与风浪流的方向同步改变,通常单点完成回转需要 20~30 min。在某些特殊的情况下,如风浪流从 FPSO 尾部作用,这时 FPSO 会发生回转,但是同时也由于尾流作用向单点塔发生前冲运动,当 FPSO 回转速度慢于前冲速度时, FPSO 有可能与塔体发生碰撞,或者造成 YOKE 系统超载。对于尾流作用产生的冲撞风险警戒值,可以按照如下方法来建立。

按照 API RP 2SK 规范中 7.7.4 节的要求，FPSO 与单点塔之间的最小间距应该不小于 10 m,因此,警戒值设置为 10 m。同时,可以将预警值适当放大,设置为 15 m。在实际营运中,可以通过全球定位系统(Global Positioning System， GPS)仪来监测 FPSO 船首与单点塔的相对位置,当位置达到预警值时,应及时采取防护措施,利用守护拖轮来控制间距。

此外,对于软刚臂单点系泊系统,在尾流状态下,还存在 FPSO 船首与 YOKE 本体结构发生碰撞的风险(图 2-11)。

对于此类系泊系统与 FPSO 船体之间发生干涉的情况,规范均未给出明确的具体指标,在本项目研究中,可以根据 API RP 2FP 规范将风险警戒值取为 1.5 m,而预警值适当放大,取为 2.0 m。

另外在尾流作用下,特别是比较极端的气象条件情况下,会存在 Yoke 系统过载导致主结构件损坏的风险,在我国渤海海域曾经有类似事故发生(图 2-12)。

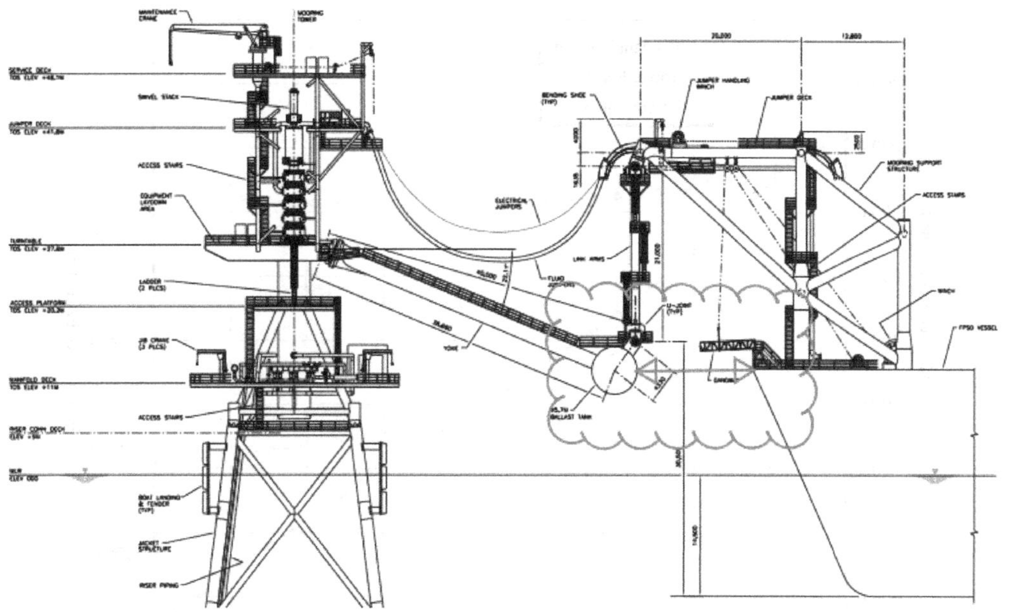

图 2-11　FPSO 船首与 YOKE 本体结构碰撞

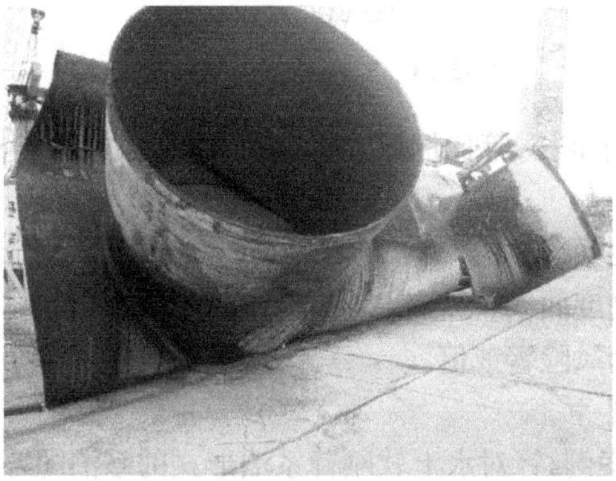

图 2-12　Yoke 主结构件受损

YOKE 系统的主要功能是为 FPSO 在水平面的运动(纵荡和横荡)提供约束反力,从而限制 FPSO 在水平方向发生过大位移。在物理特性上,其本质是一个非线性的弹簧,并且通过水池实验或者理论分析可以得到 YOKE 系统的刚度曲线,如图 2-13 所示。在尾流情况下,主要关注纵荡位移(surge)方向的位移-回复力。

从 YOKE 系统的刚度曲线可以发现, YOKE 系统的受力与 FPSO 纵荡位移存在一一对应的函数关系,因此可以通过 YOKE 系统的承载能力来决定 FPSO 纵向运动的警戒值,基本流程如下:

(1)建立 YOKE 系统的有限元模型;

(2)按照 100 年一遇的系泊力施加载荷;

(3)分析 YOKE 系统应力;

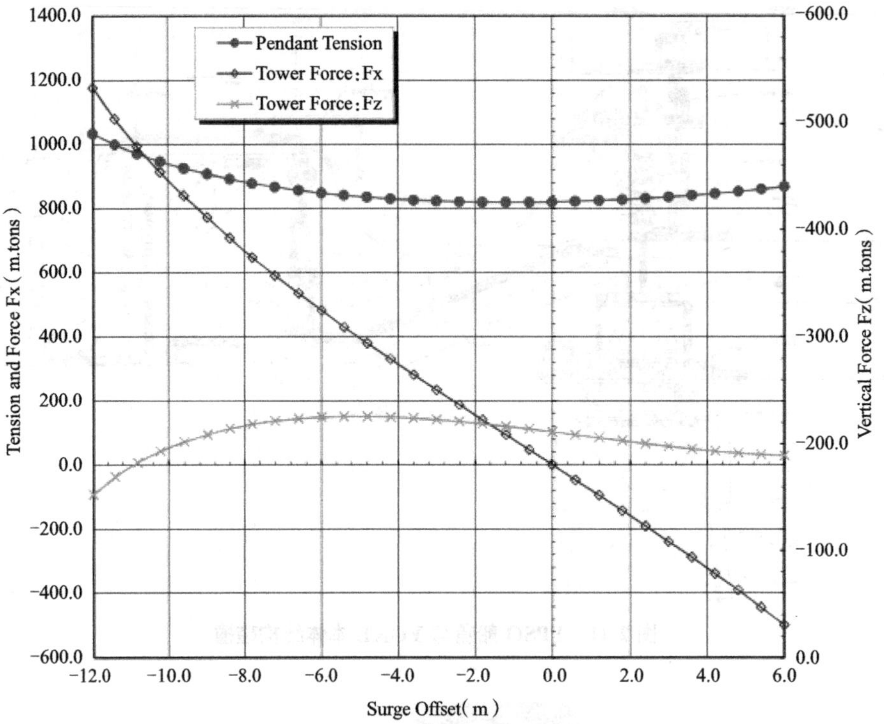

图 2-13　YOKE 系统刚度曲线

（4）按照一定的载荷步长，等比例放大（2）中的系泊力至 YOKE 系统应力达到 80%材料屈服极限；

（5）记录此时的系泊系统张力；

（6）根据系泊系统刚度曲线，得到相应的 FPSO 纵荡位移值；

（7）以该位移值作为风险警戒值。

2.2.2.2　系泊腿轴承故障

根据上述故障分析案例，针对水上软刚臂系泊形式的系泊腿存在的共性问题，即在正常运营若干年后，由于种种原因轴承得不到有效润滑，导致轴承或轴销磨损，轻则发生异响振动，重则发展为失效卡顿。

而轴承缺乏润滑的原因，多数非缺少维保，而是在设计阶段就对轴承的设计过于乐观。例如，渤海某 5.2 万吨 FPSO 轴承故障分析报告中指出，其系泊腿轴承载荷以静力载荷为基础，由于设计年代较早，没有考虑动态和冲击载荷，加之材料选择考虑疲劳累计损伤不足，且在初期出现碎屑夹杂在轴承中，也加速了轴承的磨损。

再例如，渤海某 16 万吨 FPSO 新单点在系泊腿轴承设计选型中使用了海洋工程适用的“免维护”接触式轴承（图 2-14），其特点是材料坚硬、不易磨损，但在使用过程中特别是渤中油田冬季低温环境下发生“干磨”——这种情况大都发生在冬季。如今 SOFEC 建议使用润滑油脂，但由于在设计之初没有预留润滑油路通道，仅在表面喷洒润滑油很难在接触面内部形成油膜，效果甚微。

图 2-14　渤海某 16 万吨 FPSO 新单点系泊腿万向节

软刚臂系泊腿所使用的轴承、轴销，属于比较特殊的“低速”“重载”构件，特别是系泊腿立式结构，其在整个生命周期中都不可能完成一个完整的圆周运动，轴销长期受到单方向的压力，因此在设计选型中要考虑足够的冗余。

2.3　南海单点系泊缆故障原因分析

对南海单点故障进行梳理，主要针对一些后果严重的故障进行分析。其中由于台风引起的系泊缆及立管重大故障 2 起，由于设计缺陷引起的系泊系统故障 3 起，由于设计缺陷引起的转塔结构故障 1 起，建造及安装过程中人为破坏引起的故障 1 起，由于工作工况恶劣引起的立管破损事故 1 起。

2.3.1　恶劣的环境条件难以准确预报

台风属于极端环境条件，其特点为破坏性极强又难以准确预报，易导致系泊缆断裂，使得船体发生较大漂移，从而引起立管破坏，这种故障需要很长时间的停工修复，损失较为严重。

南海某 25.1 万吨 FPSO 于 2009 年 9 月 14 日遭遇了台风“巨爵”，风速达 35 m/s。单点未能及时进行解脱引发事故。事故中 FPSO 最远漂移 722 m，导致 4 根系泊锚缆断裂，水下生产立管和电缆损坏。

南海某 13.1 万吨 FPSO 原本系泊系统即有缺陷，系泊抢修项目开始前，于 2006 年 5 月 17 日遇到超过百年一遇的强台风，超过单点设计标准，造成该 FPSO 6 根锚缆断裂，水下生产立管损坏被迫停产维修。

南海某 15.3 万吨 FPSO 于 2005 年 9 月 25 日遭遇台风“达维”。台风过后系泊系统出现问题：单点舱进水 3.5 m；8 个液压锁紧装置被不同程度损坏；伸出臂前端卡头垫块因固定螺栓被剪断而全部脱落，但卡头仍卡在 STP 浮筒环形槽内。

值得注意的是，2019 年第 9 号台风“利其马”（Lekima）产生于太平洋中部，形成后迅速北移，最终到达山东省中北部东营附近，所处海域 BZ25-1 油田的渤海某 16 万吨 FPSO 受到影响,因此,台风在渤海湾的影响虽不常见,但也是不可忽视的环境因素。

2.3.2 单点腐蚀退化

系泊系统的腐蚀是导致一系列系泊系统失效事故发生的主要原因,无论是成片的腐蚀,还是点状的斑蚀(pitting corrosion),都具有很大的危害性。

除了极端工况,事故原因还包括系泊缆超期服役、腐蚀退化、疲劳损伤严重等问题。假如缺陷及故障不能及时排除,往往会留下较大的隐患。

南海某 25.1 万吨 FPSO 于 1990 年由油船改装而成,船体与单点设计服务寿命都是 10 年。截至 2009 年,浮筒与系泊缆已经使用了 19 年,属于超期服役,但浮筒与系泊缆从未进行大检和延寿工作。在 2009 年 9 月 14 日遭遇台风时,系泊缆多根发生断裂。

2005 年 12 月 3 日,南海某 14 万吨 FPSO 生产操作人员在油轮左舷船艏附近海面发现有少量溢油。随后的检查中,确认在立管与浮筒连接法兰以下 2 m 处,产生了一个长度约为 1 m 的纵向裂口。

根据向 APL 厂家咨询,目前使用的立管在设计温度为 75 ℃,操作温度在 70 ℃的情况下使用寿命为 10 年。由于立管内部的材料为聚酰胺(PA-11),它在高含水和高温的情况下会发生水解老化,从而降低了使用寿命。立管长期处于高温的环境中,尤其是操作温度升高到一定的程度时,立管的使用寿命会急剧下降,再加上该立管几乎在两年的时间内都处于高温的情况下,加速了立管的老化。

2.3.3 设计缺陷引起的系泊系统及转塔故障

设计时考虑不周或受限于当时的设计理念,系泊系统在部分节点存在应力集中、过度疲劳等情况,且设计环境条件低于实际环境条件。通常情况下,锚链的破坏大多发生在分段的接头处,或者材料等不连续的地方——系泊索与船体连接的导缆孔,系泊索不同分段(如链和缆)之间的连接处,系泊索与地面接触的地方等。系泊结构在设计和分析的时候,通常假定为只承受拉应力,忽略其压力、弯曲应力和扭转应力,然而,正是这些在设计中忽略的应力,直接或间接地导致了系泊结构的破坏。

南海某 FPSO 早在 2005 年就发现 4#、5#系泊缆的钢缆出现断丝。2009 年 8 月 27 号完成 4#、5#系泊缆的换缆海上安装作业,2009 年 9 月 14 日,该 FPSO 遭遇台风“巨爵”正面袭击,成功经受考验。台风过后,发现 3#钢缆出现了重大损伤,钢缆下部接头附近的外层有很多新增加的断丝。位于系泊缆上钢缆下端的断丝,其成因是端部局部过度弯曲造成的弯曲疲劳损伤,以及该部位与海底不间断的接触。此应归因于设计缺陷,可通过调节系泊钢缆长度,端部增加限弯接头解决。

南海某 13.1 万吨 FPSO 在台风事故发生前系泊缆就存在缺陷。多条系泊缆出现断丝,阴极保护电压不足。计划在 2006 年 6 月开始更换已断丝的系泊钢缆。结果 2006 年 5 月 19 日,在系泊抢修项目开始前,遇到超过百年一遇的强台风,该 FPSO 系泊系统发生极其严重的损坏事故。此 FPSO 系泊缆断丝主要发生在系泊缆上、下钢缆与中间浮筒连接处附近,其主要原因是波浪和内波流作用下产生的疲劳损伤。损坏最严重的两根锚链与主波向和内波流方向基本垂直,而与主波向和内波流方向基本平行的方向上的锚链损伤很轻或没有损伤。此外系缆中间浮筒支撑结构设计不合理，当浮筒绕系缆轴心摆动时，系缆将跟随浮筒同步转动。

南海某 14 万吨 FPSO 除了系泊缆松股、断丝等情况外，还有配重块破损、脱落的故障。配重块本身质量较大，由于系泊链上下运动产生的冲击载荷较大，使配重块产生疲劳损坏。配重块接触面之间无固定，在冲击过程中容易产生位移而形成附加的剪切应力，增加了螺栓以及配重块破损的可能性。当 FPSO 发生位移或升沉运动时，配重块随系泊缆上下运动，与海底发生碰撞，承受与海底产生的较大的冲击载荷，当 FPSO 运动较为剧烈时配重块承受的冲击载荷将更大。此外连接螺栓结构形式及材质的问题、螺栓的腐蚀破坏、螺栓孔的损坏等，都是配重块大量脱落的成因。

南海某 15.3 万吨 FPSO 在 2005 年 9 月 25 日遭遇超强台风“达维”（气象预报 2 min 平均风速为 55 m/s），单点转塔结构受损。圆锥体形 STP 浮筒下沉 4 cm，单点舱进水。从系统可靠度设计理论看，APL 设计需要改进。目前单点系统保证 STP 浮筒与船体不发生转动的唯一措施是上下接合环之间的静摩擦；该静摩擦力又是靠预紧提升力实现的。一旦预紧提升力减小，STP 浮筒与船体就面临转动的风险。对于这一点我们和 APL 原先都没有认清。文昌 FPSO 投产三年多以来，锁紧装置的液压活塞缸的压力从来没有调升过，预紧提升力将无法维持所需的大小。

2.3.4　维修窗口期受限

南海某 13.1 万吨 FPSO 计划在 2006 年 6 月开始更换已断丝的系泊钢缆。结果 2006 年 5 月 19 日，在系泊抢修项目开始前，遇到超过百年一遇的强台风，导致该 FPSO 系泊系统发生极其严重的损坏事故。

如果能对系泊系统进行定期维护，及时更换出现缺陷的系泊缆及其他系泊构件，则能避免此类重大事故。如 2009 年 9 月 14 日，南海某 FPSO 遭遇台风“巨爵”正面袭击。当时该 FPSO 新换两根钢缆，且正好与该台风产生的波浪载荷作用方向基本一致，这使它成功经受住最大 94 节强风的考验。

本章部分图例

说明：为了方便读者直观地查看彩色图例，此处节选了书中的部分内容进行展示。页面左侧的页码，为您标注了对应内容在书中出现的位置。

第 3 章　FPSO 系泊系统改进需求分析

3.1　设计海况及组合工况改进需求研究

根据近 30 年渤海湾软刚臂单点系统运行经验，渤海湾地区潮汐现象对海流的影响是比较明确的。在特殊情况下，海流与风、波浪方向不一致的情况是有可能发生的。从历次故障记录来看，虽然其量值不会超出极限设计海况（1 年 1 遇海洋环境条件），但其对单点安全性的影响是不容忽视的，而这类海况组合在设计之初通常是不考虑的。因此，建议对渤海湾水文环境进行评估，选取适当的风浪流组合及量值增加到设计分析中。

3.2　改进需求建议与现行规范符合性对比分析

根据 DNVGL OS E301 规范中 2.5.5 节的规定，对于具有风向标效应的浮体，其风浪流的组合应基本分为通向入射和非通向入射。其中，通向入射应避免出现不真实的纵荡、升沉和纵摇运动；而非通向入射应以迎浪为主入射角，考虑风 30° 偏移和流 45° 偏移。该规范 2.5.7 节规定风浪流组合角度应考虑地域性差异，特别是风浪流相关性较弱的海域，应使用当地有针对性的环境数据。

在 *Classification of Ploating Gas Units*（BV NR 493）规范附录 2 中 4.2 节的规定，将环境条件的组合分为浪主导、风主导、流主导三大类，并分别给定了各主导海况下以迎风为主的入射角、波浪和流的夹角范围。其中，流主导中海流方向的入射角为最大（达到 90°，即横流的工况）。

根据中国船级社（China Classification Society，CCS）《海上单点系泊装置入级与建造规范》中 3.4.3 节的规定，无论能否获得单点所在海域的环境记录（短期或长期），都应该在不同方向上对波浪资料进行统计，以确定不同重现期的设计海况。

除上述规范外，其他规范（如 APIRP 2SK 等）对环境工况的表述并不明确，但主旨均为要因地制宜，选取能够反映当地真实海况的组合方式。

综上所述，建议在渤海湾新单点设计中，考虑增加尾部来流或风流同时来自船尾造成船体前冲运动的工况，由于单点风向标效应的存在，建议该工况的强度取操作工况，或与当地历史观察的水文数据保持一致。

3.3　轴承装置改进需求研究

本节所述为连接旋转甲板和将军柱的主轴承（Main Bearing），通常主轴承将旋转甲板的系泊载荷、软管载荷、静载荷传递到系泊塔上，实现 YOKE 和 FPSO 围绕着系泊塔自由旋转。轴承直径通常较大，在 3~4 m，其设计以三列滚柱轴承为主流，内圈、外圈分别用连接螺栓与相对应的结构连接（图 3-1）。

图 3-1　典型的主轴承装配过程

轴承的稳定运行来自顺畅的润滑。在运维过程中，曾出现过润滑脂注入困难的情况。因此，应考虑设计多组注脂口、放泄口和取样口，以便在某一特定润滑回路堵塞后，其他回路仍可坚持工作。

主轴承（图 3-2）上方通常设置风雨密盖板，以防止海水渗入主轴承加速磨损和腐蚀，在旋转平台设计中，除风雨盖板外，应避免将主轴承设置在剖面低位，以利于雨水随重力自然排流，避免积水。（来自渤海某 FPSO 主轴承使用经验）

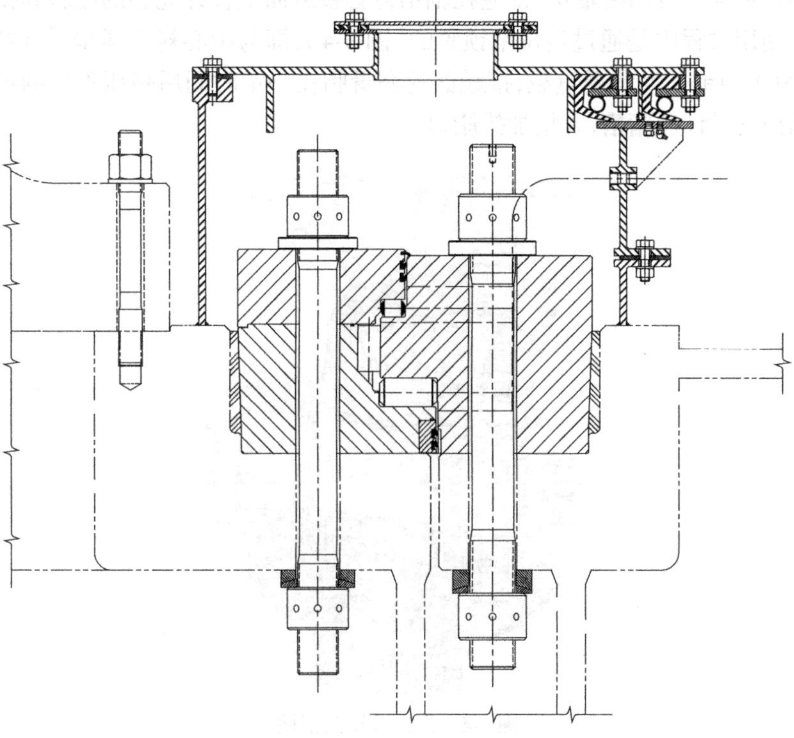

图 3-2　塔架式软刚臂单点主轴承结构

3.4 铰接装置改进需求研究

软刚臂通常有两个立柱(称系泊腿或系泊臂),每个立柱的两端配有万向铰接结构(U-joint),提供横摇(Roll)、纵摇(Pitch)两个轴向运动的自由度(图3-3)。万向铰接头自身通过轴销、套筒、止推垫片等实现转动,所采用的材料有常规润滑的,也有免维护自润滑的(如Orkot TXM材料)。

图3-3 典型万向铰接头布置

从万向铰接头在渤海地区的使用经验来看,由于冬季寒冷气温较低,无论是常规的注脂润滑轴销还是免维护自润滑轴销,都应在轴销衬套接触面上设计完整的注脂和排脂回路。

轴销在使用过程中是通过定位销锁紧的(图3-4),即与中心衬套同步,与两侧衬套发生相对转动,由于轴销长期承受重载,接触面的润滑脂在一定时间后挤压失效的可能性很大,因此应在轴销处设计注脂槽,并增加排脂口。

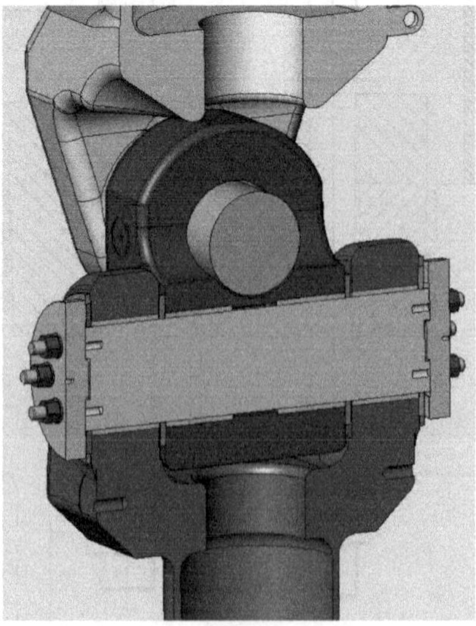

图3-4 万向铰接头剖面

3.5　滑环改进需求分析

3.5.1　滑环堆叠顺序的改进分析

根据大多数单点设计公司的设计规律，滑环堆叠顺序从下到上依次为液滑环、电滑环、公用系统滑环、光纤通信滑环，其主导考虑因素是滑环质量的分布——尽可能将较重的滑环安排在下部，以提高整个滑环堆栈的稳定性，减少根部的弯矩。

值得注意的是，在渤海某 30 万吨 FPSO 单点滑环运行过程中，出现过消防水滑环（属于公用系统滑环）因海水腐蚀而发生泄露，海水下流导致其他滑环腐蚀的情况（图 3-5）。其中，最直接的影响为与下部连接的滑环同步定位销腐蚀间断。因滑环为整体设计，无法在线提升滑环更换定位销，最终只能采用增加驱动臂的方法进行补救。因此，设计可能接触海水等有较高腐蚀性介质（相对柴油、原油等）的滑环时，其布置位置应尽可能靠下，以免渗漏液对其下部的滑环造成影响。

图 3-5　渤海某 FPSO 消防水滑环错动

从单点系统运行情况分析，由于长期受到海洋环境力的影响，单点（塔式软刚臂）不可避免要受到波动载荷并产生振动。其中，低频振动多由环境力引起，高频振动多由运转设备引起。一般单点塔上部组块中，呈现低层靠近将军柱，主轴承位置振幅最低；高层远离将军柱，主轴承处振幅最高的特点。因此，从滑环对振动耐受度的角度考虑，应尽量安排振动耐受度相对较差的设备（如电滑环）靠近主轴承和将军柱布置，降低其振幅，达到提高设备寿命的目的。

3.5.2　滑环层间隙及联动方式改进分析

滑环层间隙通常使用基座螺栓连接，对于部分内腔一体成型的滑环组，外腔间隙通常会比单独独立滑环组的间隙要小。其优势是压缩了整个滑环堆栈的高度，但其劣势是滑环维修空间受限。在运行过程中,经常遇到对单个滑环进行维修,但由于间隙不够,需要部分拆卸顶升相邻滑环的情况。这给后期滑环维修甚至更换带来了不便。

因此,对滑环整体高度不敏感的单点系统,建议采用独立滑环层间设计,这样一方面降低了滑环在加工制造方面的难度,另一方面预留了充足的维修间隙,有利于后期运维操作空间。

针对滑环外腔的联动,在滑环半径空间不敏感的情况下,建议尽量将定位设计在滑环外部,避免设计在内部,这样一方面降低了滑环装配难度,另一方面便于提早发现腐蚀、裂纹等问题,避免更大故障的发生。

3.5.3 液、气滑环密封圈维修便利性分析

液、气体滑环依靠若干道密封实现内外腔相对转动而不泄露的功能,针对密封形式,有单靠密封圈本身嵌入簧片密封的,也有依靠外加压力(如重油)实现密封的。但无论哪种密封形式,要在单点服役期内(20~30 年)完全不失效几乎是不可能的。因此,必须考虑密封装置维修的便利性。

根据渤海湾几套单点滑环更换密封项目的经验,推荐以下密封圈设计方案:①密封圈所在压环可拆卸,同时不会露出滑环内腔;②预先准备好的备件密封圈和新滑环是一体的,通过一个外挂的环形储存盒妥善保存。若干年后,当密封圈失效时,可以将压环拆卸下来,取出原备件进行更换。整个过程不会影响相邻滑环,同时避免了使用粘接型密封圈,密封效果更好。

3.5.4 电滑环腔体干燥环境需求分析

电滑环通常用于高电压电力输送(图 3-6),集电环、电刷的接触面易产生弧光、火星等引发滑环故障失效。因此,电滑环通常使用“油浸式”或“正压密封式”,并将滑环内部构件封闭在相对惰性的液体或气体中,避免导电击穿等情况发生。

图 3-6 南海某 15.7 万吨 FPSO 高压电滑环

2018 年,南海某 15.7 万吨 FPSO 电滑环出现高压电滑环正压保护系统不工作情况的记录(图 3-7),依据滑环系统专用维保检验文件实施检查测试。在 FPSO 维修部门的协助下,于 10 月 14 日"人工"启动吹扫流量传感器,高压电滑环完成初次吹扫并进入正压保护状态。该问题在 2019 年更换流量传感器后得到解决。

图 3-7　南海某 15.7 万吨 FPSO 高压电滑环正压保护系统故障

3.5.5　缓冲型滑环驱动装置的改进分析

滑环驱动装置是单点系统将风向标运动传递给滑环,驱动装置两端分别与滑环、单点结构相连,实现同步转动,通常由若干组驱动臂构成(曹妃甸单点由于空间所限,使用扭矩筒,属于个例)。

在众多单点驱动装置设计中,根据外形大致可分为倒 A 型、H 型、Y 型,从力学传递的角度出发,可分为刚性连接和迟滞连接。

倒 A 型驱动臂,外形简洁,节省空间,但倒 A 型驱动臂末端为单柱型,单柱依靠弹性变形提供扭矩,对材料要求较高,渤海某 16 万吨 FPSO 新单点就曾出现过单柱断裂的情况。(图 3-8)

图 3-8　渤海某 16 万吨 FPSO 新单点驱动臂(A 型)

H型驱动臂(图3-9),使用两根平行的连杆与单点结构相连,两者相对独立,通过连杆的拉、压力提供滑环扭矩,虽然设计空间需求相对较大,但效果相对稳定,在运维期间未出现相关故障案例。

图3-9 新流花单点驱动臂(H型)

Y型驱动臂(图3-10)介于倒A型和H型之间,通常采用较长的尺度,这种设计的优点是通过较大的内力耗散掉驱动力,减少驱动臂末端拉、压力,降低对材料性能的要求。

图3-10 渤海某28.1万吨FPSO单点驱动臂(Y型)

刚性连接是指驱动臂与滑环、单点结构采用刚性固定(包括铰接),其特点是滑环与单点旋转结构的同心转动时刻保持一致。

迟滞连接是指驱动臂与滑环刚性固定,与单点结构搭接,限定径向运动在一定弧度范围内,但释放“纵荡”运动和“垂向”运动。这种设计使得滑环的转动发生在单点旋转较大角度后。其优点是减少滑环的微幅交变转动,节省了滑环累计旋转里程,这在一定程度上延长了滑环的密封寿命，但其缺点是连接点处会产生滑动摩擦，需设计一块牺牲摩擦块，并定期更换。

3.6　关于电、液滑环样机试验测试设计的改进建议

针对电、液滑环的加工试制，在前期相关科研课题中已有基础，相关电、液滑环已经过旋转测试试验，即将滑环放置在驱动底座上，进行往复旋转测试，并对滑环运转情况和泄露情况进行监测。

但需要注意的是，测试通常在工厂等室内环境中进行（图 3-11），驱动臂的连接一般只提供满足滑环旋转的扭矩（通过齿轮传动实现）。该驱动力往往是平顺的，而滑环在实际运行中不仅要受到水平方向的冲击载荷，而且还有可能受到轴向的偏心载荷。当上述载荷加载到滑环中时，滑环的密闭性能才能够体现出来。因此建议在滑环样机测试阶段要考虑相关冲击和偏心载荷的模拟。

图 3-11　液滑环样机测试

另一方面，从海上滑环泄漏故障记录中不难看出，滑环介质的组分、压力的变化也会有导致滑环泄漏的风险（南海某 FPSO 液滑环案例）。在前期相关科研试验测试环节，所使用的介质多为水（非油气混合液），压力多为设计最大值。但实际上，压力的动态起伏也是引发滑环泄漏的原因之一，因此，建议在滑环测试过程中，选取合理的介质和压力。

第 2 篇　FPSO 系泊系统完整性管理

第 4 章　FPSO 监测技术调查研究

4.1　监测服务公司概述

4.1.1　2H Offshore

2H Offshore 是一家独立的全球工程承包商，专门从事海上石油和天然气储备钻井和生产立管的系统设计、结构分析以及完整性管理。其能力和经验涵盖所有种类，从浅水固定平台到超深水中的钻井和生产立管皆在服务范围中。

2H Offshore 与客户建立了密切的合作关系，现已在伦敦、阿伯丁、休斯顿、吉隆坡、里约热内卢、珀斯和北京等世界上主要的海上石油中心设有办事处。

1. 解决方案

1）系统规范

2H Offshore 设计定制的监测解决方案，针对捕获关键结构响应、安装和后处理进行了优化。通过选择经现场验证的传感器、电源和通信技术以满足项目功能和操作要求，还为此配备了严格的规范以确保系统的可安装、可操作、可靠和可维护。

2）采购服务

2H Offshore 在项目基础上指定和采购最合适的组件。采购团队对供应商进行认证，准备报价请求，管理供应商并确保及时交付监测系统和组件，包括为完整性关键系统选择的先进技术。

3）数据管理

2H Offshore 使用先进的现场数据分析工具和技术为客户提供有用的信息，使他们能够实现项目目标。自动化工具可用于传感器数据质量检查和实时疲劳分析，适用于独立、硬接线或声学系统。最先进的专有算法用于计算立管和海底系统响应的疲劳损伤，包括波浪和电流引起的运动。

2. 现有项目

2H Offshore 现有项目包括雪佛龙 Tahiti 项目立管和出油管监测、Murphy Kikeh 项目 FTL 监测、BP 墨西哥湾立管和井口监测、壳牌 Espirito Santo FPSO（BC-10）系泊监测。

4.1.2　Trelleborg

Trelleborg 成立于 1905 年，是工程聚合物解决方案的全球领导者，可在苛刻的环境中密封，阻尼和保护系统关键应用。其创新的解决方案以可持续性作为重点，为客户提高产品的性能，包括从汽车密封件到海上石油和天然气设施的浮力监测，从拖拉机上的轮轴到港口机械。

1. 解决方案

SmartHook 是一种用于测量和显示关键系泊缆张力的系统，可以让操作员在系统超出准许载荷时接到警告。该系统包括安装在快速释放挂钩（QRH）枢轴中的称重传感器、安装在 QRH 基座上的本地控制器、监测软件以及可选的灯和警报器支架。

2. 现有项目

Trelleborg 现有项目包括 Ashburn 南中国海系泊腿项目、PEMEX 坎佩切湾海底管道项目。

4.1.3 InterMoor

Acmeon 公司旗下的 InterMoor 是世界上最大的现场系泊解决方案供应商之一，为所有海洋环境提供全套服务。凭借行业领先的专业知识和无与伦比的系泊和安装服务，InterMoor 为石油、天然气、可再生能源和水产养殖领域的客户设计并提供最具成本效益、可靠、安全和创新的解决方案。

1. 解决方案

InterMoor 为客户提供：

（1）声学实时监测系统；

（2）在系泊缆失效时系统发出警报；

（3）监测系泊缆的性能；

（4）监测系泊缆绳移位；

（5）水下电缆自由声学通信；

（6）超低功耗设计，延长电池寿命，延长服务时间。

2. 长期系泊连接器

20 多年来，InterMoor 一直在制造和安装 H-Link 连接器，在全球范围内提供了 2 000 多个此类产品。H-Link 连接器可将不同尺寸的锚链和绳索相连，可以在世界上最严苛的水域服役超过 25 年。InterMoor 为系泊提供长期连接方案。

3. 现有项目

InterMoor 现有项目包括中国海洋石油工程有限公司 Liuhua 16-2 FPSO、BP Mad Dog 2 项目系泊与拖航工程、Talos 能源 ENSCO 8503 半潜式平台系泊设计。

4.1.4 BMT

BMT 在开发创新的海洋监测系统方面拥有 30 多年的经验，可为海上项目提供关键完整性和安全性监测。迄今为止，BMT 已经提供了 120 多种永久性海洋监测系统。

BMT 将继续进行保护性维护（包括每年校准仪器）以及相关数据管理（包括数据分析和报告）。

1. 解决方案

1）综合海洋监测系统（Integrated Monitiring and Management System，IMMS）

使用 BMT 的 IMMS 可实时同时监测平台性能和环境条件，例如风速、流速曲线、气隙和波高等。该系统可用于各种浮式海上石油平台和海底立管，包括张力腿平台、SPAR 和海底立管（钢悬链线和独立式）。

IMMS 的施工和维护符合国际公认的标准管理系统，包括质量、健康、安全以及环境管理，通过了 ISO 9001，ISO 14001 和 ISO 18001 认证。

2）独立远程监测系统（Independent Remote Monitoring System，IRMS）

IRMS 允许运营商与其浮动资产保持远程通信，并在疏散期间实时接收关键的环境和性能数据，该系统与设施本身电力和通信系统无关。

IRMS 可以为操作者提供实时的关键环境和动态性能数据，以及海上实际情况的视频和静态图像捕获，以便进行有效的决策。最初设计用于在墨西哥湾恶劣天气条件下监测废弃平台，以便对后期重新利用旧平台进行条件评估。IRMS 可用于监测任何受搁置或运行的船舶。

3）现有项目

BMT 现有项目包括 Coral Sul FLNG 监测系统、Turritella FPSO 监测系统。

4.1.2　国外单点监测系统调研

国外单点系泊监测系统发展和起步比国内要早，由于国外 FPSO 多采用内（外）转塔和系泊缆的系泊形式，因而催生出多种系泊缆监测设备，本节将结合应用项目案例进行介绍和分析。

4.2　国外单点监测系统调研

4.2.1　ESPADARTE FPSO 监测系统

ESPADARTE FPSO（图 4-1）位于巴西 Barracuda 油田的 Campos 盆地，作业水深 870 m，作业者为 Petrobras，为内转塔式系泊系统，该系统有 10 条悬链线式混合锚线，每条锚线由锚链、聚酯纤维缆、锚链组成。单点系统装备了 47 条立管，该艘 FPSO 服役始于 2000 年。其最大的特点是尝试安装了船体运动和锚泊张力监测系统。

图 4-1　ESPADARTE FPSO

该 FPSO 的主要监测设备有：

（1）轴销式锚链张力测量仪（图 4-2），安装在锚链上，替代原轴销，对锚链张力进行测量；

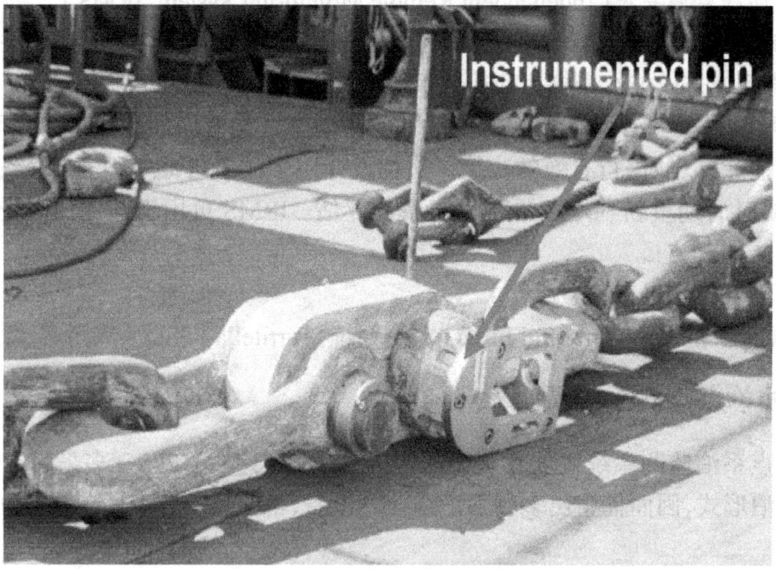

图 4-2　轴销式锚链张力测量仪

（2）船体自由度监测设备，由 3 台加速度传感器、1 台倾角仪和 1 台艏摇速率传感器组成；

（3）1 台陀螺仪，用于监测 FPSO 船体艏向；

（4）差分全球定位系统（Differential Global Position System，DGPS）定位系统；

（5）风速风向仪。

由于 ESPADARTE FPSO 的系泊缆有一部分由 600 m 聚酯纤维缆组成，而聚酯纤维缆的一大缺点在于其会因为材料蠕变导致线缆长度增加，从而导致 FPSO 漂移量增大。

由于聚酯纤维缆的蠕变特性，导致系泊缆逐渐下垂，与水平面的角度逐渐增大，因此如果选择倾角仪反推的监测方法将导致标定不准确。

同时，轴销式张力测量仪也有缺点：由于 FPSO 每年都要重新调整线缆张力，所以面临着标定不准确的问题。

在 ESPADARTE FPSO 安装单点监测系统项目实际应用中，水面以上的设备如 DGPS 实现了较高的设备稳定性，而水面以下的监测设备，如张力测量仪，10 台设备失效 4 台——2 台在立管提拉作业中被打坏、2 台度数异常无法使用。以上都为今后的系泊监测工作积累了经验。

4.2.2　XIKOMBA FPSO 单点监测系统

XIKOMBA FPSO（图 4-3）与其作业海域安哥拉 XIKOMBA 油田同名，是一艘外转塔型 FPSO，属于荷兰 SBM 公司，它的前身是 N'Goma FPSO，在经过延寿改造后，以重新命名的方式在新的油田服役。

图 4-3　XIKOMBA FPSO

该 FPSO 单点监测系统的主要功能是对外转塔上的锚链张力进行测量，采用的监测手段是将原本安装在锚链卸扣上的轴销用张力监测轴销（图 4-4）替代，这样就可以在单点转塔和锚链线的连接点处进行张力监测。

由于外转塔结构要伸出船体一定距离以保证正常形状的悬链线不会触碰到 FPSO 艏鼻处，并使转塔完全脱离水面，所以选择单点转塔和锚链线的连接点进行张力监测是十分安全可靠的。

图 4-4　XIKOMBA FPSO 张力监测轴销

4.2.3 Turritella FPSO 监测系统

BMT 集成了 IMMS，以便在接入、操作和断开期间密切监测 Turritella FPSO，提供 FPSO、转台系泊位置和系泊缆监测所经历的环境和运动的实时信息。该项目涉及世界上最深的 FPSO 系泊设施，以及首次在恶劣环境中使用可拆卸 FPSO 的钢制升降机。

应用多个子系统，包括环境和设施监测、系泊缆监测以及可断开 BTM 的海底声学监测，使得海上作业人员可以利用精确信息进行操作，以便在规定的操作限制范围内加强安全工作，具体为：

（1）获取含有时间戳文件中同步的所有传感器数据；

（2）识别 IMMS 中的故障传感器和其他组件并报警；

（3）以适合操作和监视要求的形式和时间范围显示数据；

（4）提供用户便捷的操作，以显示重要信息；

（5）测量数据存档。

BMT 的完整性监测系统允许操作人员更好地访问信息，使他们能够通过做出明智的决策来安全地工作。

BMT 为全球多种浮式生产资产类型（包括 Semi-sub、Spars、TLP、FPSO、SPM 浮标）设计和制造了 120 多个现场 IMMS，并继续为这些系统提供预防性维护和维护。

4.2.4 Coral Sul FLNG 监测系统

系泊解决方案供应商 SOFEC 为莫桑比克海上主要的新深水开发项目提供了一种创新的系泊监测系统（Mooring Monitoring System， MMS）。根据 BMT 和 Sonardyne 之间的团队协议，该系统将用于新建 FLNG 的转台系泊系统的监测。该 FLNG 建造于韩国，为 Eni's Coral South 项目而建。该系统作业水深范围在 1 500~2 300 m。Coral Sul FLNG（图 4-5）由韩国三星重工的 Geoje 造船厂正在建造，是世界上第一艘超深水浮式液化天然气船。

图 4-5 Coral Sul FLNG

MODEC 集团公司 SOFEC 选择使用 BMT 和 Sonardyne 的综合工程解决方案。该解决方案具有较高的数据可用性、ROV 安装的便利性、海底技术的稳定性，BMT/Sonardyne MMS 还将提供周期性维护。

在海平面以上，BMT 将提供站台式转塔监测系统和带触摸屏界面的本地控制面板。控制面板还将容纳 Sonardyne 的顶部设备，以最大限度减少系统的占地面积。此外，该系统还允许 SOFEC 的客户通过 BMT 的基于云的门户网站 BMT DEEP 获得远程数据访问。

在海平面以下，Sonardyne 的海底监测、分析和报告技术（Seabed Monitoring Analysis And reporting Technology，SMART）将用于持续监测 20 个锚腿的系泊完整性（图 4-6）。每日报告和自动故障检测将通过 SMARTs 实时无线传送到地面。

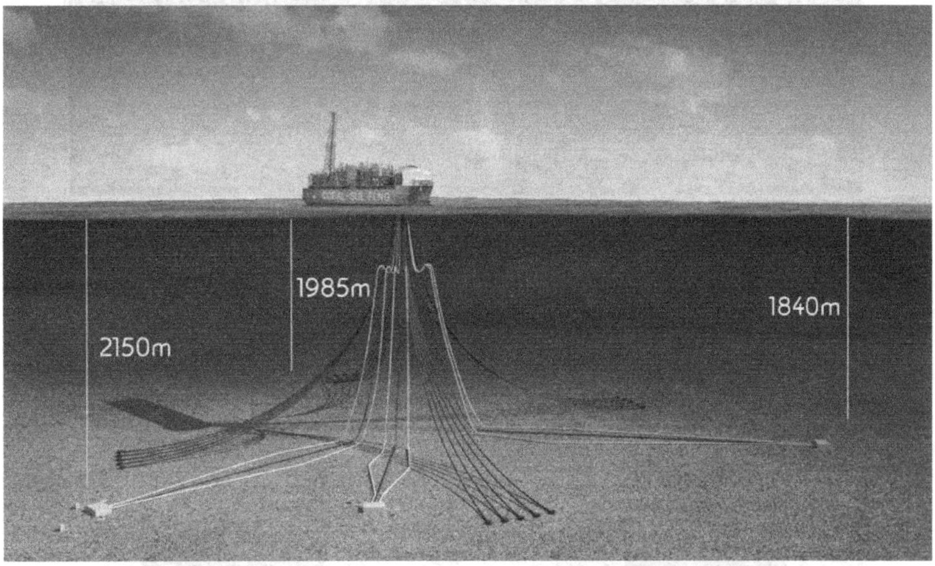

图 4-6 Coral Sul FLNG 水下系统

4.2.5 Glen Lyon FPSO 监测系统

Glen 项目的客户需要有关 Glen Lyon 的相对位置和运动的实时信息——一艘 10 万吨 268 m 长的浮式生产、储存和卸载船（FPSO）以及其环境载荷的大小和方向，以确保操作人员在规定的操作限制内安全工作。

该综合系统用于收集、处理、显示和存储气象海洋学和环境数据。所需的数据归纳为三个不同大类：

（1）与环境相关的 Metocean 数据，包括周围所有关于船舶运动的原始数据，描述 FPSO 的运动和受力以及由环境引起的系泊风险；

（2）有关 FPSO 装载条件的结构载荷数据；

（3）船舶接口数据，提供 500 m 区域内船舶的位置和运行状态。

BP 需要 BMT 提供一个 Glen Lyon FPSO 实时监测系统以获取相对位置运动信息以及 Shetland 以西极其恶劣的水域环境信息，以确保操作人员在规定操作限制内安全工作。（图 4-7、图 4-8）

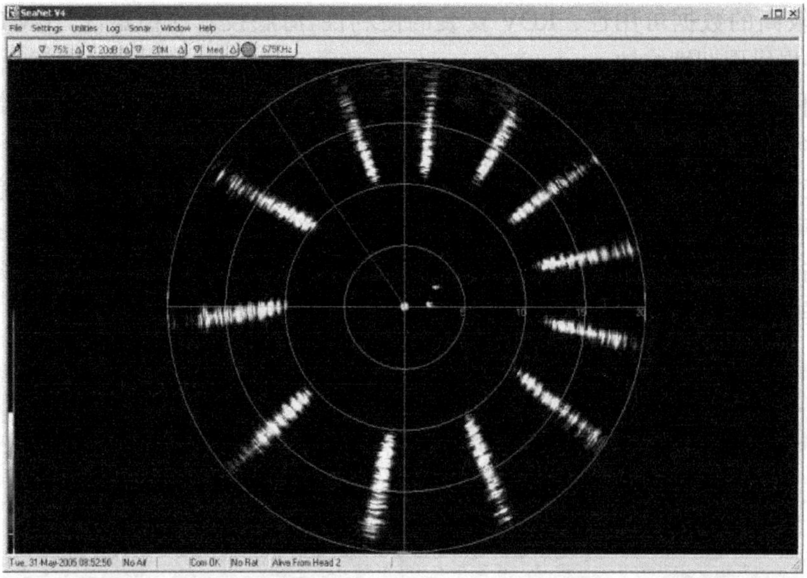

图 4-7 声呐系统界面

图 4-8 平台数据服务器

Tritech是声学技术的领导者，已开发出一套系统，用于对浮式生产、存储和卸载船（FPSO）上的系缆、脐带和立管进行实时全面监测。

隔水管和锚具监测系统（Riser and Anchorage Monitoring System，RAMS）是一个用于FPSO的360°立管和锚链监测系统，部署在船舶下方。RAMS已经过广泛测试，在Teekay的Petrojarl Foinaven FPSO的应用中该系统达到100%有效率，该FPSO服役于距设得兰群岛西海岸大约 190 km(118 mi)的英国大陆架内的 BP 深水油田。

RAMS 由 Tritech 和 BP 合作开发,起源于 BP 需要一个能够监测 FPSO 上弯曲加强筋以及脐带和立管的自动化系统。RAMS 出现在 SRD 开发的多波束声呐技术之前,被 Tritech 收购。

海洋监测系统对 FPSO 和近距离船舶的相对位置和运动,以及环境因素的大小和方向实现了实时可视化。这可以得海上作业人员和船东获得更多的操作信息,以便更好地在规定的操作限制内安全地工作。

4.2.6 Kaombo FPSO 监测系统

Strainstall 是 James Fisher and Sons plc 的子公司,已与 Bluewater Energy Services(Bluewater)签订合同,为安哥拉海域道达尔公司的 Kaombo 油田提供锚链张力监测系统。Bluewater Energy Services 是一家 FPSO 船舶 SPM 系统供应商。

根据 Strainstall 的说法, FPSO 系泊系统完整性是整个行业的共有问题,该公司由于最近的一系列系泊链失效而引起了人们的关注。故障发生时做出识别对保障船上安全至关重要。

Strainstall 表示,其 CTMS 系统提供的解决方案可在锚定载荷超过预定限制时立即向用户发出警告,从而使提供给操作员的系统操作更加便捷。

Bluewater 选择了 Strainstall 的监测解决方案,以确保 Kaombo 深水油田两艘 FPSO 上的转台系泊系统的完整性。Strainstall 承诺,其 CTMS 系统将致力于提高运营效率和降低成本。该系统包含 20 年使用寿命的全密封传感器。

4.3 国内单点监测系统调研

在国内,由于近年来一些海洋工程事故(事件)的频繁发生,包括 FPSO、张力腿平台、半潜式平台在内的一些海洋工程装置都尝试安装了监测系统,用于海上设施位置、运动、海洋环境等参数的监测。本节将对调研到的国内应用案例进行介绍。

4.3.1 南海某 FPSO 单点 GPS 监测与预警系统

位于南海的某 FPSO(图 4-9),目前装有一套基于 GPS 的单点在线监测系统,该系统的主要原理是在 FPSO 单点位置安装一套 GPS,通过 GPS 的定位功能及时监测 FPSO 船体的单点位移、运动姿态等信息,同时结合船上已有的气压、温湿度计等设备,显示对应的风速、温度等环境信息。此 FPSO 单点监测系统如图 4-10 所示。

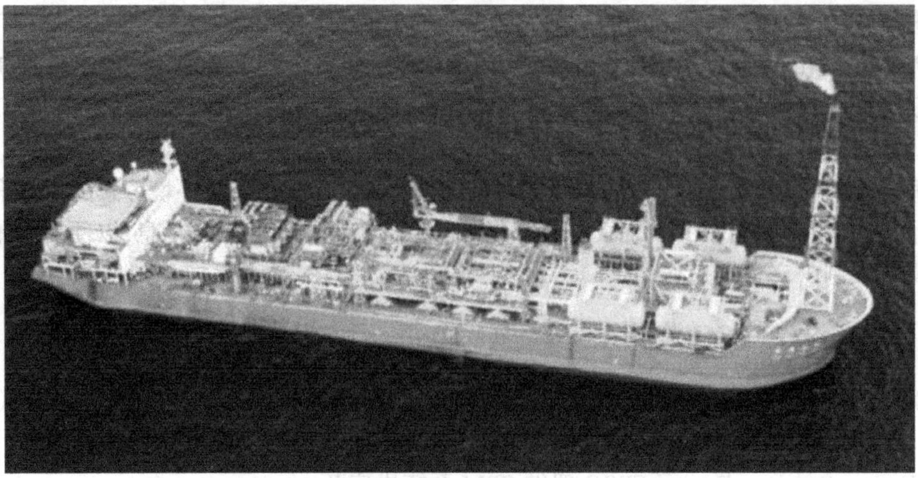

图 4-9 南海某 FPSO

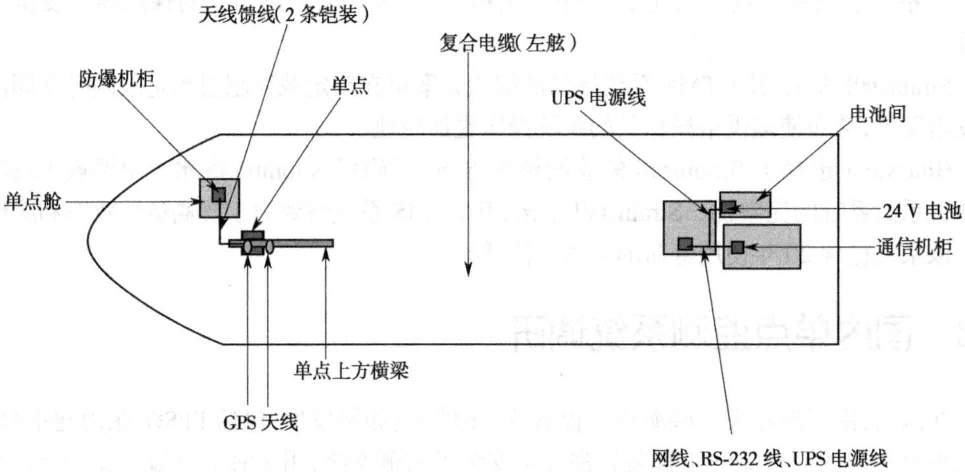

图 4-10 南海某 FPSO 单点监测系统

UPS—不间断电源,Uninterruptible Power Supply

1.GPS 系统

目前该 FPSO 上已经安装的 GPS 系统(图 4-11),可用于观测单点位置信息,其原理为:通过布置在单点舱附近的 GPS 天线获取单点位置信息,将信号传至生活楼候机厅的机柜主机,主机将信号传至中控并显示。如果单点位置超过设计范围,系统将自动报警。

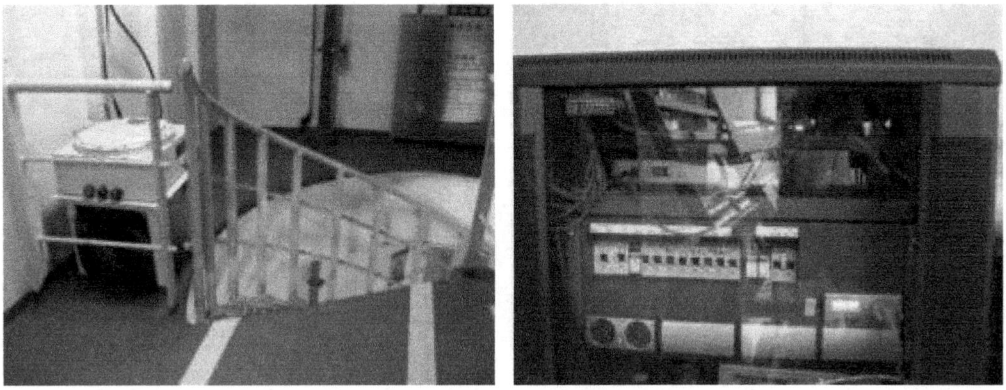

(a) (b)

图4-11 南海某FPSO监测系统GPS设备

(a)单点舱内GPS防爆箱 (b)候机厅GPS主机

2. 风速风向仪

FPSO目前安装的风速风向仪，通过安装在生活楼顶部的风速仪传输信号至报房，对风速、风向、阵风等信息进行显示。(图4-12)

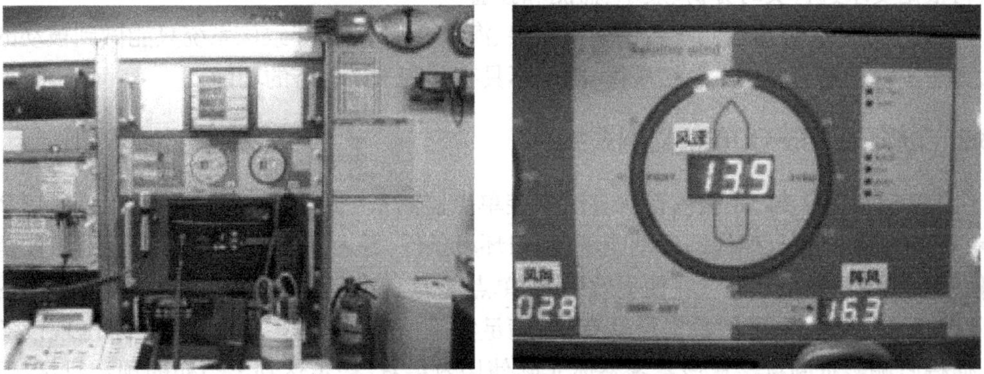

(a) (b)

图4-12 南海某FPSO监测系统风速风向仪

(a)报房中风速风向仪机柜 (b)风速风向仪显示面板

3. 监测软件

FPSO现有监测系统已安装有监测软件界面，中控人员可以通过鼠标点击控制软件界面(图4-13)。其中，监测系统主屏幕1显示风浪流、船舶运动姿态等实时信息；监测系统主屏幕2显示FPSO与两座井口平台坐标位置、安全区域范围内“其他船只驶入”等信息。另外，该软件还具有查看历史回放、导出数据、生成时历曲线等功能。

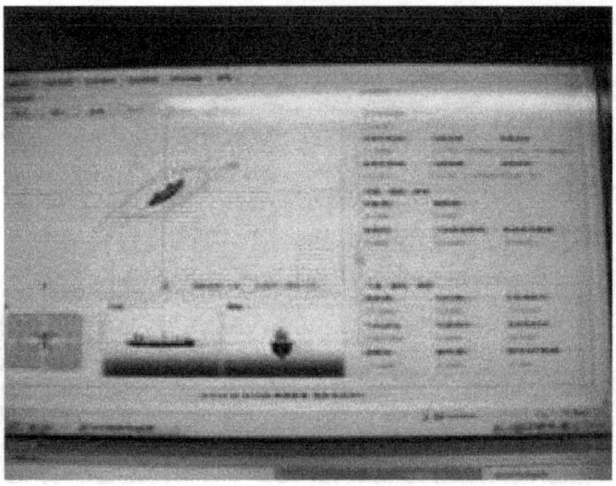

(a)

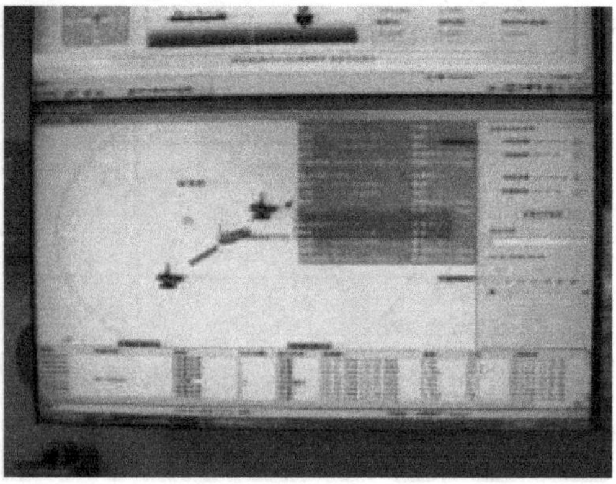

(b)

图 4-13 南海某 FPSO 监测系统监测软件

(a)监测系统主屏幕 1 (b)监测系统主屏幕 2

综上所述,上述 FPSO 单点监测系统的优点在于可以针对油田需求,对 FPSO 船体位置和姿态进行长时间、连续、准确、全方位监测和预警,包括船体的旋转、倾斜等姿态信息,航向、侧倾、翻滚、单点的漂移、沉浮、经度、纬度、高程等位置信息,并对以上信息进行测量、记录,再根据要求进行实时分析、展示、监测和预警。

其缺点在于在环境监测参数中缺少海浪、海流两类信息,导致该系统只能做到被动的监测,无法实现根据历史信息总结规律,因此不具有预测未来动态的功能。

4.3.2 渤海某 FPSO 单点监测系统

该 FPSO(图 4-14)是国内首次尝试安装单点监测系统的 FPSO,该系统可以监测 FPSO 单点系统的受力情况、船体的运动响应、油田环境条件,并通过对相关数据的分析整理,整体评估系泊系统的安全状态。在使用效果上,单点受力、船舶运动姿态和船艏与单点距离的监测状况连续、清晰,采集的数据科学有效,满足实际情况;但环境条件监测偶尔出现设备故障,使得监测数据断续。从该系统整体实际使用效果看,初步达到了当初的预定目标,但同时也存在一些问题,这与项目的初次尝试不无关系。

图 4-14 渤海某 FPSO

监测设备(图 4-15)的具体功能如下。

(1)环境条件监测:包括风、浪、流的大小和方向监测。

(2)FPSO 船体监测:包括船体六个自由度上运动分量的监测,其中以船体的纵/横摇以及与单点初始位置之间的距离作为主要监测内容。

(3)软刚臂系统监测:是 FPSO 现场监测的重要部分,通过对关键部位的应变监测,经应变与系泊力的数值标定转换,可实现软刚臂系泊力的实时监测。此外,软刚臂的回复力大小和系泊腿与 YOKE 间的倾角密切相关,因此还可以通过对倾角的监测实现对软刚臂单点系统的受力进行辅助分析。

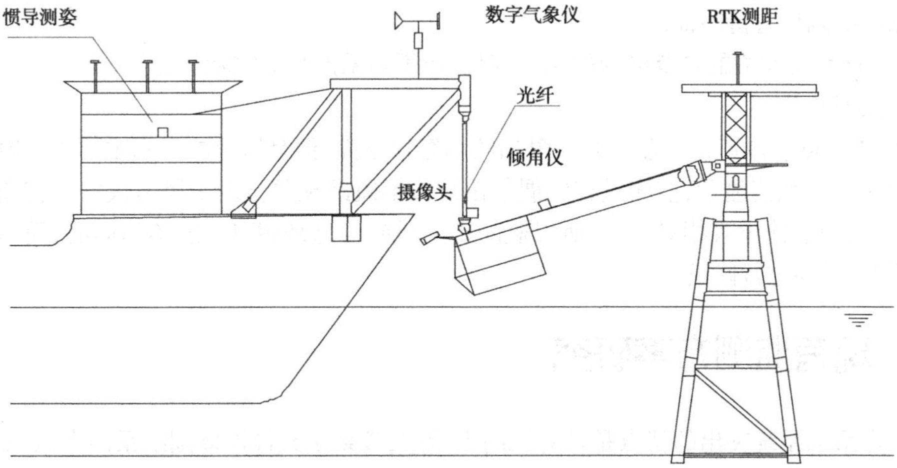

图 4-15　监测设备在 FPSO 的布置情况

监测设备具体使用如下。

1. 船体姿态测量设备

船体姿态测量设备内置三个高精度的加速度计和三个微机械陀螺仪:陀螺仪可以用来测量浮体的角速度,结合积分函数换算成角度(航向角、俯仰角、横滚角);加速度计用来测定浮体当前的加速度值,利用数学函数关系静态初始化倾斜角度(俯仰角、横滚角),同时补偿陀螺积分漂移带来的姿态角度测量误差。船体姿态测量设备主要用于测量 FPSO 的横摇、纵摇。

2. 单点位置测量设备

单点位置测量设备采用了 GPS 的实时动态载波相位差分技术(Real-Time Kinematic,RTK),将 GPS 基准站设立在单点平台顶部, GPS 移动站设立在 FPSO 上。在 RTK 作业模式下,基准站通过数据链将其观测值和测站坐标信息一起传送给移动站,移动站通过数据链接收来自基准站的数据,同时采集 GPS 观测数据,并在系统内组成差分观测值进行实时处理,给出船体艏向和船艏与单点间的距离。

3. 单点受力测量装置

在两条系泊腿上和 YOKE 两侧位置各安装一个倾角仪,但目前倾角仪数据采集存在如下问题:

（1）倾角仪的数据采集并不是实时采集，而是每隔一段时间采集一次，且采集频率较低；

（2）采集的数据为倾角数据，并没有转换成单点受力情况；

（3）设备稳定性不高，在调研期间两次出现无法采集信号的问题。

4. 光纤光栅应变

安装位置在两条系泊腿上，每条系泊腿沿轴向安装两个光纤光栅应变传感器，在阴暗角落安装一个用作温度补偿。光栅光纤传感器数据采集存在如下问题：

（1）应变片安装采用乳胶黏贴，而不是焊接或螺栓固定，因此在细微的应变变化下的监测数据的准确性有待验证；

（2）该系统监测的是范围内的应力变化，而不是系泊腿的实际受力。

5. 监测软件

R. M. Young 风速仪的监测软件囊括的内容很全面，但是风速的显示主要为实时波形曲线和瞬时风速数值显示，监测过程中偶尔出现波形跳跃现象。由于风速仪安装在船艏的系泊架顶部，与船体没有相对位移，所以监测出的风向信息是相对于船体艏向的，而不是大地坐标系的，需要进行修正。

4.4　现有监测方案研究

单点系泊系统突出的特点是具有风向标响应，该系统允许浮体围绕系泊点做 360° 自由旋转运动，使浮体总是处于合外力最小的位置上。FPSO 属于浮式结构，长期系泊于海上，对于浮式结构，人们主要关注的问题是浮式结构的失效问题，包括浮体丧失稳性，系泊系统失效、结构疲劳失效、振动等。由于系泊系统的破坏主要是由环境条件和船体运动相互耦合作用所引发的，因此，可以通过监测环境条件（风、浪、流）、船体六自由度运动姿态以及系泊系统受力等方面实时的监测来整体保障与评估系泊系统的安全状态。

4.4.1　渤海单点监测技术方案

选取我国渤海海域内典型水上软刚臂单点系泊形式的某 16 万吨 FPSO（图 4-16）为研究对象进行监测方案研究。

图 4-16　渤海某 16 万吨 FPSO

BZ25-1 单点系统损坏后，渤海某 16 万吨 FPSO 及其单点系泊系统进行了升级改造，并于 2013 年 6 月重新连接到 BZ25-1/25-1 s 油田开始复产作业。为提高整套 FPSO 系统的作业安全系数并预防可能发生的潜在风险，现已为该 FPSO 安装一套监测系统，用于监测油田区块的环境条件、FPSO 的位移、系泊系统载荷、FPSO 与 YOKE 系统间隙及船底与海底的间隙等信息。

4.4.1.1　监测内容

针对现场监测信息及监测内容的要求，监测系统主要包括以下几部分。

（1）海洋环境条件监测系统：主要完成风速、风向测量，浪高、周期和浪向测量，剖面流速和流向测量。

（2）FPSO 运动和位置监测系统：主要完成 FPSO 艏向测量，FPSO 六自由度运动姿态和位置测量，FPSO 净间隙测量（艏艉吃水、船艏与 YOKE 压载间距）。

（3）单点状态监测系统：主要完成单点关键部位载荷测量，YOKE 运动姿态测量。

（4）单点系泊受力监测系统主要完成视频监测。

各测量子系统将测量数据实时上传到 FPSO 中控室中集成数据采集与处理系统，完成数据的存储、处理和显示等工作。

4.4.1.2　监测方式

1. 海洋环境条件监测

对海洋环境条件风、浪、流分别采用以下方式进行监测。

1）风速和风向监测

风载荷是海洋环境载荷的重要组成部分，对 FPSO 船体运动性能与结构响应有重要影响。风参数主要监测 3 s 阵风风速、风向，1 min 平均风速及风向。监测设备选用目前海洋平台及 FPSO 上应用广泛的超声波风速风向仪。

超声波风速风向仪利用超声波时差法来实现风速的测量。声音在空气中的传播速度会和风向上的气流速度叠加，若超声波的传播方向与风向相同，速度会加快，反之速度会变慢。因此，超声波在空气中传播的速度可以和风速函数形成对应关系，通过计算即可得到精确的风速和风向。

风速风向仪的安装场地须开阔空旷，使之不受气流涡旋的影响，根据现场实际情况，仪器安装在生活楼电梯维修间的顶部。（图 4-17）

图 4-17　机械式 WindObserver Ⅱ 型风速风向传感器安装示意

2）波浪监测

波浪参数使用 AWAC 声学多普勒浪流仪测量，采用 PUV（压力）和声表面跟踪技术（Advanced Surface Technology, AST）两种方法测量波浪。声学多普勒浪流仪的垂直发射换能器向水面发送一个很短的声学脉冲，脉冲从发射到从水面反射回来的时间即生成一个水面高程的时间序列。浪向的计算是结合 AST 数据和靠近水表的流速运动轨迹阵列，使用MLMST方法来处理四点阵列数据，生成精确的波向谱。

浪流仪每小时测定一组数据，监测仪器通过对每次测量前17 min取得的1 020个原始数据通过傅里叶变换后进行统计分析，获取该小时内有义波高、浪向及所对应的周期等信息。

为了便于设备后期维护及避免FPSO风向标作用对测量结果的影响，选择将浪流仪安装在常浪向侧单点导管架桩腿底部（图4-18）。监测数据通过占用一路滑环通道传输到中控主机服务器。

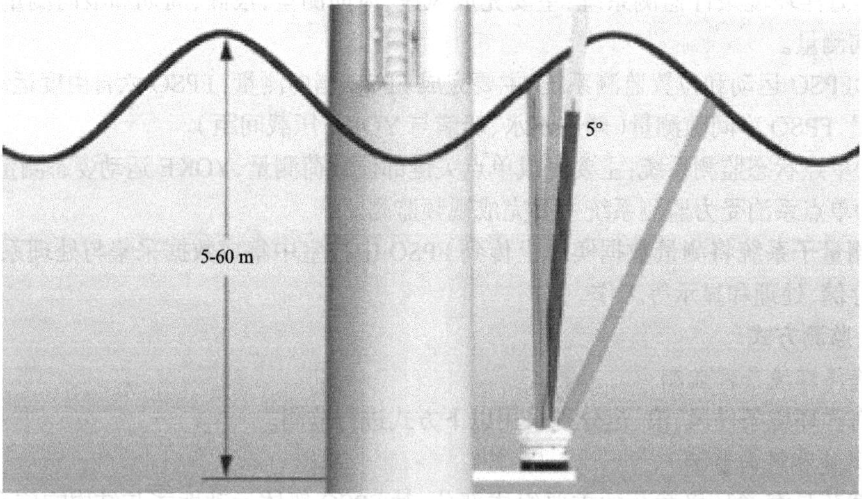

图4-18 浪流仪

3）海流监测

海流参数测量同样采用AWAC声学多普勒浪流仪测量，即此设备兼顾波浪、海流的测量。声学多普勒浪流仪通过按一定规则排列的声波换能器向水中发射脉冲声波，假定水体中颗粒物与水体流速相同，依据反射信号的多普勒频移计算颗粒物沿声速方向的移动速度，结合坐标转换关系计算得到大地坐标系下的流速和流向。

对于FPSO而言，影响其运动的主要是表层流，表层流的流速、流向以每10 min一次的频率在中控主机服务器上显示并保存。

2. FPSO运动和位置监测

对FPSO运动和位置分别采用以下方式进行监测。

1）FPSO运动测量

在风、浪、流联合作用下，FPSO将产生六自由度运动，即横荡、纵荡、垂荡、横摇、纵摇和艏摇。为了得到长期、稳定、可靠的测量数据，本系统采用GPS/IMU组合系统测量FPSO船体运动（IMU为惯性测量单元，Inertial Measurement Unit）。

GPS/IMU组合系统（图4-19）利用适当的时标，将原始伪距离和伪距速率以及IMU得到的数据都输入GPS/IMU组合导航滤波器中，可明显提高测量精度。组合导航滤波器估算IMU的位置和速度误差以及各惯性元器件误差如IMU对准误差和陀螺漂移偏置等，利用这些误差估计值定期修正IMU的计算算法，并提供连续的位置、速度和姿态测量值。

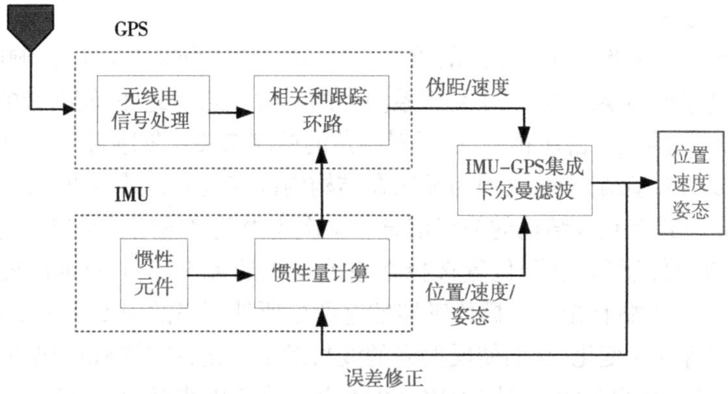

图 4-19　GPS/IMU 组合测量系统

组合测量系统的 GPS 天线安装在 FPSO 生活楼顶端开阔、无遮挡的位置，天线与 FPSO 中轴线重合或平行。测量系统主机放置在中控室内。测量数据将直接由运行在工控机上的集成监测系统采集，并进行可视化显示。同时，通过两个 GPS 天线测量精确位置和基线长度，可以解算出基线与地理北的夹角，进而得到船体的艏向角。

2）FPSO 位置及与单点间距监测

目前，FPSO 位置测量国际上通用的方法为 GPS 测量。GPS 卫星定位系统由均匀分布在 6 个轨道面上的 21 颗卫星组成，卫星向地面发射两个波段的载波信号。载波信号上调制有表示卫星位置的广播星历，用于测距的 C/A 码和 P 码及其他系统信息能在全球范围内向任意用户提供高精度、全天候、连续、实时的三维测速、三维定位和授时服务。根据定位时 GPS 接收机天线的运动状态，可以分为静态定位和动态定位；根据定位时效可以分为实时定位和事后定位，FPSO 位置测量即为实时动态定位。

FPSO 位置及与单点间距测量所需精度较高，因此采用了 GPS 的实时动态载波相位差分技术。将 GPS 基准站设立在单点顶部平台中心位置，GPS 移动站设立在 FPSO 生活楼上（图 4-20）。在 RTK 作业模式下，基准站通过数据链将其观测值和测站坐标信息一起传送给移动站，移动站通过数据链接收来自基准站的数据，同时采集 GPS 观测数据，并在系统内组成差分观测值进行实时处理，给出 FPSO 的位置信息及与单点间初始位置之间的距离。

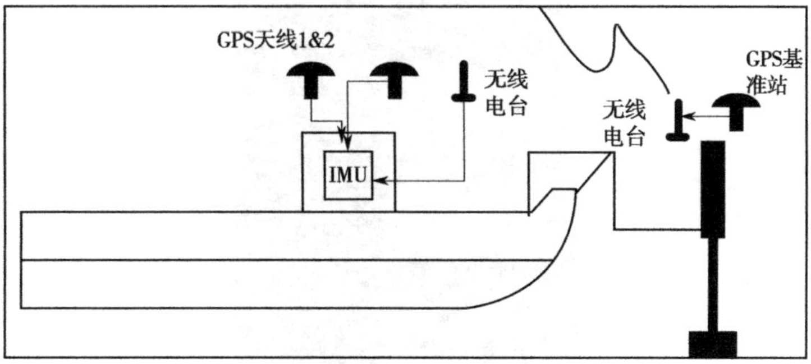

图 4-20　GPS 惯导系统

3)单点状态监测

单点状态监测是 FPSO 现场监测的重要部分,通过对关键部位的应变响应监测,经应变与系泊力的数值标定转换,可实现软刚臂系泊力的实时监测。此外,软刚臂的回复力大小和系泊腿与 YOKE 间的倾角密切相关,通过对倾角的监测来关注软刚臂回复力大小。

对于已建成的大型结构而言,因为无法在结构内部安装力传感器直接测量外载荷,需通过采用间接测量方式来获取结构的关键信息。本次应力监测选用的是带温度补偿的表面安装式光纤光栅应变传感器,监测位置选择在系泊系统的关键部位 YOKE 头及 LINK ARM 的上端(图 4-21)。当贴有光纤光栅传感器的这两处所处环境的应变发生变化时,光栅的周期或纤芯折射率将发生变化,从而使反射光的波长发生变化,通过测量应变变化前后反射光波长的变化,就可以获得 YOKE 及 LINK ARM 应变的变化情况,通过换算进而得到系泊拉力的大小。

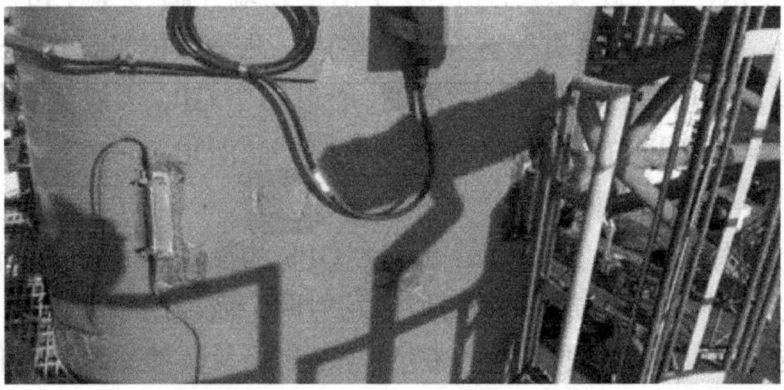

图 4-21 LINK ARM 光纤光栅传感器

光纤传感器将以串联的形式连接在一起,通过光缆将数据传送到中控室内的解调仪进行解调,并将各通道测量结果上传到集成监测系统,完成测量结果解算、存储和显示等。

4)倾角监测

系泊腿和 YOKE 的倾角幅值直接决定软刚臂系统的姿态和位置,从而影响配重系统的回复力。在监测过程中,采用了两组倾角仪分别对系泊系统左右 LINK ARM 进行监测,一组倾角仪安装在 YOKE 头处(图 4-22),量程均为-60°~60°。

图 4-22 LINK ARM 倾角仪传感器

倾角仪采用电容微型摆锤原理，利用地球重力原理，当倾角单元倾斜时，地球重力在相应的摆锤上会产生重力的分量，相应的电容量会变化，通过对电容量的放大、滤波、转换得出倾角。

5）实时视频监测

为监测系泊系统的运动情况，在系泊支架的下端安装了两台防爆视频红外一体机（图 4-23），视频监测作业者通过它们便可在中控室方便直观地观测到系泊系统的运动情况。

图 4-23　防爆红外视频一体机

表 4-1 为渤海单点监测技术测量参数及采样频率。

表 4-1　测量参数及采样频率

序号	名称	说明	计算方式（运用与后面数据来源相同的参数形式表示）	精度	频率	测量设备
1	YOKE 拉力	与单点连接处 YOKE HEAD 轴向拉力	仪器直接输出拉力值，四个一组传感器拉力值算术平均	1 kN	1 次/5s	光纤光栅传感器
2	LINK ARM 上部拉力	与 MSS 连接处 LINK ARM 轴向拉力（分左右）	仪器直接输出拉力值，四个一组传感器拉力值算术平均	1 kN	1 次/5s	光纤光栅传感器
3	船艏与 YOKE 间隙	—	—	0.01 m	1 次/30s	GPS、倾角仪、惯导
4	船底与海底最小距离	船底与海底间隙	—	0.01 m	1 次/30s	GPS、倾角仪
5	浪向	绝对浪向	仪器直接输出	0.1°	1 次/1 h	浪流仪（AWAC）
6	有义波高	H_s，1/3 波高	仪器直接输出	0.01 m	1 次/1 h	浪流仪（AWAC）
7	流向	绝对流向	仪器直接输出	0.1°	1 次/10 min	浪流仪（AWAC）
8	流速	表层流速	仪器直接输出	0.01 m/s	1 次/10 min	浪流仪（AWAC）

续表

序号	名称	说明	计算方式（运用与后面数据来源相同的参数形式表示）	精度	频率	测量设备
9	3 s平均风速	海平面高10 m，阵风风速	—	0.01 m/s	1次/3 s	风速气象仪
10	1 min平均风速	海平面高10 m，1 min平均风速	—	0.01 m/s	1次/60 s	风速气象仪
11	绝对风向	—	仪器直接输出	度取整	1次/30 s	风速气象仪
12	相对船艏风向	迎风180°，右舷来风90°	—	度取整	1次/30 s	风速气象仪、GPS
13	水深	考虑潮位后实际水深	仪器直接输出	0.01 m	1次/60 s	浪流仪（AWAC）
14	船艏吃水	—	—	0.01 m	1次/60 s	GPS、倾角仪、浪流仪
15	船艉吃水	—	—	0.01 m	1次/60 s	GPS、倾角仪、浪流仪
16	船体横摇角	右舷向下倾斜为正	仪器直接输出	0.1°	1次/5 s	惯导
17	船体纵摇角	艏倾为正，艉倾为负	仪器直接输出	0.1°	1次/5 s	惯导
18	FPSO艏向	船艏绝对方向	仪器直接输出	0.1°	1次/30 min	GPS

4.4.2 南海单点监测技术方案

4.4.2.1 南海单点监测技术概述

选取我国南海海域内典型内转塔的某14万吨FPSO（图4-24）为研究对象进行监测方案研究。通过对与单点系泊系统相关的船体运动、系泊力、系泊构件、环境条件等的实时监测，实现对系泊系统运动状态的监测，从而达到数据分析、预防突发事故、降低潜在风险的目的。

图4-24 南海某14万吨FPSO

针对现场监测信息及监测内容的要求，监测系统主要包括以下几部分。

(1)海洋环境条件监测系统完成主要风速、风向测量,浪高、周期和浪向测量,剖面流速和流向测量,温度、湿度、气压测量。

(2)FPSO 运动和位置监测系统主要完成 FPSO 艏向测量, FPSO 六自由度运动姿态和位置测量。

(3)单点系泊受力监测系统完成主要视频监测。

各测量子系统将测量数据实时上传到 FPSO 中控室中集成数据采集与处理系统,完成数据的存储、处理和显示等工作。

4.4.2.2　监测方式

1. 海洋环境条件监测

对海洋环境条件风、浪、流分别采用以下方式进行监测。

1)风速和风向监测

风速风向仪对风速和风向的数据进行测量,风载荷是海洋环境载荷的重要组成部分,对 FPSO 船体运动性能与结构响应有重要影响。风参数主要监测 3 s 阵风风速、风向, 1 min 平均风速及风向,按照一定的采样频率对数据进行采集。监测设备选用目前海洋平台及 FPSO 上应用广泛的 R、M、YOUNG 公司的 05 106-90 海洋型械式风速风向仪。

机械风速风向仪包括风杯式和螺旋桨式等形式,基本原理是风速与风速仪转动元件转速成正比,采用光电转换、电位计式、磁感式等方式将机械信号转换成电信号。风向通常采用格雷码盘、红外光电管等器件确定,当风向随着气流的运动而变化时,风向轴带动格雷码盘与风向标同时转动,并输出对应的格雷码信号,将机械信号转换成电信号。

风速风向仪的安装场地须开阔空旷,使之不受气流涡旋的影响,根据风速随高度的变化情况,方便观测和维护,风速风向仪安装于离生活楼顶标高 2~3 m 的位置或者安装于桅杆上。(图 4-25)

图 4-25　风速风向仪

2)波浪监测

波浪参数测量使用 AWAC 声学多普勒浪流仪测量,采用 PUV 和 AST 两种方法测量波浪。声学多普勒浪流仪测量的垂直发射换能器向水面发送一个很短的声学脉冲,脉冲从发射到从水面反射回来的时间即生成一个水面高程的时间序列。浪向的计算是结合 AST 数据和靠近水表的流速运动轨迹阵列,使用 MLMST 方法来处理四点阵列数据,生成精确的波向谱。

浪流仪每小时测定一组数据,监测仪器通过对每次测量前 17 min 取得的 1 020 个原始数据自动傅里叶变换后进行统计分析获取到该小时内有义波高、浪向及所对应的周期等信息。

在 FPSO 附近有平台导管架的情况下,浪流仪安装于导管架的外伸支架上。此种安装方式可测量海流及海浪数据,且能满足实时数据传输要求。安装时是在平台导管架上安装外伸支架,再将浪流仪安装至平台导管架上(图 4-26),然后通过油田局域网进行数据的传输。

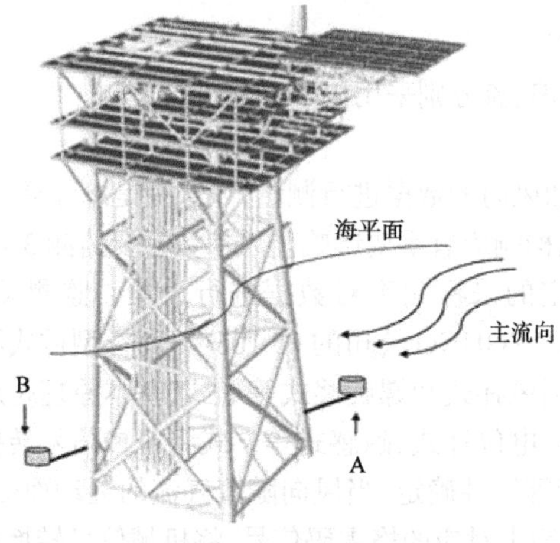

图 4-26 浪流仪安装示意

3)海流监测

海流参数测量同样采用 AWAC 声学多普勒浪流仪测量,即此设备兼顾波浪、海流的测量。声学多普勒浪流仪通过按一定规则排列的声波换能器向水中发射脉冲声波,假定水体中颗粒物与水体流速相同,依据反射信号的多普勒频移计算颗粒物沿声束方向的移动速度,结合坐标转换关系计算得到大地坐标系下的流速和流向。

对于 FPSO 而言,影响其运动的主要是表层流,表层流的流速、流向以每 10 min 一次的频率在中控主机服务器上显示并保存。

4)温度、湿度、气压监测

在单点系泊监测系统中,采用温湿度气压一体机同时实现三个功能。气温、湿度和气压是表征大气状态的重要物理量。气温是天气预报的直接对象,各种天气形势、气压场和风场变化都与气温有关。湿度是表示大气干燥程度的物理量,在一定程度上反映了降雨、有雾的可能性。气压即大气压强,气压的高低与空气的密度、温度和湿度都有关系。空气的密度越大、温度和湿度越低,气压就越大,反之亦然。这些不同的气压分布构成了一个气压场,分析气压场及其随时间变化的情况是天气预报的重要依据。温湿度传感器对气温的测量采用铂电阻传感器,对湿度的测量采用湿敏电容传感器。

温湿度气压一体机采用 VAISALA 公司的 PTU300 型自动气象站。温湿度气压一体机应安装在 FPSO 生活楼顶部,并远离发电站排烟口等热源位置,以免影响测量数据,造成测量误差。

2. FPSO运动和位置监测

1)FPSO运动监测

在风、浪、流联合作用下，FPSO将产生六自由度运动，即横荡、纵荡、垂荡、横摇、纵摇和艏摇。为了得到长期、稳定、可靠的测量数据，系统采用了GPS/IMU组合系统测量FPSO船体运动。

GPS/IMU组合系统利用适当的时标，将原始伪距离和伪距速率以及IMU得到的数据都输入GPS/IMU组合导航滤波器中，可获得明显提高的测量精度。组合导航滤波器估算IMU的位置和速度误差以及各惯性元器件误差如IMU对准误差和陀螺漂移偏置等，利用这些误差估计值定期修正IMU的计算算法，并提供连续的位置、速度和姿态测量值。

组合测量系统的GPS天线安装在FPSO生活楼顶端开阔、无遮挡的位置，天线与FPSO中轴线重合或平行。测量系统主机放置在中控室内。测量数据将直接由运行在工控机上的集成监测系统采集，并进行可视化显示。同时，通过两个GPS天线测量精确位置和基线长度，可以解算出基线与地理北的夹角，进而得到船体的艏向角。FPSO运动和位置监测包括FPSO艏向测量、FPSO六自由度运动姿态和位置测量。

2)FPSO位置监测

FPSO位置测量采用实时动态载波相位差分技术，可以获得厘米级的测量精度。测量系统包括位于附近导管架平台上的基准站GPS、位于FPSO上的移动站GPS以及基准站和移动站间实时通信无线电台。基准站和移动站协同工作，采用无线实时传递差分信息，保证可靠、稳定的高精度测量。

对于FPSO运动和位置测量，采用北京星网宇达科技开发有限公司的XW-ADU7635型号设备。

3)系泊受力监测

系泊链受力测量采用间接测量方法，即测量系泊链倾角通过悬链线理论计算得到系泊链受力及线形。倾角仪测量结果将采用水声通信技术上传到集成监测系统，并完成数据的处理、存储和显示等功能，最终得到系泊链受力和线形信息。

对于系泊受力测量，采用英国PULSE公司的倾角仪设备。倾角传感器提供每条系泊链的角度，并采用声学传输技术间断性的将测量结果发送到服务器，根据系泊链受力计算理论和倾角仪实测数据，系泊系统可以提供的特征数据包括：

(1)每根系泊链测点位置的角度(与水平方向)；

(2)每根系泊链受力(包括水平系泊力、竖向力和系泊链张力)。

4)视频监测

FPSO长期固定在一个地方，其所处的环境相对于普通船舶来说更为恶劣，甚至可能会遭遇百年一遇的强风暴，而且它不能像普通船舶那样可以采取改变航向等避航措施，因此甲板上浪的风险增大了许多，甚至会危及FPSO甲板上层建筑的安全性。

实时视频监测系统由摄像、传输、控制、显示和存储五大部分组成，具体包括高清广角监测摄像机、网络硬盘录像机、云台(可根据实际配置)、同轴电缆(或光纤)及UPS蓄电池组。视频监测方案采用目前流行的“模拟—数字”系统方案，以嵌入式网络硬盘录像机为摄像机控制和视频存储中心，可支持IP网络访问功能实现网内视频信息的信息共享。

测量参数及采样频率见表4-2。

表4-2 测量参数及采样频率

监测范围	监测对象	监测信息	监测方式	采样频率
环境条件	风	风速、风向	风速仪	3 s平均风速1次/3 s 1 min平均风速1次/60 s 绝对风向1次/30 s 相对船艏风向1次/30 s
	波浪	浪高、周期、方向分布	波浪雷达	有义波高1次/17 min 波谱1次/17 min
	海流	分层流速、流向	浪流仪	流向1次/10 min 流速1次/10 min
	大气	温度、湿度	温湿度气压一体机	温度1 Hz 流速1 Hz
船体及单点运动响应	船体自由度运动	横摇、纵摇、艏摇、横荡、纵荡、垂荡	IMU惯性导航单元	运动响应：20 Hz
	位移	船体远离平衡位置的*X*、*Y*坐标	GPS、DGPS定位系统	—
	风向标效应运动	FPSO绕单点运动角加速度及运动轨迹	GPS定位	1 Hz
单点系泊系统结构响应	系泊力	系泊锚链拉力	根据数学公式结合GPS定位信息推出系泊锚链张力	—
	甲板上浪	海浪高度	通过闭路电视监控系统观察	—

4.5 小结

通过对国内外FPSO单点监测系统应用现状的调研，从项目组织和实施、监测技术和数据应用三个方面进行分析总结。

4.5.1 项目组织和实施

国外FPSO单点监测通常由油公司牵头，联合专业公司、政府机构、船级社和科研院所等，以JIP项目的形式开展相关工作，涉及FPSO及单点设计、建造、运营等多个阶段。由于国外FPSO单点监测应用较早，目前已经形成了比较规范的组织管理流程，即根据油公司完整性管理的需要，在FPSO设计阶段即考虑了单点监测系统的需求，在建造或者改造阶段完成相关设备的安装、调试，并基本能够与FPSO同期服役。相比国外这种形式，国内FPSO单点监测基本以改造形式进行，由于单点监测系统没有在FPSO及单点设计初期予以考虑，因此项目的实施往往会受到油田现场各种条件的制约。

4.5.2 监测技术

鉴于国外 FPSO 单点监测大多以 JIP 科研项目形式执行，受到项目经费和参与单位的影响，国外监测的数据并没有十分完备，多数采用 GPS 和轴销式拉力传感器形式直接测量 FPSO 运动和锚链的受力，而未辅助于波浪和海流等海洋环境监测。根据 SBM 公司使用轴销式传感器的经验，该设备可获得锚链动态张力信息，但由于密封和传感器自身缺陷，往往在使用三年之后就会陆续失效。国内内转塔式单点监测由于受单点滑环通道的限制，锚链监测设备无法直接通过 FPSO 上部模块供电并通信，所以现在基本采用声学通信且自带蓄电池组的倾角仪测量方案。此种方案的优点是避免了安装轴销式传感器时将锚链提升出水面、截断再连接的风险，而且便于更换和维护，但由于倾角仪受电池组容量的影响，需要定期更换水下倾角仪（一般为 3~5 年）。

4.5.3 数据应用

国外公司如 SBM 公司在 FPSO 单点监测方面做过大量的工作，对提升其公司 FPSO 单点设计、运营维护水平起到了积极的作用。如 SBM 公司针对巴西海域的多条 FPSO 现场监测数据分析后发现，在环境条件相对较缓和的情况下，现场实测 FPSO 运动和锚链力比计算结果大，设计偏于风险；而在海洋环境条件恶劣时，现场实测 FPSO 运动与锚链力比计算结果小，设计偏于保守。相比之下，国内 FPSO 单点监测多侧重于现场监测系统的建设，而仍然没有对现场监测数据开展系统性的分析工作，因此有必要对监测数据进行处理分析，作为 FPSO 和单点设计的重要基础，此项工作将作为监测系统的后续工作开展。

第5章　系泊监测系统优化方案

FPSO具有油气水处理、原油存储、外输和生活支持等功能,它通过单点系泊系统长期固定于海上进行作业,是海洋油气资源生产的主要装备,一旦出现问题将造成极为严重的后果。近年超极限海况频发,单点系统故障日益增多,据统计其中90%的故障来自系泊系统,如受力异常造成单点系泊系统无法发挥正常功能,FPSO无法正常定位于海上进行作业,输油立管拉断等事故。面对诸多惨重的事故,FPSO系泊安全性日益受到高度重视,对于现有的FPSO和未来新建的FPSO而言,如果能够对其系泊系统研发一种高识别性的故障异常诊断算法,即可快速准确判断其系泊系统的主要安全性能,对可能发生的破坏提前预警,为管理作业者提供及时准确的系泊安全性信息,可供其有预案的进行安全管理,防患于未然,确保油田生产安全。

自2000年年初以来,全球行业和国家监管机构就认识到系泊完整性管理的必要性,以确保FPSO的本质安全。全球跨行业研究项目(如JIP)、论坛和研讨会都针对不同的故障机理模式,开展了深入研究,以提供这种完整性管理的系统思路,中海油也制定了相应的单点系统完整性管理作业指南。这些研究初步确定了单点故障的主要原因、机理及失效概率,据统计系泊系统的失效概率远远高于近海工程界普遍接受的概率水平。此外系泊系统中不易被量化检测的单根系泊缆潜在的局部故障及迅速发展趋势,都有可能导致整体系统故障并带来灾难性后果,这进一步引起了全球石油公司的关注。

目前,单点系泊系统的异常诊断主要使用水下ROV检测方法,其目的在于确定可识别的宏观异常(如钢缆断丝、配重块丢失、连接头缺陷等)、腐蚀、磨损及系泊缆故障。但水下检测精度受限,往往不具有针对性,无法量化系泊系统异常的情况;而且系泊系统失效,需要结合不可预见的、长期累积的系统性缺陷扩展,需要依赖长期实时监测数据的统计分析结果,综合给出定量的分析指导,所以非常有必要提高现有完整性评价方法的准确度及时效性。

本书依据系泊系统的历史故障、失效案例,综合分析系泊系统的失效机理,优化现有的系泊监测系统,并提出结合历史运维数据、水下检测资料及实时监测数据的综合完整性评价方法。

5.1　系泊监测系统优化方案概述

大多数浮式平台管理部门规定,船东应审查检测所持有的浮式平台是否可能有一个或多个系泊缆产生故障,例如英国健康安全与环境体系中就对海洋平台系泊系统进行了规定,最谨慎的预防方法还是及时发现系泊能力的下降。

基于这方面考虑,20世纪90年代早期开发的大多数FPSO都设置了一些系泊监测系统。在过去的几十年中,系泊监测系统有了很大发展,现在仍在服役的监测系统通常采用以下方式进行监测：

(1)载荷监测系统；

(2)平台和系泊系统运动监测系统。

完整性管理以有效的监测和数据管理为基础，可为相关人员的以下操作提供辅助信息：

(1)帮助探测系泊缆是否失效，协助验证系泊设计强度和进行疲劳分析；

(2)在平台寿命期内遵循平台强度(疲劳和极限)和完整性(验证设计假设或评估偏离系泊设计的后果)。

系泊故障检测能力的评估应考虑以下因素：

(1)所选方法的可靠性；

(2)易于FPSO操作人员理解；

(3)检测扫描周期。

系泊系统的监测通常需要一个经得起检验的系统，或使其成为双冗余或三冗余的系统。例如Dalia FPSO，由于施工存在问题埋下了一定的隐患，但是故障直到进行每年一次的ROV调查后才被检测到。出于安全考虑，也出于工程操作和经济性原因，务必确认预报预警的指标是有根据的。

确定间隔期长短需要考虑的因素可能包括：

(1)第一条缆故障后，相关联故障发生的风险往往由整个系泊系统设计时的冗余水平决定；

(2)安全因素、系泊缆的数量和确定的系泊完整性风险水平；

(3)其他对人员和环境造成风险的原因(极端天气)。

现有平台在确定目标检测间隔时，往往还需要考虑安装监测系统的成本和实用性，所以建议对平台的系泊故障模式进行定性审查即可(在适当的系泊完整性风险审查范围内进行评估)，以确定预期的检测间隔是否会对整个系泊系统的完整性造成影响。

需要特别强调的是，即使现代的监测系统已有建造维护经验，但也有大量监测系统故障发生，发生故障的原因可能是：

(1)监测装置可靠性低，工作时间有限；

(2)人为原因导致监测设备不可用，如由于检查和维护间断导致监测系统不可用，且未重新连接；

(3)防范措施本身可靠性低；

(4)后处理系统可靠性低；

(5)未能有效确定故障(检测率低)；

(6)生成一个持续性的"警告"(高错误检测率)，导致操作团队关闭系统或忽略警告。

本节概述了几个可行性较高的系泊监测方法，但仍应该注意的是，单单收集数据是不够的，有效数据可能足以指出系泊完整性问题，但假如数据管理系统不完备，那么可能会导致有效数据无法得到利用。一个良好的数据管理系统，应该包括数据存储，以便于访问和保证可靠性，还应该包括处理和报告相关数据的计划，这部分功能对于系统实现监测作用至关重要。

将系泊监测系统与船舶GPS位置、船舶运动和实时风/浪观测等传感器结合起来，可以为监测装置随时间的响应提供有用的信息,这些信息可用于故障后的分析,甚至可用于确认故障发生与否。所有数据应在统一时间的基础上进行记录,以确保组合数据可用。

系泊缆张力监测数据可作为疲劳分析的直接输入。通过这些数据可以更好地了解迄今为止部件的疲劳损伤以及寿命延长计划的剩余疲劳寿命。显然,必须考虑张力监测设备的可靠性和准确性,因此可能需要对载荷传感器进行冗余设置。此外,根据测量张力的范围,可能需要额外提供两个载有传感器,其中一个载荷传感器来覆盖高数值张力,另一个载荷传感器来覆盖低数值张力。

基于这些最初的假设,FPSO 在设计系泊监测系统时应考虑以下因素:

(1)能够确定转塔附近系泊链是否发生故障;

(2)能够确定悬链触地点附近(即转塔附近的锚链垂直悬挂)系泊链是否发生故障;

(3)通过检测转塔附近悬链线形状的合理变化来确定其他系泊链故障位置;

(4)在距离转塔中心或单点系泊位置相当远的中控室中显示数据;

(5)易于理解,便于海上操作人员使用;

(6)能够在规定的时间内确认所有系泊设备的状态。如果没有达到这一点,则应给出结果分析需要的时间;

(7)可以进行现场系统功能测试;

(8)设备具有可靠性;

(9)设备寿命可以通过一定程度的冗余设计或使用以低成本和短订购时间下能够更换关键元件的设备来提高,维修在理想情况下应能在 FPSO 上实现,以缩短周期,避免不必要的海底潜水作业;

(10)时间规划对维修或更换的影响,考虑到在检测系统离线期间可能发生系泊故障且故障未被检测到的风险,需考虑与可靠性和冗余相关的因素;

(11)尽量降低维修或更换的成本;

(12)设计和制造系统的周期;

(13)系统安装成本(工程期间极端天气停工的风险和潜水员复装的可能性);

(14)系统是否能提供其他功能,而不仅仅是确认所有系泊设备是否可用(例如,一些系统可以显示悬链线形状,或随时间推移的张力模式,这可以进一步用于检查异常行为和验证系泊分析);

另外一个需要考虑的因素是系统需要安装在转塔的相对静止侧,或安装在 FPSO 同侧,便于在两者之间可靠和经济有效地实现通信。

下面列出使用水下或船上设备监测系泊完整性的典型方法。

(1)系泊缆张力监测:①喇叭口上的测斜仪;②压力监测;③转塔拉力监测;④系泊缆张力监测;⑤应力监测;⑥交流电监测;⑦接触点张力监测;⑧止动器张力监测;⑨应力测量连接器。

(2)系泊缆位置、运动监测:①船体安装的声呐;②海底声呐;③下沉式声呐;④船体安装的摄像头;⑤压力传感器;⑥地震波探测;⑦水声探测;⑧远距离水声探测。

(3)船舶运动监测:①全球定位系统;②六自由度加速度计;③由船体安装的声呐评估海底基准点距离;④由海底声呐评估转塔距离。

(4)海洋气象监测(波、风、流)。

以下给出了一些可行的布置示意图,以供参考。为了方便起见,这些草图都包括了锚链部分,且许多系统都可以应用于其他类型的系泊。

除上述水下监测设备外,高精度的 DGPS 也可根据记录的位置偏移量检测系泊缆故障,尤其是在深水中,可以利用历史数据和预期的偏移量,对系泊故障做出更准确的预测。这些系统对故障检测的适用性仅限于浅水深度和系泊缆有足够躺底长度的系泊系统。

应注意,附录中总结的监测方法仅代表其编写时的适用性。

5.2 载荷监测系统

作为最早在 FPSO 上应用的监测系统之一,载荷监测系统提供了系泊缆载荷的直接测量功能。到目前为止,已使用的技术按发展时间的顺序为:

(1)使用测斜仪测量系泊缆角度,从而调整悬链线接触点的状态;

(2)使用应力、应变测量装置,如应变传感器或载荷传感器。

1. 测斜仪监测系统

测斜仪监测系统(图 5-1)是最容易在系泊缆上实施的解决方案,但这类系统对腐蚀相对敏感,因而导致设备容易被卡住或断裂。此类解决方案的有效使用寿命即使有所改善,也仅限于几个月或几年的时间,因此无法通过此类系统进行长期监测。

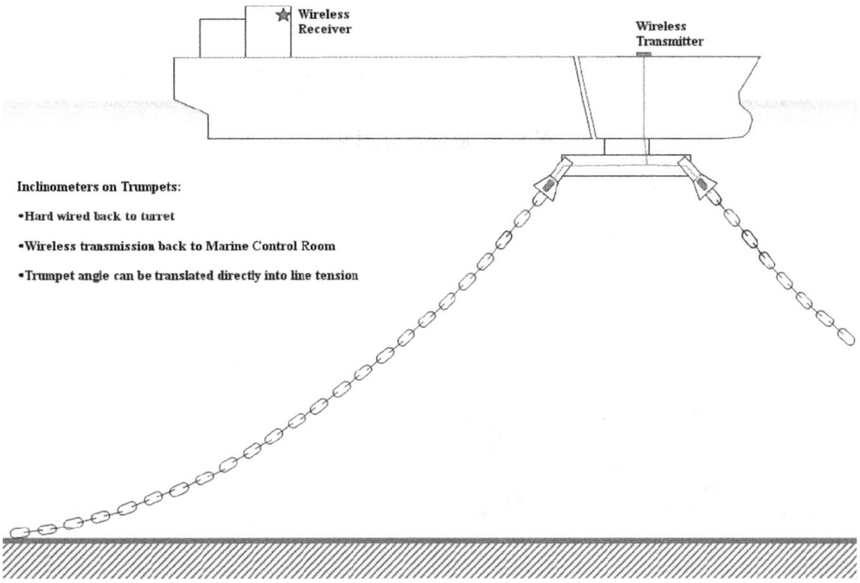

图 5-1 测斜仪监测系统

此外,顶部链角的微小变化通常会导致载荷的大幅度变化,因此,通过测斜仪进行张力监测对于张力评估来说过于粗糙,通常仅仅用于检查系泊链故障,但长期使用可靠性过低。另一个问题是,当一条系泊链在海底或海底附近发生故障时,在具备足以移动系泊链的环境条件之前(可能需要几个月),接触点可能不会改变。

为了提高可靠性和精度,制订了可以直接测量应力的其他解决方案(这类方案在系泊缆断开后精度与可靠性立即下降,即便系泊链或多或少保持在原位)。

(1)应变计监测系统(图 5-2):使用系泊系统支撑结构上的应变计进行监测,测量的可靠性和精度较高,但由结构上整体应力产生的二次应力可能会在测量中产生噪声。

(2)载荷测量销监测系统(图 5-3):使用载荷测量销/螺栓/压缩元件进行监测,该监测精度适合测量低频变化,但不适合测量高频变化,由于该设备要求现场校准且必须达到可靠测量值,因此测量结果可能有偏差。

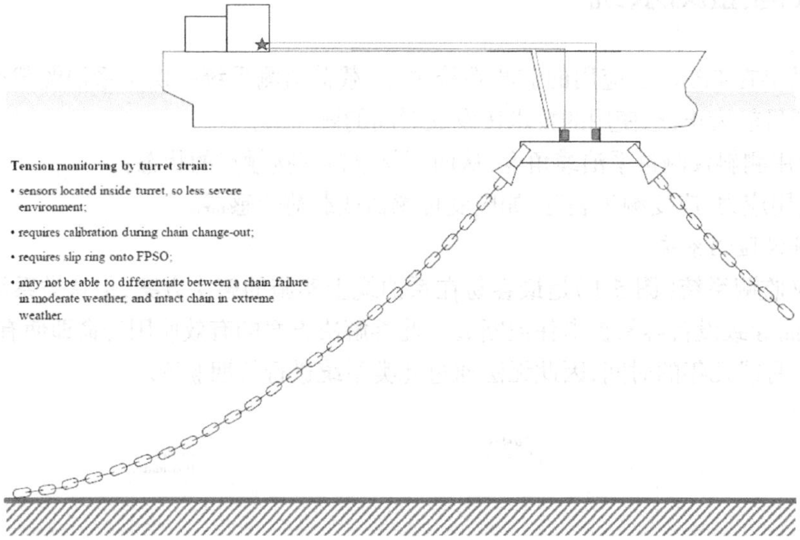

图 5-2 应变计监测系统

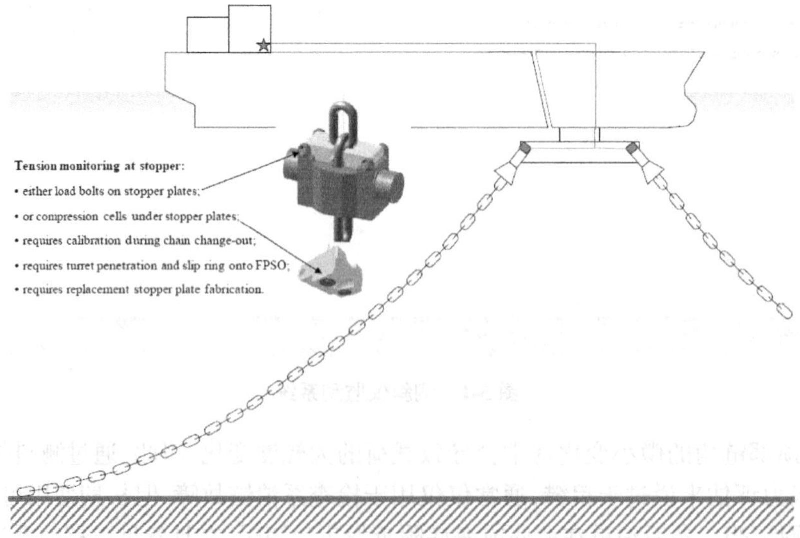

图 5-3 载荷测量销监测系统

（3）载荷测量连接器监测系统（图 5-4）：使用由 Intermoor 开发的载荷测量连接器（如 M 脉冲系统）进行监测，同时保证了可靠性和精度，但需要在项目开始时实施，因为项目建成后实施则需要更换连接器，改造很难进行，且实施之后，需要至少每两年维护和更换一次电池。

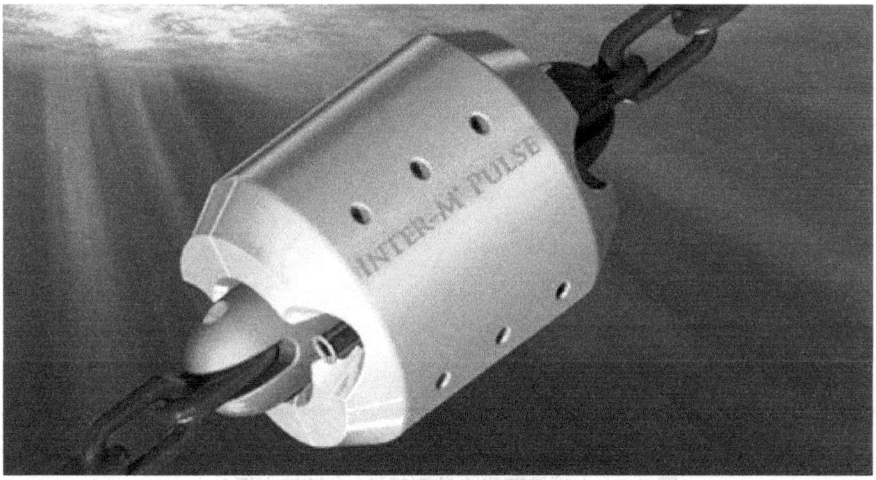
INTER-M PULSE

图 5-4　载荷测量连接器监测系统

其他解决方案包括压力传感器监测系统（图 5-5）、上端链环张力监测系统（图 5-6）、触地点张力监测系统（图 5-7）、系泊缆顶部应变监测系统（图 5-8）、应变导线监测系统（图 5-9）、交流电应力测量监测系统（图 5-10），这些解决方案在水下没有跟踪记录，因此在广泛应用中，可靠性和精度有待考量。

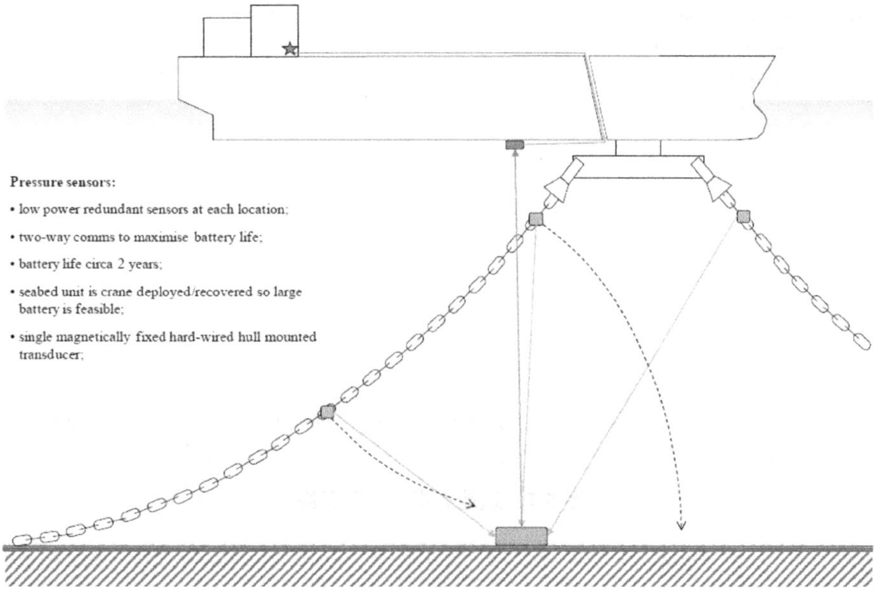
Pressure sensors:
• low power redundant sensors at each location;
• two-way comms to maximise battery life;
• battery life circa 2 years;
• seabed unit is crane deployed/recovered so large battery is feasible;
• single magnetically fixed hard-wired hull mounted transducer;

图 5-5　压力传感器监测系统

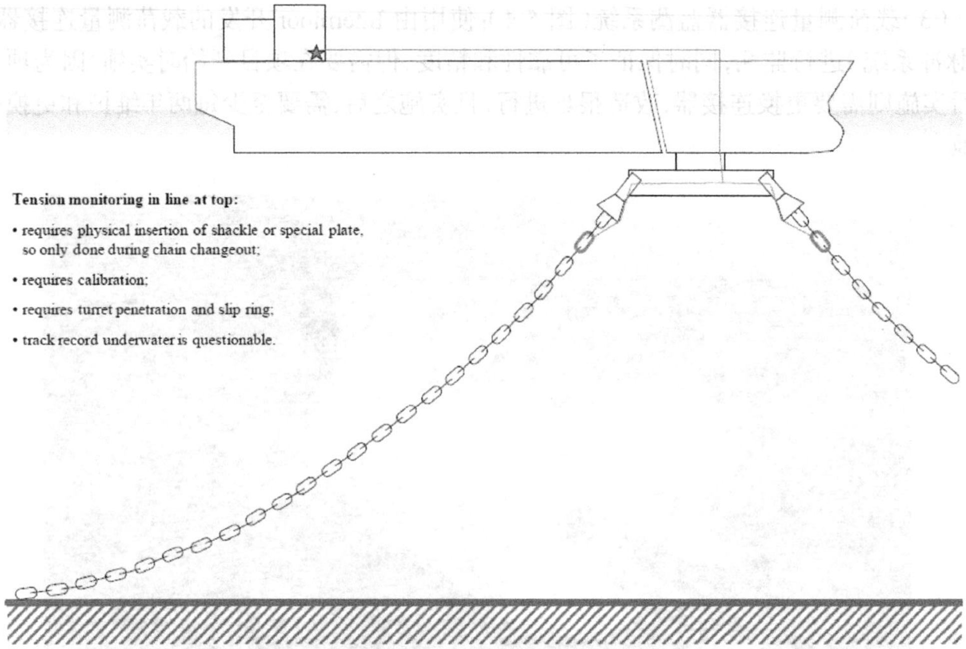
Tension monitoring in line at top:
• requires physical insertion of shackle or special plate, so only done during chain changeout;
• requires calibration;
• requires turret penetration and slip ring;
• track record underwater is questionable.

图 5-6 上端链环张力监测系统(在链接中插入)

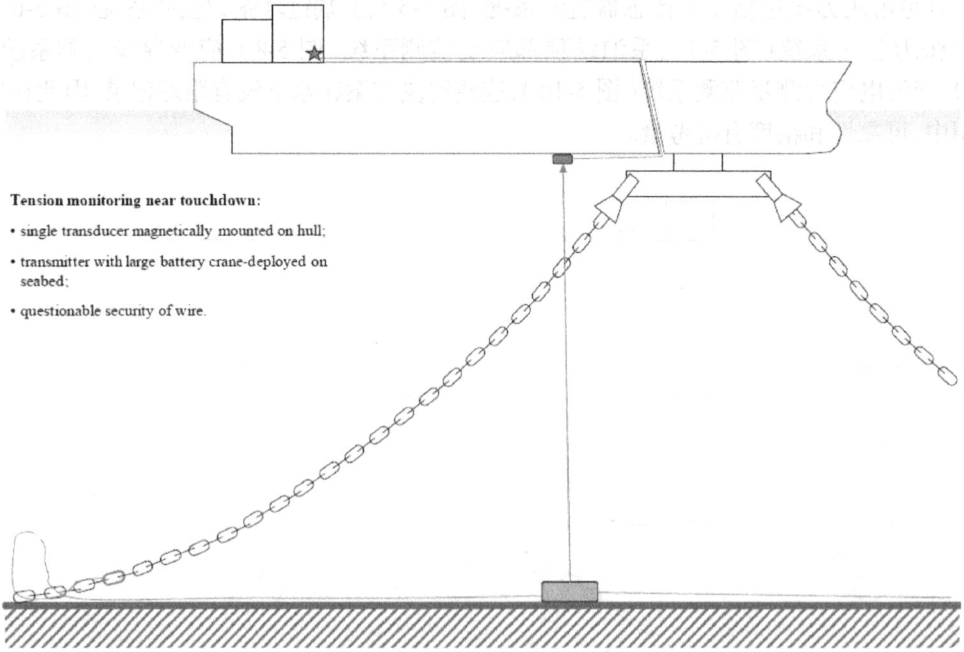
Tension monitoring near touchdown:
• single transducer magnetically mounted on hull;
• transmitter with large battery crane-deployed on seabed;
• questionable security of wire.

图 5-7 触地点张力监测系统

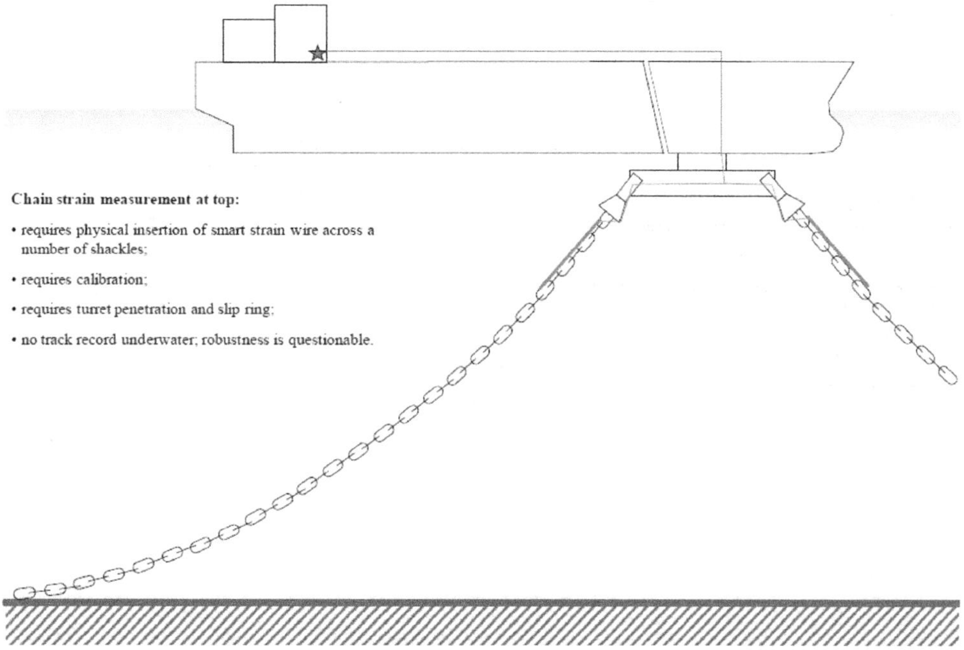
Chain strain measurement at top:
• requires physical insertion of smart strain wire across a number of shackles;
• requires calibration;
• requires turret penetration and slip ring;
• no track record underwater; robustness is questionable.

图 5-8　系泊缆顶部应变监测系统

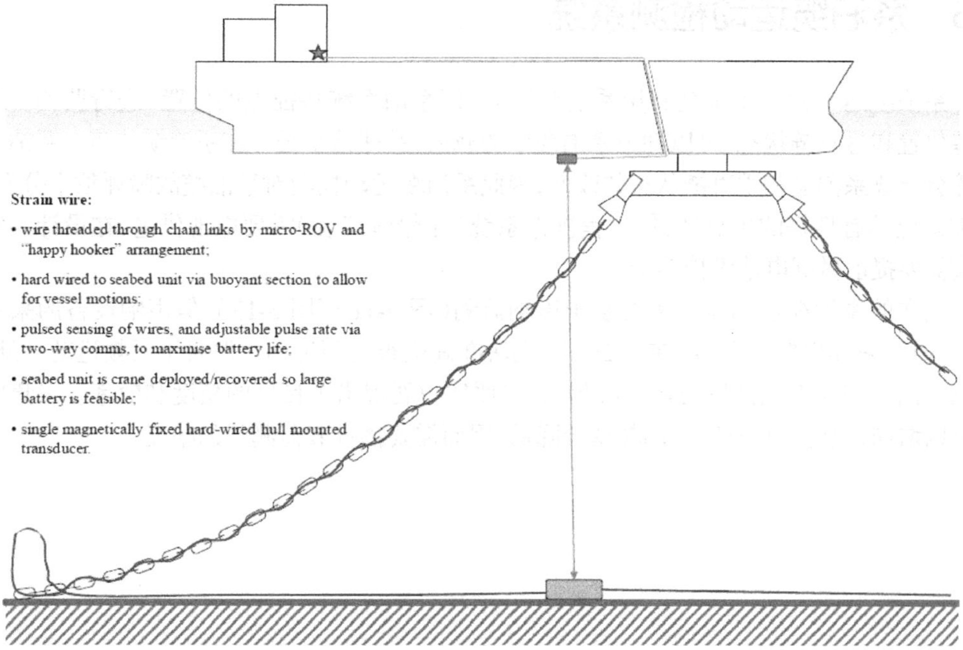
Strain wire:
• wire threaded through chain links by micro-ROV and "happy hooker" arrangement;
• hard wired to seabed unit via buoyant section to allow for vessel motions;
• pulsed sensing of wires, and adjustable pulse rate via two-way comms, to maximise battery life;
• seabed unit is crane deployed/recovered so large battery is feasible;
• single magnetically fixed hard-wired hull mounted transducer.

图 5-9　应变导线监测系统

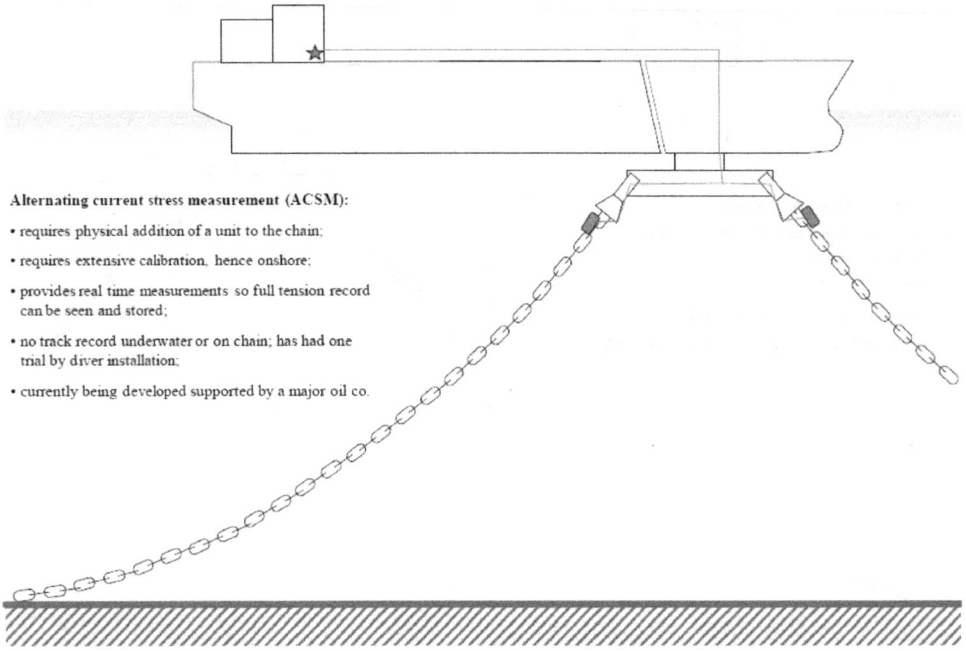

图 5-10 交流电应力测量监测系统

5.3 系泊缆运动检测系统

系泊缆运动检测系统是利用系泊缆运动(即系泊系统特征点的位置)进行监测。基于这些位置和悬直链状态,可以知道系泊缆中的载荷,并评估是否存在系泊缆故障。系泊缆的故障会导致系泊缆和垂直链状态的改变,因此系泊缆运动检测对系泊缆故障评估十分有效。这类系统具有良好的可靠性,但远程操作系统(非船体安装)需要电池供电,在设计和实施中应需要提前做好电池维护功能。

现在的系泊缆运动监测主要基于声呐监测(图 5-11 至图 5-13),但声呐设备的采集频率低,通常采样周期是几秒(在 5~20 s),无法准确检查波频运动。但对于低频运动,经巴西国家石油公司与系统开发公司多次测试,在评估中展现出了良好的精度和效率。采集的频率可以增加,但此时垂直链运动频率会降低,因而需要牺牲载荷测量的精度。

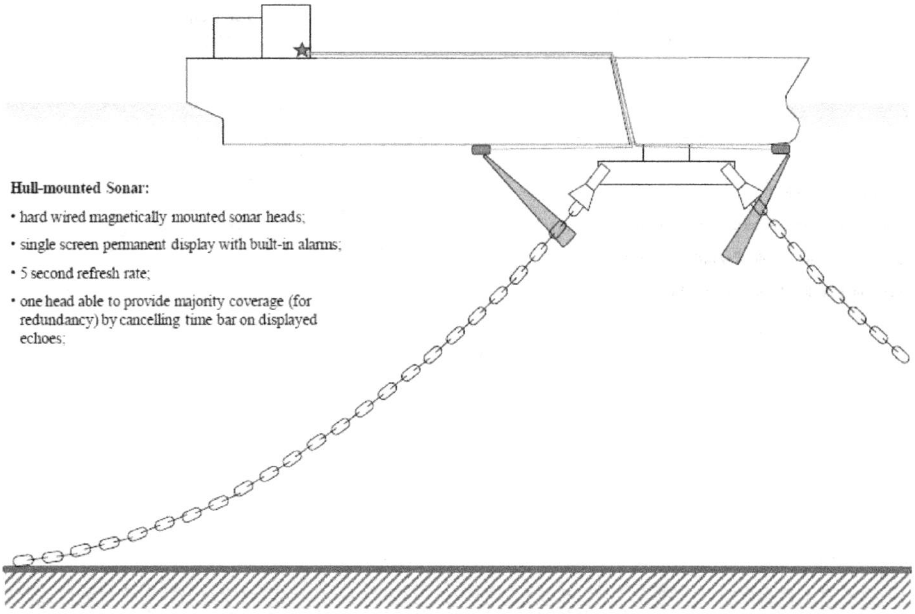

图 5-11　船体安装的声呐监测系统

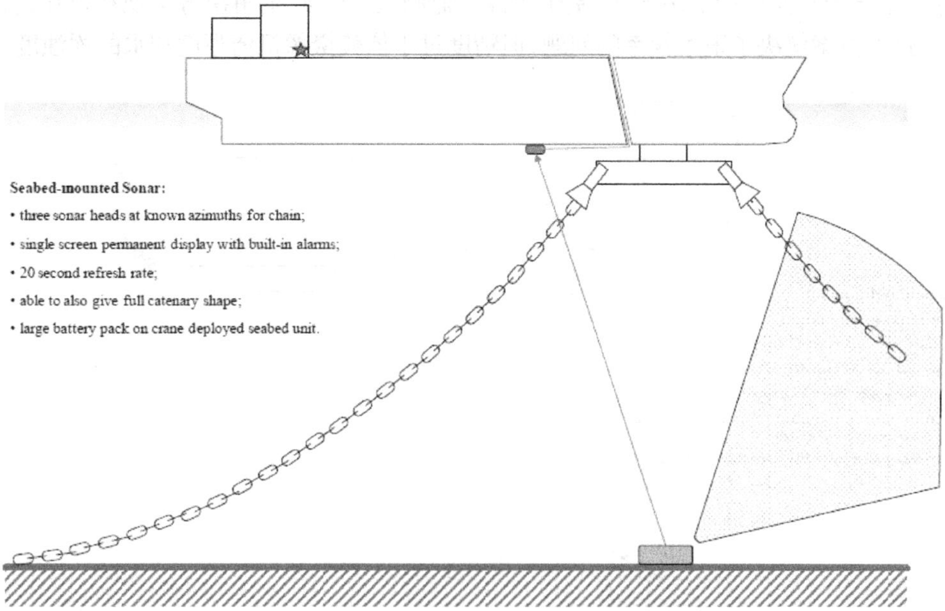

图 5-12　海底安装的声呐监测系统

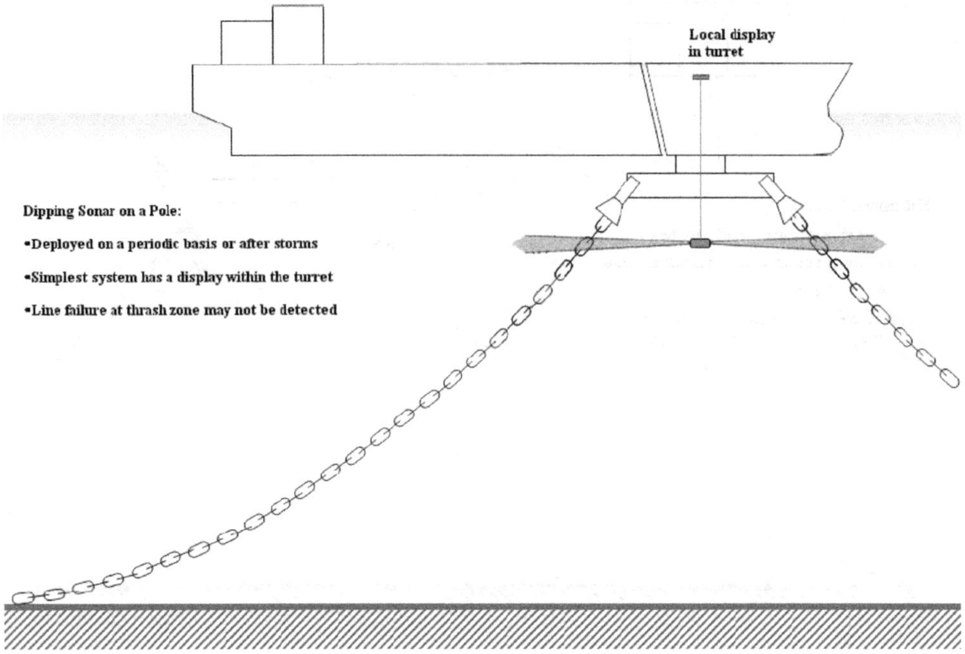

图 5-13 下沉式声呐监测系统

除了基于声呐监测的解决方案，基于摄像机监测（图 5-14）的解决方案现在也在进行系统测试，这类方案解决了采集频率的问题，但精度过于依赖摄像机清晰度和水的浑浊度。

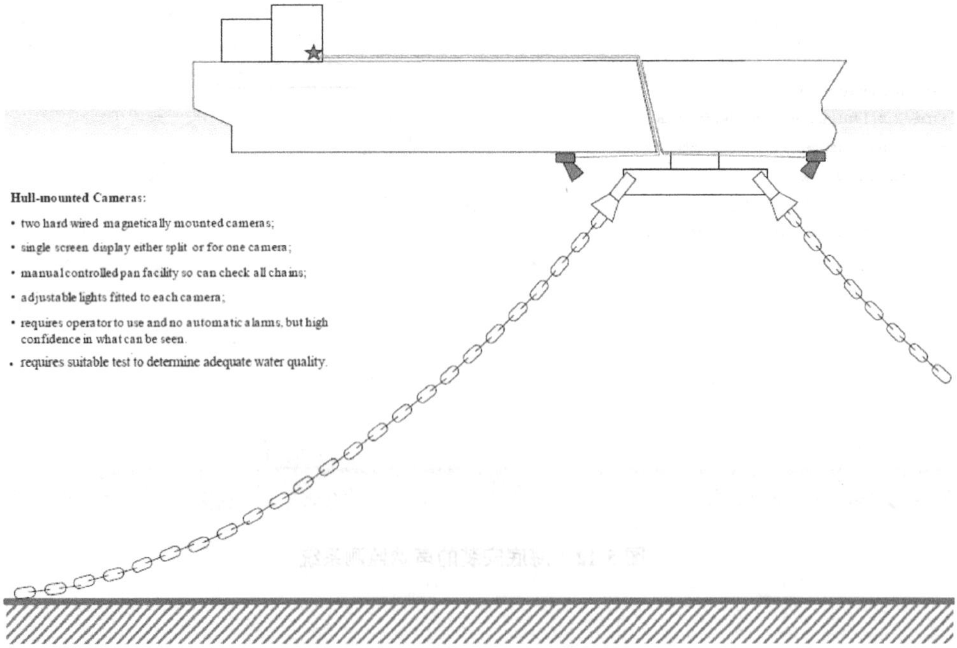

图 5-14 船体安装的摄像机监测系统

此外还有基于地震波监测（图 5-15）、基于水声监测（图 5-16）的解决方案，但这些方案仍存在许多问题，需要在实际应用中测试来证明其适用性。

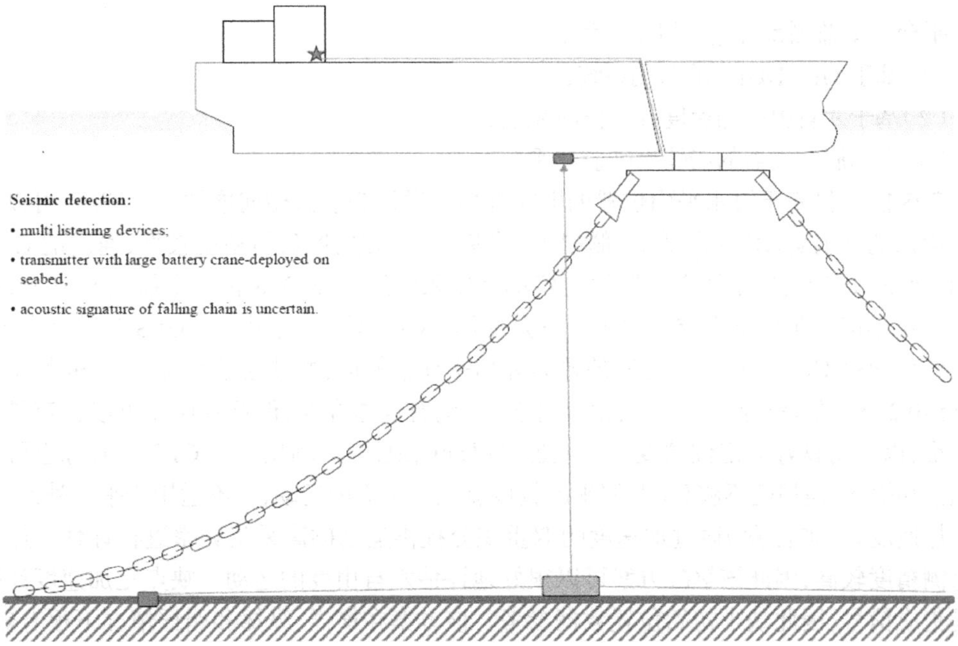

图 5-15　地震波探测监测系统

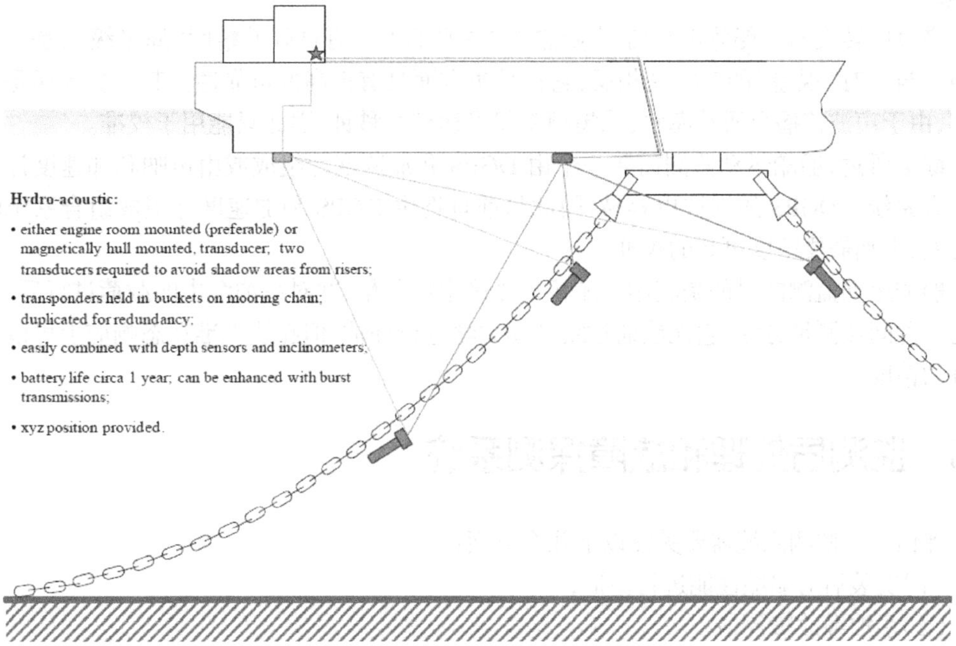

图 5-16　水声监测系统

5.4 平台运动监测系统

平台运动监测系统包括以下三种：

(1)基于 GPS/DGPS 的监测系统；

(2)基于六自由度加速度计的监测系统；

(3)带海底转发器的船体声呐监测系统。

GPS 能提供基于海水平面位置的即时评估。通过为船只艏向增加一个罗经，可以评估海平面内的所有运动(北向/东向/艏向)。采集频率为毫秒级，但精度较低，通用的 GPS 精度约 100 m，即便是取消了美国陆军规定的精度限制后专业 GPS 精度也仅在 5~10 m，因此 GPS 系统不能满足监测需求。解决方案是使用 DGPS 系统，利用 2 个 GPS 和陆地参考点，该系统可通过 GPS 和信号源之间的差异评估来评估航向，并使距信号源 100 km 的精度降至 0.5~0.2 m。在海平面内的三自由度位置上，仍有误差存在，但这些误差可以很容易地重新校准，以获得良好的定位精度。波浪也可以准确地评估，利用 3 个 GPS 信号源也可以测量纵摇和横摇，但精度不够高(几厘米的精度有利于平面内运动，但不适用于平面外运动)。

加速度计(惯性盒)通过加速度的双重积分提供运动的高采集频率进行评估。加速度计监测精度较高，因此该解决方案可以很好地评估六自由度的运动。缺点是加速度计提供的是集成信号，因此缺少初始位置数据参考。该方案在横摇、纵摇和艏摇情况下很有效，因为取平均值以后误差不大。基于 Z 方向的潮汐和吃水，作为旋转运动的零点，以及确定艏向的坐标参考，但它对于部分自由度运动的测量是有问题的，因此需要通过 DGPS 或声呐重新校准。

带海底转发器的船体声呐监测系统在水深平面上具有良好的精度(厘米级)，是一个无偏值。与具有“误差”的 DGPS 相反，它在采集方面具有很高的可靠性。其主要问题是采集频率，由于声波传播介质是海水，采集频率仅可达到几秒钟，因此只能用于校准。

综上所述，船舶运动监测需要一个由 DGPS 和加速度计组成或由声呐和加速度计组成的组合系统。DGPS 的维护更容易，因此目前首选由 DGPS 和加速度计组成组合系统的解决方案，声呐需要精度更高的校准。

船舶运动监测的目的是利用船舶运动来确定偏移量，并对系泊缆中的载荷进行后处理。作为一种间接测量方法，它无法通过线性动力学进行评估，但在线性准动态响应上可以提供很好的精度。

5.5 监测后处理和故障探测系统

评估一个监测系统需要关注以下几个方面：

(1)安装后对船舶性能进行验证；

(2)系泊缆故障评估；

(3)载荷后处理。

性能验证需要在以下两个方面完成：

（1）运动确认：需要对船舶进行运动监测。

（2）载荷评估：需要进行载荷监测，并与运动监测进行对比。

这样可以检查设计模型是否有效，或者在失效时重新校准并评估装置强度。

系泊缆故障评估需要了解系泊缆载荷或位置/运动，以了解是否与正常状态存在偏差，因此需要具有如上所列的长期工作载荷或系泊缆运动测量装置。由于载荷监测装置的长期可靠性较低，采用系泊缆运动测量装置是一种很好的替代方案，可以知道系泊缆是否偏离正常位置。如果无法保证精度，或者监测系统的长期可靠性较低，可以对船舶运动进行后处理，再结合海洋气象数据，以确认船舶轨迹是否异常，从而表明系泊系统是否发生故障。这类方法在将来会广泛使用，对此类方法及其效率的评估将在后续工作中进行。

最后一种可行方案是通过载荷后处理评估疲劳累积程度，例如，监测过程中经历的极端载荷。要得到系泊缆动态载荷，唯一的解决方案是使用载荷监测设备。这些设备的缺点在于它们的精度低、长期可靠性差，至少对其中一些设备来说是这样的。但部分新型系统，如 Intermoorm-pulse 系统，可以解决这些问题。

系泊缆运动监测装置可获得系泊缆触地点静载荷。其主要问题仍是采集频率较低，只允许获得低频载荷。为了进行全面评估，仍然需要评估波频运动，考虑到缆绳载荷监测装置监测效率低，唯一的解决办法是对船舶运动进行评估。这种情况下采取对系泊缆触地点的直接测量，基于对触地点运动监测数据的后处理分析得到船舶运动，从而提高结果的可靠性。但问题是，载荷仅是通过分析方法获得的，没有考虑公差和安装引起的变化。一种解决方案是在船舶服役早期基于直接载荷监测的基础上校准这些值，以具有可靠的"特性传递功能"，且已被通过直接载荷监测系统的现场测量所证明。

5.6　系泊监测系统设备选型建议

如上所述，系泊监测系统有三类，每一类都实现了一定的目标：

（1）载荷监测系统直接监测系泊缆动态载荷；

（2）系泊缆运动监测系统提供系泊缆的故障评估；

（3）平台运动监测系统提供对船舶状态的评估，并允许通过后处理对上述两种情况进行相同的评估。

建议不要仅选择以上 3 类监测系统中的一种，而是在 FPSO 上部署每一类监测系统实现监测系统冗余。该冗余系统应具有适当的后处理系统，以满足操作员的需求。此外还需注意以下几点。

第一，监测系统规定的使用时间点。

大多数船东对其监测系统没有明确的需求，或者希望以后再增加额外的配置。因此，第一个建议是，不仅要规定系统，还要规定监测系统后期扩展的范围，方便设备和船东将其纳入监测系统设计中。

第二，出于系统自身或是维护的原因，许多系统没有预期的长期可靠性。

监测系统应制订专门的维护计划，并在系统发生故障时进行可行的维护维修。

第三，系统应经验证适合长期使用。

大多数设计人员都是按照功能需要提出系统设计需求或进行系统设计的，很少在设计过程中进行长期的操作可靠性验证。这是船东在采购阶段需要提出的要求。此验证需要在材料、软件和集成（布线/全球IT）阶段进行。网络保护（来自外部攻击）和网络安全（来自内部错误）以及适当的集成（硬件/软件兼容性、无编程问题，如系统不同部分之间的错误或编码不一致）等功能需要被关注。这意味着在设计和实施过程中需要完成材料和功能验证。建议进行风险评估以评估系统故障风险。这些验证最好由第三方进行。

第四，既要考虑信号质量，又要考虑信号设备的可靠性和可维护性。

安装在海底的设备，如果水深超过60 m意味着设备维护困难，那么需要由遥控潜水器或潜水员进行维护。因此，安装在船体上的装置更有效。此外，安装在船体上的装置可以很容易地进行改装，而对深水设备进行操作往往需要特殊的作业装置，也会更困难，并且会带来失效的风险。在系泊缆上作业本身也会产生风险，如切割钢缆护套、锚链，或者在作业过程中对组件造成磨损，都会对潜水员和系泊缆造成危险。

要考虑信号质量，需要知道随着水深的增加、传递时间的延长，信息传输的可靠性可能会降低。深水声呐考虑了声波在水中的传播特性，即声波在水中传播特性很好，即使是在最深的系泊系统中，声波也应能在不超过3 s的时间内完成往复传播，在较浅水域时间更短（海水中的声波传播速度为1 450~1 550 m/s）。但由于海水中温度和盐度存在梯度，声波传播速度不是恒定的，在深水系统中也可能存在不同浓度的分离水层，这意味着（斯内尔-德卡特斯定律）部分信号将发生反射或折射（图5-17、图5-18）。为降低声波采集的难度，需要更大的波能来获得良好的信号。此外，假如压力波被吸收，也将导致最终信号减弱。

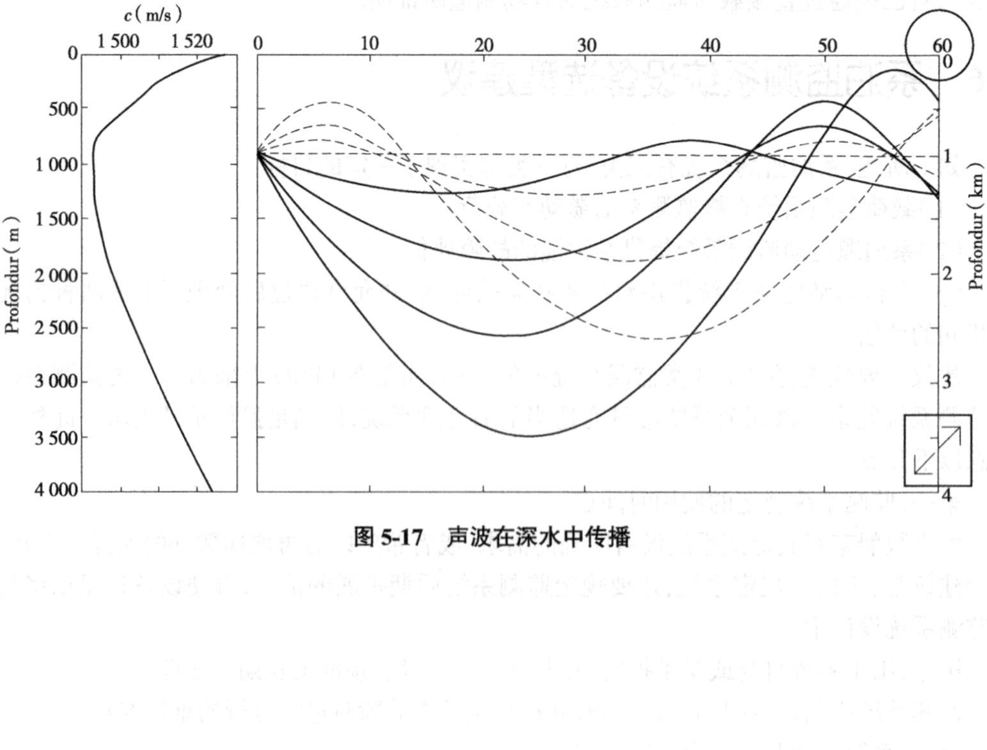

图5-17 声波在深水中传播

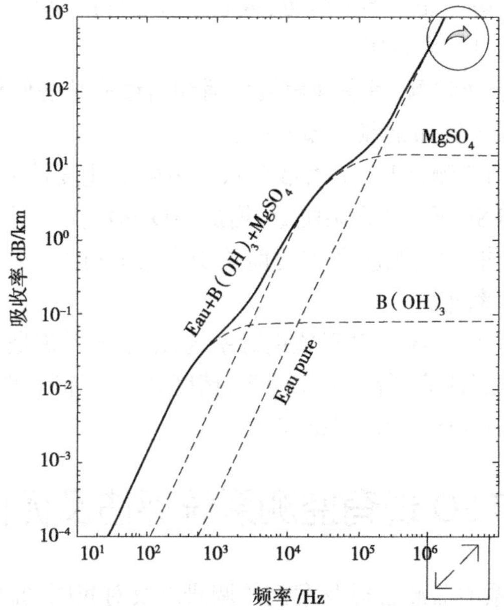

图 5-18　声波在水中的吸收

所有浅水源声波设备在声波传播过程中都遇到了一些阴影区(图 5-19),在那里信号是无法进入的。

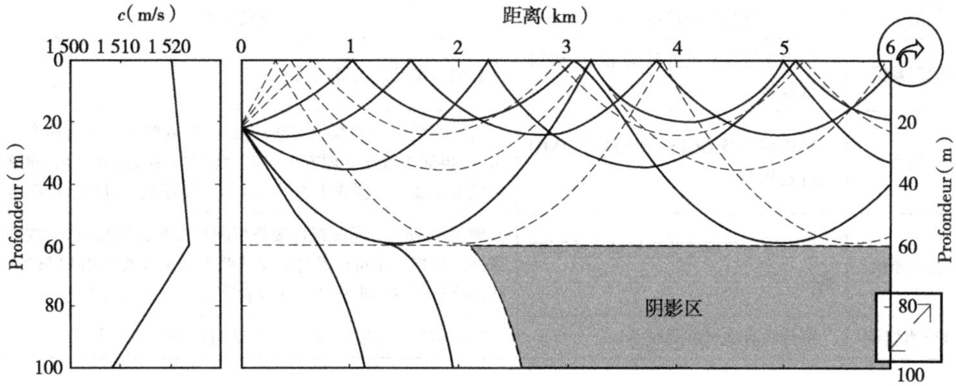

图 5-19　来自浅水源的声波传播——阴影区

第五,应考虑信号在海床、海面和其他障碍物(立管、其他系泊缆、船体)上的反射。

考虑到现有条件,如果声呐源和反射器距离较远,系统需要更强的信号并且采集频率要足够低,才不会受到潜在反射的干扰。因此,最好采用船体安装系统,以跟踪海面附近的反射/偏转器。

基于上述考虑和现有系统运行状况,建议在系统中集成 3 种监测类型,并对监测系统有如下建议。

(1)对于载荷监测系统,最好的解决方案是在导缆器上进行载荷监测,或采用更先进的解决方案,如 M 脉冲系统等可以进行在线张力测量、系泊缆应变测量等。由于此类系统的维护很困难,因此应在转塔上安装多个装置,或安装应变计以便对系泊缆张力测量系统进行校准,并在系统发生故障时作为备用。

(2)对于系泊缆的运动监测,考虑到声波传播和后续调整的便利性,应优先选择在导缆器附近或在系泊系统上部(例如钢缆上部)安装。

(3)对于船舶的运动监测,建议使用带有六自由度加速度计的惯性箱。对于它们的校准,可通过一到两个 DGPS(第二个冗余配置、增加精度和六自由度信息)或船体安装的声呐装置实现。如果采用声呐方案,则应考虑之前关于声波的讨论。声呐装置比 DGPS 的精度更高,但比 DGPS 采集频率低。

这里主要考虑深水系泊系统。对于软钢臂系统,由于该系统是一个机械系统,易于安装多个应力销、应变计来监测载荷,所示可靠性高,精度高。经纬度、船舶位置测量和海洋气象测量的组合可提供对载荷的运动和姿态测量。

5.7 渤海南海 FPSO 现有监测系统评估及优化建议

基于以上对国内外系泊监测公司及案例的调研以及对我国渤海和南海系泊监测方案的调查,通过对 4 艘 FPSO 的监测系统规格书进行研究,对我国现有监测系统进行了评估并给出了优化建议,汇总于表 5-1 中。

表 5-1 我国渤海南海 FPSO 现有监测方案优化建议

类型	现有监测技术方案	优化方案
海况监测系统	采用先进技术设备对风、浪、流数据进行监测	目前方案已经为最新技术
运动监测系统	采用艏向及 DGPS 的 RTK 和 IMU 进行监测	这种系统组合为最佳方案;这样测量数据总是来自两个不同的来源,再通过数据处理方法(即过滤)对系统进行组合。建议使用扩展卡尔曼滤波器或无先导变换卡尔曼滤波器进行数据融合
载荷监测系统	通过倾角仪间接监测锚链或软刚臂载荷	建议增加一个间接或直接载荷测量方案,以提高监测数据的可靠性。直接测量可以通过轴销式张力测量仪或者用 M 脉冲设备;间接测量可以基于锚链运动或者声学定位进行测量
FPSO 吃水监测	部分没有吃水监测设备	建议增加吃水监测设备,可以通过视频监测方案解决

第 6 章　单点系泊系统状态评价方法

6.1　单点系泊系统状态评价方法概述

海洋平台的系泊系统控制着该平台的位置，以便将井液安全输送到平台上，因此系泊系统是影响平台运行安全的关键要素。然而，由于系泊系统通常在水下，大部分结构不易观察，对系统的检查、维护或维修有时是不充分的。这是制订检验计划时需要密切关注的一个情况。

船级社提供了系泊系统检查的最低要求，但任何船级社提供的检查要求，都是工业上公认的最低标准。即使已遵循工业公认的设计和运行维护标准，但系泊系统的故障率依然超过了海洋工程可接受的标准，需要加强检查程序，以便对系泊系统关键位置的完整性进行适当的管理。

这并不意味着基于风险的检验或 RAM 可用于处理系泊系统风险，因为此类方法通常考虑缺陷扩展是渐进式的，并且认为基于单一元件的故障不会导致系统故障，但是许多系泊事故都是由单一元件故障造成的。

除水下作业产生的困难外，系泊系统检查还有一个困难，那就是缺陷的扩展通常是不可见或难以测量的。虽然在检查船体结构时不容易发现疲劳裂纹的产生，但在检验员的细心检查下还是可以有所发现的（如通过操作员的日常检查或在规定的检查期间内由船检员进行检查）。此外，这种裂缝还有增长的时间周期（几个月到几年），因而有更长的时间可以对其进行检测和修复。但对于系泊系统，比如锚链，需要识别毫米量级的裂缝，导致断裂（脆性或韧性）的临界裂缝仅为厘米量级。这样的裂纹尺寸在船体上很难被发现，在对系泊链进行水下检查时由于能见度有限、几何结构复杂（裂纹一般在链环内侧）、生物污垢和潜在的腐蚀等因素，靠人眼检测是不可能的，因此无法实现。

检查的目的在于确定可识别的宏观缺陷（钢缆鸟笼状松散、护套损坏、接头销缺陷等）、腐蚀和磨损，或不可预见的系泊缆故障。自 2010 年年初，一些更先进的检查方法逐渐被开发出来，可以提供更好的可视化效果，但仍然很少被使用。因此，有必要审视以下现有方法以实现：

（1）提高现有方法的效率；

（2）提出新技术；

（3）改进检查程序和时间表。

评估腐蚀的唯一方法是通过检验进行评估。由于腐蚀是导致系泊缆失效的根本原因之一，无论是作为初始根本原因还是加速因素，都有必要对其进行量化。本书对腐蚀的形式、相关案例、腐蚀速率和船级社规范要求以及推荐评估模型进行了总结。

系泊系统风险等级按照以下描述划分为 1~3 级：

1 级:风险可忽略不计。

2a 级:风险较小,不太可能导致缆绳断裂,但需规划下次换证检验(周期为 5 年)采取措施和技术评估。

2b 级:重大风险,计划短期内采取措施和下一次年检进行技术评估。

3 级:灾难级风险,应立即采取措施。

本书对监测数据的处理方法(图 6-1)进行了描述,包括异常数据筛查和处理方法、数据统计处理、警告处理、疲劳追踪、极值分析以及系泊系统总体风险影响。同时,对系泊系统各构件具体检验评估方法和决策方法进行了概述,对方法应用案例——南海某 14 万吨 FPSO 和渤海某 15.6 万吨 FPSO 进行了分析。

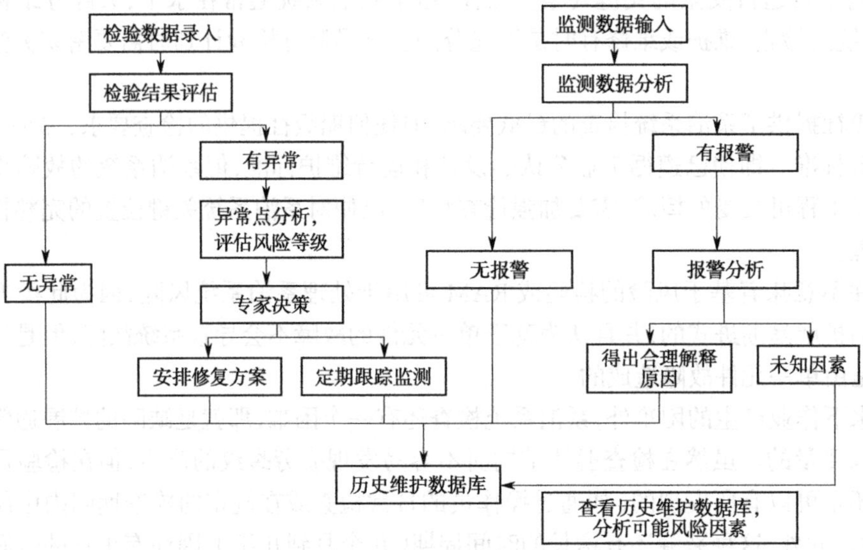

图 6-1 评价方法流程

6.2 系泊系统现有检验方案综述

6.2.1 传统检验方案

6.2.1.1 检验方法

检验旨在对系泊系统的状况进行物理评估,需考虑之前完成的任何风险审查的结果。检验可分为以下几级。

(1)水下目视检验:通过潜水员或 ROV 设备进行现场系泊系统检查,以识别异常情况。

(2)空中检验:是使被检验系统靠近水面的检查,通过将系泊组件移动到水面(仍然保持系泊状态)或将系泊组件移动到岸边进行。

(3)测量:部件尺寸的量化测量。

应注意的是,检验方法和方案是不断发展的,为确保应用最佳的可用技术需进行认真核实。在评估适用于特定系泊系统检验的技术时，应包括以下因素。

（1）每个部件的故障或失效风险，以及每个检查方法如何能够帮助识别这些预知风险的症状。

（2）不同的检验技术或工具适用于沿着系泊缆的不同部件和位置。更换工具所花费的时间，连同预知到的风险水平，可决定是对每条系泊缆逐一进行检查，还是考虑整个系统内的所有类似部件。

（3）由于检验方法本身可能对系泊系统造成风险，如机械损坏和清洁导致的加速腐蚀，还应考虑较小的直接影响，例如收回后重新系泊时预紧力的变化。

（4）方法的准确性和可重复性，例如，两组数据的可信度都不高，则后续检验的结果可能会产生误差；对足够的测量样本进行统计分析，可比有限的一组测量结果可靠性高。

（5）对定性检验方法，应具有或寻求足够的区分方法，以确保不仅是连续测量，而且是对相邻锚链之间的比较。

一些检查方法相对较新颖，没有长期的记录，但这不一定会降低它们的价值或可靠性，因此操作员应谨慎评估所有方法。

1. 水下目视检验

通常，水下目视检验是由遥控潜水器或潜水员在水中进行的。并不是所有部件都能在水中通过现有技术进行充分检验（例如，转塔喇叭口内部、钢缆护套内、位于海床下的锚链和锚），并且一些故障模式，特别是疲劳损伤，在水环境中，初始迹象不可见，或者至少在疲劳裂纹未达到足够尺寸以致部件接近失效前是不易发现的。

应注意的是，船级社规定的检验间隔和使用寿命通常假定的检验标准是基于水上检验的（例如，在干船坞期间）。这种等效性在实际中难以实现，应特别考虑确保水下检测的质量尽可能高。

这可能包括确保为设备制订好计划和安排足够的时间，并增加检查频率，以捕捉不同水质、海洋生物和光照条件下的特征。

某些水下检验方法虽然经过了尝试和测试，但仍然存在很多适用标准。利用 ROV 进行的总体和近距离目视检验的技术在不同的检查员之间可能存在很大差异，因此应考虑以下几个方面。

（1）个人能力——进行检验的 ROV 操作员关于系泊系统的特定经验和培训经历。指定检验范围的人员和 ROV 操作员都将决定对关键点的关注程度，并最终决定 ROV 检查的结果。

（2）摄像机性能——镜头尺寸、缩放能力，特别是分辨率大小。

（3）记录质量——许多大型 ROV 使用的脐带为滑环形式，这会降低正在记录的图像的质量。光纤可以提供更高的传输质量，但可能会出现停机。

（4）ROV 照明——照明面积和照明强度应与检查目标所需的详细程度和位置相适应。利用 LED 照明可提高电能效率，因此它正成为一种更好的选择。

（5）ROV 操纵性能——并非所有的 ROV 都具有相同的推进器配置，并且在三个轴上具有不同的运动性能。能够在不改变航向的情况下进行侧向推进，对于确保发现异常情况时能够实现视角范围或保持与当前方向相对的位置很重要。ROV 还应能够在预期的环境条件下跟踪系泊缆的移动，同时保持关注区域清晰可见。

（6）ROV功能——可能需要特定的功能，具体取决于检查范围，例如清洁和测量功能。

（7）数据显示——能够在屏幕上很容易地监视被检查的系泊缆或部件，以及深度、航向和其他的ROV数据，并可以简化查看数据的操作。

潜水员的水下目视检验在不同检查员之间也有很大差异，应考虑以下几个方面。

（1）个人能力——潜水员关于系泊系统具体的检验经验和培训。指定检验范围的人员和潜水员都将决定对关键点的关注程度，并最终决定检查结果。

（2）工具——必须足以保证潜水员的测量。

（3）目视检验记录——头戴式摄像机可以记录检查过程，但潜水员的动作可能会使结果不如ROV可靠。

（4）测量记录——需要解决在水下记录测量值的问题，以保证潜水员测量结果的准确，包括记录技术（通常很简单）、测量点的可跟踪性等。

2. 水上检验

对系泊组件进行的水上检验可以更详细，且可能以更快的时间和更低的成本执行，但也会产生操作和材料风险。此外，水上检验并不通用，只适用于某些特殊海洋装置。水上检验的可操作性来自以下各种可能性。

（1）对于可调节的系泊系统，能够允许将一些系泊缆释放，并将其他缆卷起，以使一些元件能够更容易地被检验。

（2）如果系泊缆上有断开装置，或系泊缆有足够的松弛度，则可将一个或多个部分提升至水面。应注意评估该操作的风险是否低于正在检查的感知风险。

（3）当浮式装置因其他原因离开现场时，FPSO或其他永久设施端的系泊缆不可避免地需要断开，从而为大部分系泊缆进行详细的水上检验提供机会。这包括进坞期间、退役或对部分系泊缆进行抢先更换。退役后的检查很重要，它可以为同一地区的其他装置提供信息。

（4）系泊系统的设计允许拆除缆绳段进行详细检查，如短的可拆卸缆绳插入件或具有高风险系泊系统的整根缆绳，尤其是针对采用纤维绳的系统，纤维绳具有蠕变特性，确保备有足够的备件将有助于这些操作。

水上检验有利的前提是需要进行风险分析，以判断由于水上检查而产生的收益和相应的失效风险。但是水上检验仍存在某些风险，因为在某些情况下，那些无法检验的位置发生机械故障的可能性相对较高。在这种情况下，应考虑在检查时提供替换件。

在检验中可能发生把侧重点放在很多明显但不重要的项目上，而忽略了对整个系泊系统完整性至关重要的几个关键点。应考虑向检查组提供经过培训或经验丰富的人员，以便更专注于系泊完整性中最关键的问题。

因此，在整体范围内，水上检验技术的优势和精度，需要建立在足够重视和前期进行的适当风险评估的基础上。

3. 测量

测量通常只用于锚链和连接器。随着带护套钢缆使用量的增加，再加之其具有长期可靠性，对钢缆的测量可以认为是无关紧要的。

锚链测量包括以下方式：

（1）物理尺寸测量；

（2）通过视觉扫描进行三维建模（新技术可能使用其他方法进行扫描）。

靠阴极保护的系统部件，也可对其阴极保护装置进行物理测量。

6.2.1.2　安装后的检验

系泊系统的部署通常规定在一定的公差范围内，这些公差需进行核查并在设计分析所接受的范围内，可以考虑根据验证研究的结果合理地定义公差。

在得到系泊系统部署后的实际参数后，就可以非常准确地评估系泊系统的状况了。系泊系统安装后对其重新评估是业界推荐的最佳方案之一。因此，部署时的详细测量非常有用，运营商和承包商应坚持获取和保存部署活动的详细记录。这应包括一份详细的事件日志，一份包含设备 ID 及其安装在哪个位置的列表，以及测量的详细信息，还应包括记录每个操作的照片或视频。

应注意的是，张力接触点的测量通常涉及运行前几周或第一次风暴后的塑性变形。同样，聚酯绳也会发生永久性蠕变，除非在使用前通过适当的“调节”将其移除（并且通常只部分移除）。这些应在第二次测量后直径减小率的估算中加以考虑。由于这种影响，最好在插入海底的阶段后进行完整的安装后测量，如果系统设计可行的话，随后应进行系泊缆张力调整和重新平衡。

完工数据测量应考虑以下几个方面。

（1）部件长度：制造商测量的长度通常是一系列较短长度的总和，而且通常在小于安装预载的张力下进行测量。安装系泊系统时，应认识到制造商长度测量的局限性，可能需要更精确的测量，尤其是对于安装后无法调整系泊放线长度的系泊系统。

（2）系泊缆位置：可使用连接器、锚、辅助设备或标记（如钢缆上的或某些锚链上的色卡）等多个特定组件的 *XYZ* 坐标来验证完工后系泊链的着陆点，这是很难定义和找参考位置的点。系泊缆坐标数据应同时参考船舶的 GPS 位置。

（3）定位系统精度：行业内已具备准确确定点平均位置的技术，但应明确定义参考位置，例如 FPSO 转塔中心或系泊部件上端。

（4）部件标记：单个部件的标识将便于将来的检查和测量，应考虑选择稳定的标记方法。

此外，为了在未来的检验中对腐蚀进行良好的评估，建议在安装之前，采用与检验期间相同的方法对每个连接件进行直径测量，作为评估未来腐蚀率的“零”参考。如果对部件进行恰当的标记，这样可以更准确地评估腐蚀情况。

6.2.1.3　船级社要求

船级社对每年/5 年的检验提出基本要求，并可能进行中间调查。作为系泊系统检验的船级检验包括以下 5 个部分：

（1）设备安装检验；

（2）装置部署检验；

（3）年度调查；

（4）中间调查（每 2.5 年一次）；

（5）换证检验（每 5 年一次）。

1. 安装检验

平台装置一侧部件(导缆器、止动器、锚链等)和设备(包括监测系统)的安装应在船级社的检验下进行。

检验范围包括施工工程的质量,尤其是通过无损检测(NDT)进行检验的焊接。通常不需要进行载荷试验,但有时验船师可要求参加。

2. 部署检验

对海洋装置进行的检验,见《海洋装置规范》B部分第3章第6节。

其目的是验证安装程序中规定的安装公差,并在研究其灵敏度时参考其设计时的计算。对部署过程进行的检验,包括但不限于:

(1)锚的安装;

(2)系泊缆的部署;

(3)部件的可追溯性;

(4)锚和缆绳的载荷试验;

(5)连接到装置并张紧;

(6)系泊系统安装后检查(由潜水员和/或ROV进行测量)。

审查和检验只涉及船级范围内的问题,特别是:

(1)所有部件符合入级要求;

(2)安装部件的完整性;

(3)系统部署符合设计要求,尤其是缆绳预紧力的设置。

3. 年度检验

应对与绞车或起锚机临近的系泊部件(钢缆或纤维绳)、止动器和导缆器进行检验。在相关情况下,还应目视检验绞车和进行快速释放测试。

4. 中间检验

在两次换证之间,每隔2.5年进行一次中间检验。由于季节交替,中间检验可接受在检验周年日到期前9个月和到期后9个月的检验窗口内进行。应检查系泊系统的整体完整性,例如通过对关键区域内的所有缆绳和选定缆绳的全长进行整体目视检验。

应通过目视检验或其他适当方法,并考虑腐蚀、磨损、过载、疲劳和其他可能的失效模式对关键部件的完整性进行检查。应验证防腐蚀系统的状况(如适用)。每条缆的预紧设置(或角度值)应得到确认。还应根据具体检验方案进行额外的检查/测试。

对于所有缆绳,应尽可能对靠近止动器近连杆进行目视检验。如果系泊缆的这部分难以靠近(例如,Bell-Hawse止动器),则可以降低此要求。

对于其导缆器或限位器位于水线以上的装置,应对所有系泊缆进行以下检查:

(1)水线以上全缆长度的目视检验;

(2)从水线以上测量的最后5 m锚链中至少一个链环的尺寸检查(每个链环两个测量值视为足够);

(3)此部分中链接样品的附加尺寸检查;

(4)测量顶部的锚链角度(或锚链张力)。

对于其导缆器或止动器位于水线以下的装置,应进行以下检查:

（1）对所有锚链，目视检验导缆器或止动器的前 10 m 锚链；

（2）对具有代表性的锚链前 10 m 处的链接样品进行尺寸检查（每个束至少一条）。

对于所有类型的锚泊系统，潜水员或遥控潜水器应对代表性锚链全长进行整体目视检验直至与海床接触处。

应对代表性数量的系泊缆的所有配件（插座、锁扣等）进行整体目视检验。

5. 换证检验

每 5 年，在换证检验中，应检查永久装置系泊系统的整体完整性，例如，通过遥控潜水器或潜水员对所有缆绳的全长范围进行整体目视检验。

应通过目视检验或其他适当方法，并考虑腐蚀、磨损、过载、疲劳和其他可能的失效模式对关键部件的完整性进行检查。

系泊缆的整个长度不得进行海洋生长清洁。当锚链上部、钢缆套筒和锚定装置的强度依赖于防腐系统时，应采用适当的方法（如适用）验证这些防腐系统的状况。如果安装了阳极，应通过目视检验（如适用）验证阳极的状况，还应通过直接测量系泊缆阴极保护部分和锚具露头部分的阴极电位来验证阴极保护。每条缆的预紧设置（或角度值）应得到确认，还应根据具体检验方案进行额外的检查/测试。

应按照中间检验的要求进行目视检验，并增加以下检查。

（1）目视检验整个锚链，并密切注意止动器附近的部分。

（2）此部分中所有链环的尺寸检查：

①导缆器或止动器下方的 3 个链环；

②距导缆器或止动器 5~10 m 的 3 个链环。

（3）应沿钢缆段进行目视检验，并报告任何过度腐蚀、可见断丝、鸟笼损坏、滑轮损坏（如有）。钢缆直径应沿钢缆段测量。

对于锚和埋置锚链，应进行以下检查：

（1）目视检验锚周围的土壤，尤其是检查锚附近是否有冲刷；

（2）锚链的埋置部分和与锚的连接一般可不检查，应检查操作日志，以确认哪个锚链最近承受了重大载荷，并且节段有没有出现故障。

6.2.2　提高最低要求以降低系泊系统风险

这些船级社规定代表了最低要求，但建议进行更多附加检查，并视为操作员的例行检查。这些附加检查应纳入操作员 IMR 程序。

如前所述，年度检验确实是有限的，建议根据遥控潜水器的可用性，每年进行更多的检验，例如对整条锚链进行目视检验、顶角测量以及可能的尺寸检查。

中间检验和换证检验的范围也被设定为检查最关键区域的最低要求。建议尽可能增加每条锚链的目视检验范围，并进行更详尽的锚链测量。使用 ROV，可以轻松地检查阴极保护靠近海底和锚附近的状况。这将能够更快地识别可见的退化或失效，并比设计标准规定的腐蚀条件和腐蚀速率有更好的评估。

此外，还需要评估测量技术和工具，以确保其性能足以评估腐蚀。目前，在每个环节上进行全三维摄影测量仍然是不可能的，但在不久的将来可能实现，因此锚链测量仍然依赖于直接测量。一般做法是测量连接环尺寸，但这被认为是不够的，在某些情况下不相关（除了遇到磨损大、腐蚀小的系泊系统，如北海区域），但这种做法仍在继续。连接环测量容易测量磨损，但不一定能测量发生在其他部位的腐蚀。

为了更正确地测量腐蚀，需要对链环进行额外的测量，例如：

（1）沿两个垂直轴在焊点和对侧进行测量；

（2）检查链环弯曲区域是否腐蚀加剧，必要时进行测量；

（3）检查是否存在大型腐蚀坑，必要时进行深度评估；

（4）检查链环焊接热影响区是否存在槽腐蚀。

腐蚀的问题仍然是去除生物污垢和锈蚀。虽然生物污垢的去除效果很好，因为它可以去除引起 SRB 腐蚀的生物层，但是去除裸露金属上的锈蚀是值得怀疑的。事实上，裸露材料的腐蚀速度高于腐蚀层凝固后的速度，因此去除该腐蚀层将提高腐蚀速度。水面以上的龟裂锈蚀存在同样的问题，这些锈蚀会产生厌氧条件以降低进一步腐蚀，但中海油的装置没有这种情况，因为当这些龟裂锈蚀在水面以上形成时，通常意味着海生物腐蚀已经被覆盖，并且需要准备锚链更换。

6.2.3 软钢臂式单点系泊系统关键部件位置分析

软钢臂式单点系泊系统有 2 种基本形式：水上软钢臂和水下软钢臂。二者的主要区别在于软钢臂和配重相对于水面的位置不同：水上软钢臂单点系泊系统软钢臂及系泊腿铰接点均在水面以上，不仅可以满足常规情况下的使用，而且便于日常维护和检修；水下软钢臂单点系泊系统采用锚链将 FPSO 与水下的软钢臂相连，系泊臂铰接点位于系泊腿底部，可降低单点系泊腿的弯矩，并节省钢材用量。

水上软刚臂单点系泊系统主要由单点平台、系泊臂、压载舱、系泊腿和系泊支架等组成。图 6-2 中，X_1 与 X_2 两个铰节点将系泊支架、系泊腿与系泊臂依次相连接，系泊臂另一端 X_3 与单点平台的滑环 X_4 相连接，使单点系泊的船型浮体在环境作用下具有风标效应，处于合外力最小的位置。同时，软刚臂具有 13 个铰节点（表 6-1），X、Y、Z 为铰节点在该方向的线位移，R_x、R_y、R_z 为铰节点在该方向的角位移。这些铰节点能够释放浮体 3 个波频量的自由度运动（横摇、纵摇、升沉），而约束包括横荡、纵荡、艏摇在内的 3 个低频量自由度运动，使浮体定位于某一固定海域。此外，水上软刚臂不受海冰的干扰，适合冰区海洋工程装备的使用。

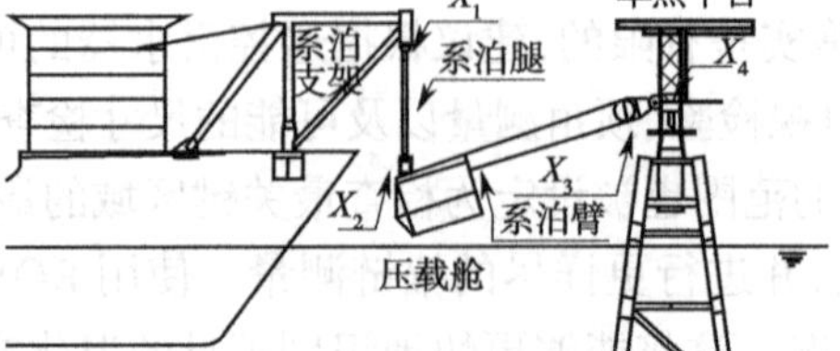

图 6-2 软钢臂式单点系泊系统

表 6-1　软钢臂式单点系泊系统自由度的组成

铰节点	每个接点的自由度					
	X	Y	Z	R_x	R_y	R_z
X_1（两组）	×	×	×	√	√	√
X_2（两组）	×	×	×	√	√	×
X_3	×	×	×	√	√	×
X_4	×	×	×	×	×	√

在理论上，软钢臂式单点系泊系统（图 6-3）是一种顺应式结构，通过压载舱质量来调整系泊刚度，一旦压载舱的质量以及重心位置确定，风、浪、流所产生的漂移力和偏离平衡位置的位移也一一确定。然而，载荷的估计不足与软刚臂设计的缺陷仍然造成了许多问题。总体来说，主要存在以下三种失效模式。

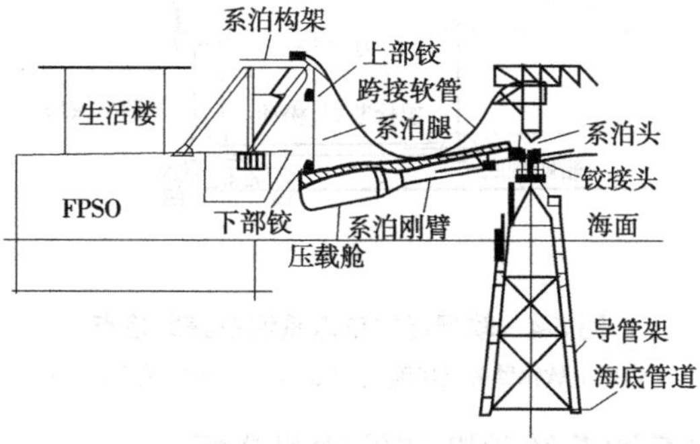

图 6-3　软钢臂式单点系泊系统各部件布置位置

（1）极端抗力失效。2009 年秋，渤海的某 16 万吨 FPSO 在持续环境载荷作用下将单点平台拉倒，险些与其他平台相撞造成更为严重的事故。

（2）软刚臂的疲劳失效。这种失效一方面是由于软刚臂横摆现象造成的铰节点破坏，另一方面是由于长期在外界载荷作用下可能造成的疲劳裂纹损伤。

（3）功能域上的失效。这种失效往往由于系泊结构的不合理所致。同时，一旦存在铰节点锈死而不能运动自如的情况，也可能造成整个软刚臂的失效。1994 年某 5.7 万吨 FPSO，由于软刚臂横荡引起压载舱与船艏相撞。

通过分析我国渤海浅水历次单点事故原因，总结出了软钢臂式单点系泊系统关键风险点如图 6-4 所示。

环境载荷和 FPSO 的六自由度运动是引起软钢臂式单点系泊回复力的直接原因，从系统分析的角度出发，除了要对系泊系统受力和系泊关键结构进行监测外，还需要对 FPSO 的运动、位置及环境载荷等信息进行测量。水下软钢臂式单点系泊系统采用独腿式系泊结构，结构刚度小，在外界载荷作用下易产生振动。为了掌握由上部模块振动可能引起的滑环损伤情况，还需要监测系泊腿上部模块的振动，并依此建立滑环的损伤判别模型。

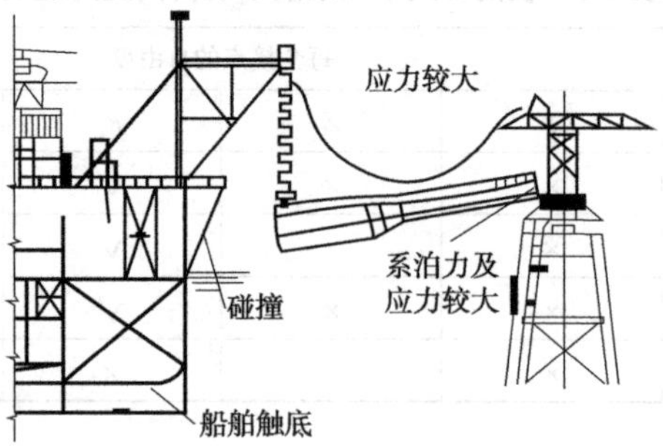

(a)

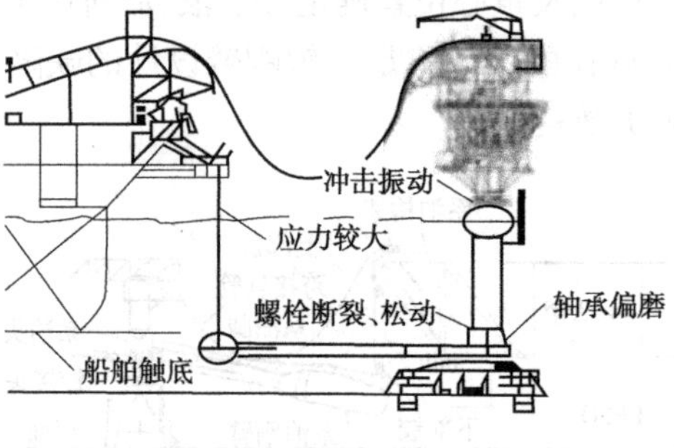

(b)

图 6-4 软钢臂式单点系泊系统风险点

(a)水上软钢臂关键风险点 (b)水下软钢臂关键风险点

6.2.4 内转塔式单点系泊系统关键部件位置分析

南海 FPSO 均采用内转塔式单点系泊系统(图 6-5),系统可靠性高、抗风浪能力强,可设多通道旋转接头,便于维护保养。根据不同设计需求,系泊系统还设计为可解脱式和不可解脱式。

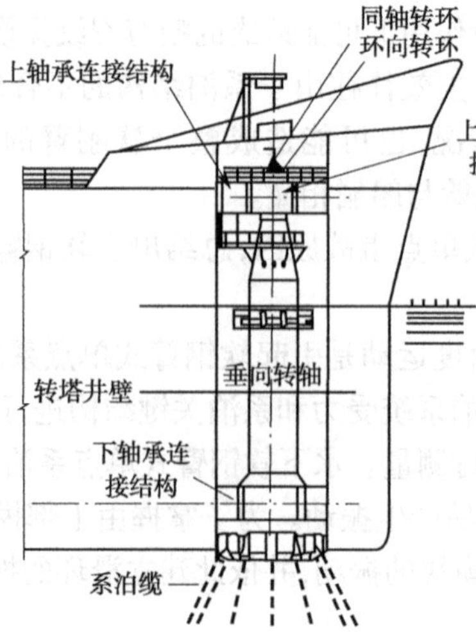

图 6-5 内转塔式单点系泊系统

由于 FPSO 需要在固定海域进行连续的作业，这就需要系泊系统保持长期的工作状态。系泊系统的设计寿命一般为 20 年，但其可能遭受百年一遇甚至更恶劣的极端条件，并导致系泊缆张力过大而损坏。

海洋环境载荷信息和 FPSO 整体运动响应信息也是内转塔式单点系泊系统监测的重要部分，但由于系泊形式和工作原理的不同，系泊系统受力测量方法和技术也不尽相同。内转塔式单点系泊系统系泊受力测量主要有以下几种方法。

（1）高精度的浮体位置测量。采用数值方法计算得到系泊系统受力。

（2）系泊缆角度测量。根据系泊缆角度推导得出系泊系统受力。此方法需要建立系泊系统响应模型，并根据测量的系泊缆角度确定系统整体受力。

（3）系泊缆张力测量。该方法是最直接的测量方法，但由于需要在系泊缆中嵌入张力测量元件，并使之成为载荷传递路径中的一部分，因此也是风险最大的一种测量方法。

（4）在转塔支撑结构上布置测量元件，通过建立系泊与结构间的传递函数，推断系泊系统受力。

内转塔式单点系泊系统关键风险点如图 6-6 所示。

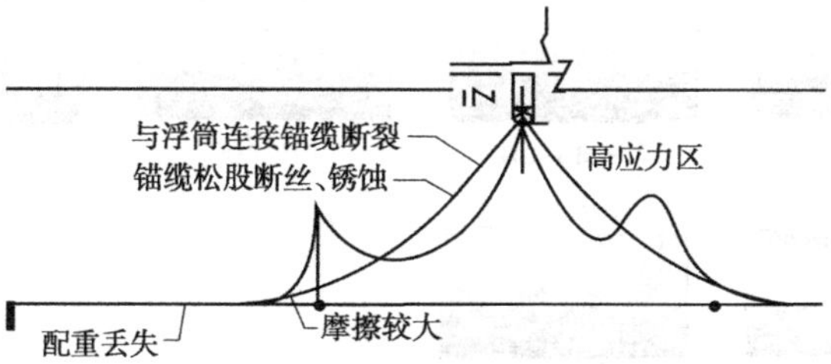

图 6-6　转塔式单点系泊系统风险点

相比软钢臂式单点系泊系统，内转塔式单点系泊系统结构设备相对简单，锚链主要关注的监测位置是顶部锚链，属于高应力区域。如果锚链系统配备浮筒，那么需要关注与浮筒连接锚缆的断裂或者锚缆松股断丝、锈蚀的问题。配备重力块的系泊系统需要关注配重块丢失风险。此外在锚链躺底端起始位置处还需考虑锚链摩擦导致的风险问题。

6.3　腐蚀问题原理及其模型

由于腐蚀是导致系泊缆失效的根本原因之一，无论是作为初始根本原因还是加速因素，都有必要对其进行量化处理，并了解以下潜在的机制。现阶段评估腐蚀并进行量化处理的主要方法是通过检验实现的。

本部分内容分为 5 个阶段：

（1）对腐蚀机理的评估，以了解观察到的腐蚀模式；

（2）对一些现场测量情况进行整体评估，从而对观察到的腐蚀速率进行总结；

（3）引入船级社在设计阶段对腐蚀速率的规定进行评估；

（4）形成更先进的评估方法；

（5）将评估方法用于系泊完整性检验。

6.3.1 不同的腐蚀模式

首先需要识别现有的腐蚀模式,并区分锚链和系泊设备上出现的腐蚀模式。一些腐蚀模式与锚链未出现的特殊情况相对应,另一些则是与锚链上发生的情况的特征相对应,在分析腐蚀时需要加以考虑。由于不同的腐蚀模式产生的原因和结果不同,在不进行评估模式区分时,对腐蚀过于笼统的处理将导致模型过于简化,因此在进行系泊系统剩余寿命评估时需要对不同腐蚀模式进行不同的处理(图 6-7)。腐蚀模式可以分为以下几种。

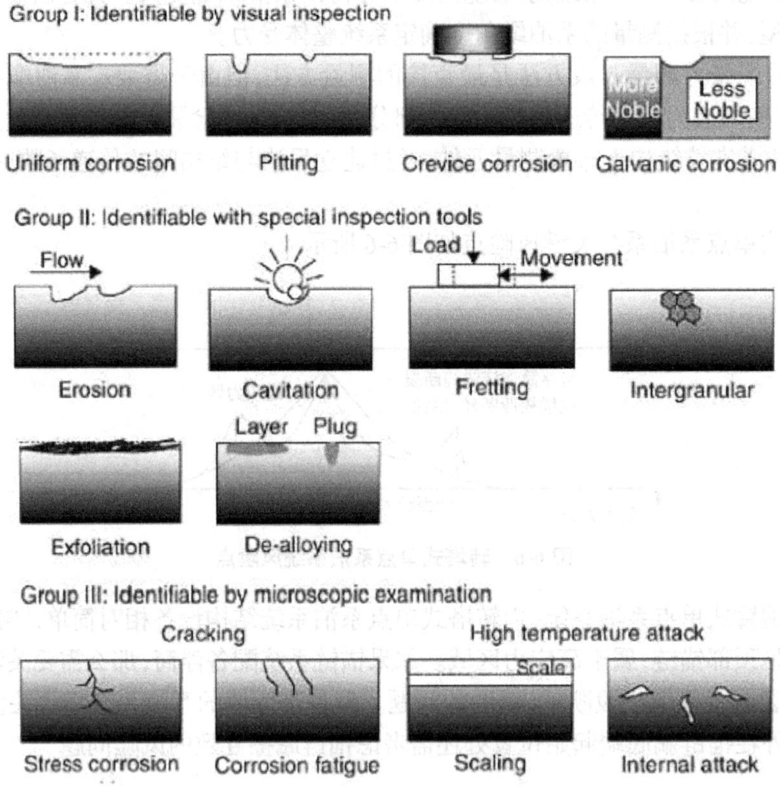

图 6-7　不同的腐蚀模式

(1)均匀腐蚀。均匀腐蚀是指整个暴露表面的金属损失均匀,这是中碳钢和低碳钢的主要腐蚀模式。均匀腐蚀模式对所有海上和沿海地区的结构防护具有相当重要的经济影响,也是在进行腐蚀检验时重点关注的部分。它是系泊缆腐蚀的主要模式。

(2)点蚀。点蚀是最常见的局部腐蚀,是指由于腐蚀造成金属中产生较深的空腔或孔(图 6-8)。与均匀腐蚀相比,点蚀更难以检测和测量。当材料的体积表面没有连接时,会出现凹坑。海水中丰富的氯离子特别容易造成点蚀,因此它是锚链腐蚀的一个重要检测标准。点蚀大多是由于钝化破坏或金属不均匀性引起的。尤其是对于锚链而言,电偶腐蚀、粒间腐蚀是较少见的,在海水条件下微生物引起的腐蚀是主要影响因素,因为 SRB 在海水和海床中广泛存在。

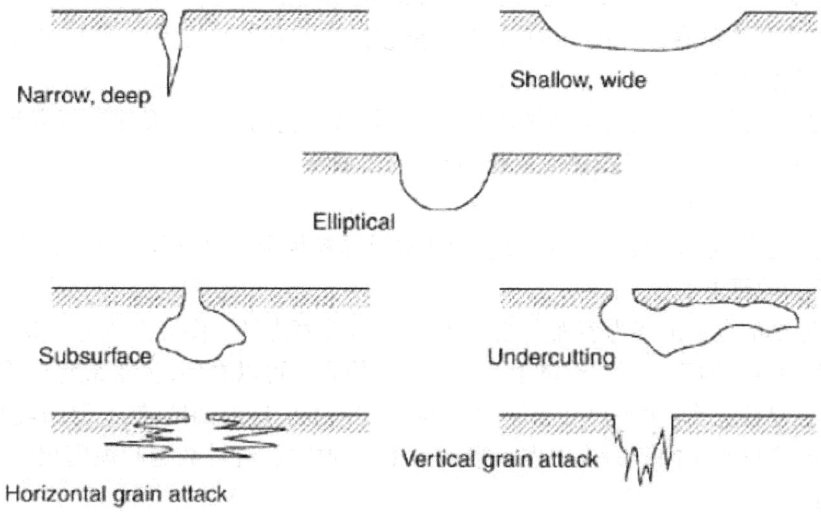

图 6-8　不同形式的点蚀

（3）合金脱离腐蚀。由于焊接区域中碳含量的变化，有时会优先发生合金脱离腐蚀。合金脱离腐蚀在焊接位置的链环周围会产生类似凹槽的图案。由于在凹槽位置处产生的疲劳应力增加，且凹槽的评估系数高达 7，因此腐蚀深度不再是凹槽，这意味着构件的疲劳寿命将缩减，会出现快速疲劳问题。

（4）应力腐蚀、氢脆和腐蚀疲劳。在某些阴极保护电位和高钢级下，可能会出现应力腐蚀。这些现象并不好完全理解，但至少在一艘 FPSO 故障（Dalia FSPO）时被确定为一个正在接受的起因。因此，仍建议尽可能使用较低的锚链等级，如果使用较高的 A 级，建议不要对锚链进行阴极保护。

（5）微动腐蚀。在链接环区域已经预测到会发生微动腐蚀，但目前还没有此类问题的证据。

（6）电偶腐蚀及相关现象。对于有螺栓链环，当没有匹配材料用于有螺栓链环时，存在电偶腐蚀或等效问题。随着在永久系泊中避免使用螺栓链环，此类问题已经消失，但在过去至少导致了一次故障。

SRB 导致点蚀是一种特别重要的现象。石油天然气工业受到这些问题的严重影响，这些细菌的点蚀作用已被证实在缺氧和充氧条件下对水生和陆生环境都有影响。北海、东南亚和巴西已报告系泊系统因 SRB 造成的快速腐蚀损坏。在黑海地区，SRB 的关注度很高，即使现场的运行时间只有几周或几个月，SRB 也会导致被污染设备的故障。

SRB 存在于铁锈中，是通过海水运输或最初就存在于海床上（有时浓度较大），或靠近钢表面但它们不会直接侵蚀材料。这些细菌需要营养物质，包括铁（通过腐蚀从钢铁材料中获得）、碳（从海水或腐蚀过程中获得）、硫酸盐作为其新陈代谢的主要还原机制（但始终存在于海水中，因此对该过程无限制）和依靠硝酸盐/亚硝酸盐/氨生长。代谢将海水中的硫酸盐还原成对铁具有高腐蚀性的硫化氢（H_2S）。这些硫化物会引起点蚀。即使这些细菌被认为是厌氧菌，但它们也能耐受氧气，并迅速产生一种生物刺激，在这种刺激下，它们可以免受氧气的影响，然后增殖（在黏液厚度低于 1 mm 的情况下）。据了解，生物引起的点蚀在较温暖的海水中更为普遍，但由于 SRB 的茎杆能够抵抗所有类型的环境，所以 SRB 腐蚀存在于世界各地的海水中。

由于细菌来源和冶金原因（经热处理的细晶粒低合金钢），以下腐蚀是不可能发生的：

（1）窄深坑（不锈钢（马氏体或双相）点蚀的典型特征）；

（2）重合金钢的晶粒侵蚀；

（3）次表层和内部的优先腐蚀模式（由于锚链晶粒规则性以及合金质量和热处理（正火/淬火和回火）的要求）。

因此，锚链的点蚀形态为表面点蚀、椭圆点蚀或浅宽点蚀。图 6-9 是通过摄影测量的一个具有大点蚀条件的西非区域锚链中几个环节的检查。可以看到，腐蚀深度遵循胶状/氟利昂分布，并且易位比率（水平尺寸与深度）一般在 0.6~0.8，球形凹坑较少，但凹坑非常宽（图 6-10）。在印度尼西亚的链回收中也观察到了相同的模式，统计数据和规模相似，即使点蚀不那么明显。

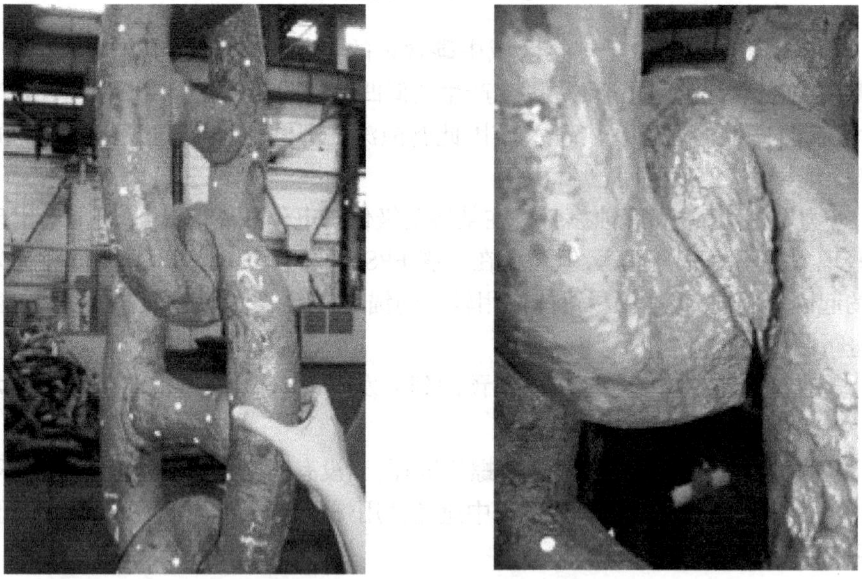

图 6-9　西非区域的锚链点腐蚀示例（载荷测试前检查剩余强度）

图 6-10　链节成像

图 6-11 为锚链的点蚀深度统计，可以观察到横坐标越小的部分分布越密，越大的部分分布越分散。点蚀形状分布如图 6-12 所示。

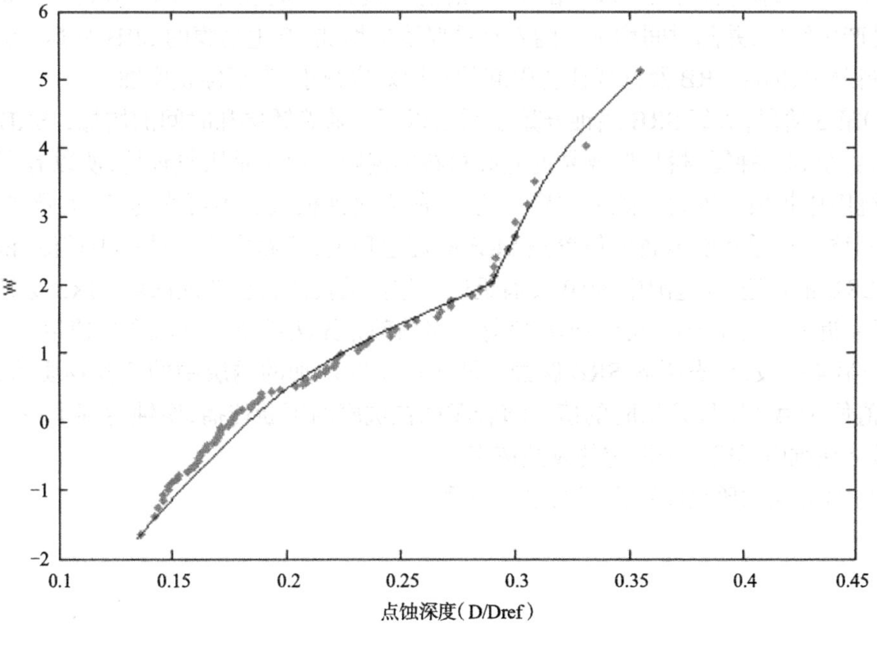

图 6-11　点蚀深度统计

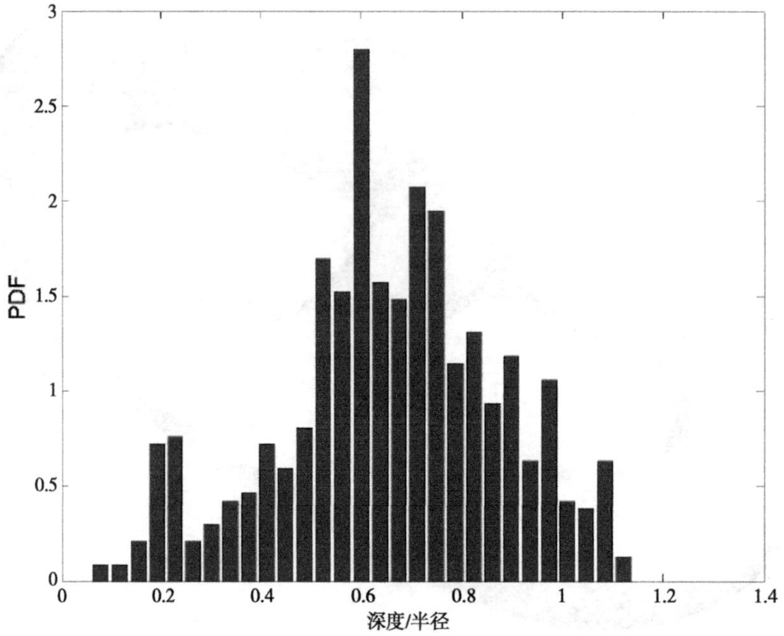

图 6-12 点蚀形状分布

对于一般的点蚀模式,其腐蚀过程遵循以下步骤。

(1)第 0—1 阶段,好氧腐蚀。产生保护 SRB 的生物膜,营养素来自环境。SRB 在缺氧环境中重新组合,它们的新陈代谢产生侵蚀性代谢物,如 H_2S。

(2)第 1—2 阶段,锈层形成。由于侵蚀性代谢物,生物膜的酸碱度降低,产生腐蚀性环境,容易产生锈层,并随时间增加。随着铁锈厚度的增加,有生物膜的 SRB 及其代谢物与良好的材料分离,因此 SRB 及其代谢物引起的腐蚀效应减小,直至停止腐蚀。

(3)第 3 阶段,厌氧 SRB 腐蚀开始于锈层以下。随着锈层和时间的增加, SRB 在锈层内迁移,直至到达裸露材料,形成靠近完好材料的缝隙。由于是厌氧环境,所以有利于 SRB 在这些缝隙中扩展。因为缝隙的位置不均匀,所以腐蚀模式也不再均匀,产生局部腐蚀,从而形成凹坑。靠近坚硬金属的位置是 SRB 的理想环境,营养物质在铁锈中扩散,铁的存在促进了 SRB 的代谢,在缝隙中 SRB 发展迅速。它们的代谢物会造成凹坑, SRB 会迁移到锈坑内,以靠近完好的金属(锈层中远离完好金属的部分无法代谢),凹坑会快速生长。

(4)第 4 阶段,稳态厌氧 SRB 腐蚀。凹坑内不断增加的锈层中的营养物质达到平衡,其恒定值低于第 3 阶段开始时的值。随着腐蚀在坑底的不断传播,腐蚀达到了一个稳定的状态,最终在坑内形成一个恒定的腐蚀速率。

与 SRB 相关的厌氧腐蚀机理如图 6-13 所示。

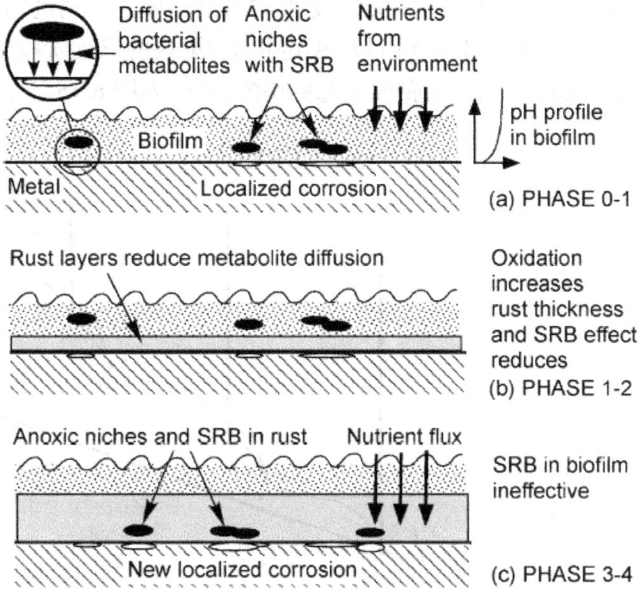

图 6-13　与 SRB 相关的厌氧腐蚀机理

对于均匀腐蚀，除了由 SRB 造成的凹坑外也会发生类似的腐蚀过程，并且 4 个阶段或多或少保持相同，除了时间和强度。这里只以点蚀为例解释详细机理，可以看到有以下 4 个阶段：

（1）第 0—1 阶段是一种快速好氧腐蚀；

（2）第 2 阶段是由于好氧阶段结束和锈层保护导致的腐蚀速度降低，直到达到平稳状态；

（3）第 3 阶段是厌氧腐蚀的开始，由于为理想环境，所以速度很快；

（4）第 4 阶段，由于铁锈内部的环境限制，至少会达到稳定腐蚀状态。

这 4 个阶段将在腐蚀现象学模型中考虑（图 6-14），并通过适当的测试进行验证，这些测试已通过 JIP SCORCH 的验证。

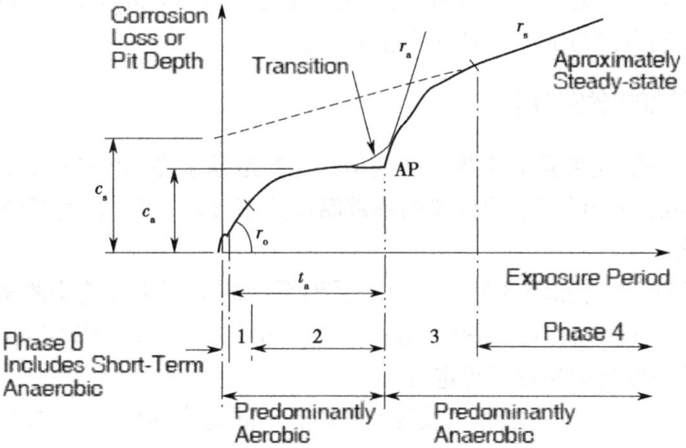

图 6-14　现象学曲线

这就从技术上解释了在检验过程中除非必要时否则不要去除锈迹的预防原则。第 0、1 和 3 阶段是比第 2 阶段（平稳）和第 4 阶段（稳定状态）更快的腐蚀阶段，清除铁锈使这些快速腐蚀阶段重新开始，并产生比稳定腐蚀状态更快的腐蚀，如图 6-15 所示。

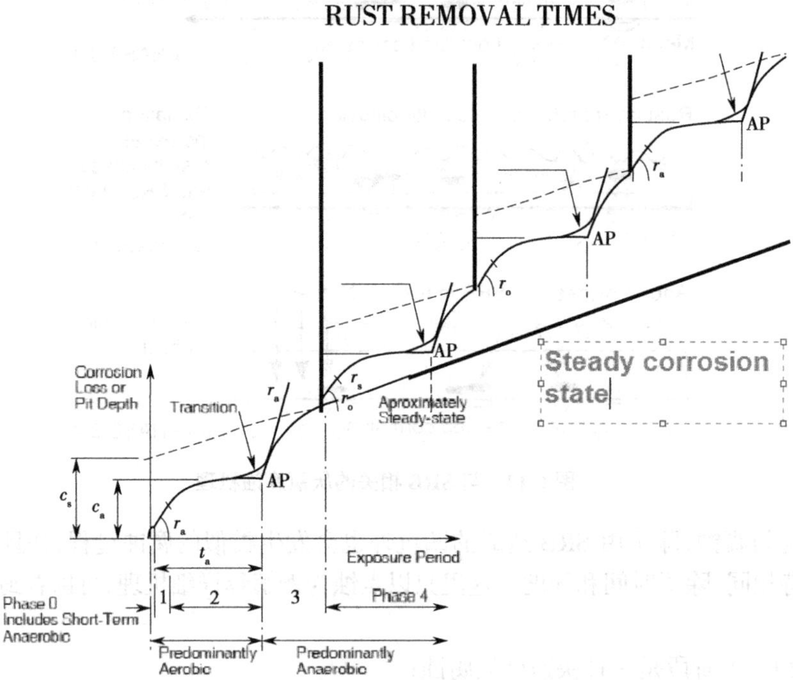

图 6-15 检验除锈效果

需要强调的是，由于能在锈层底部得到需要的营养物质所以第 4 阶段腐蚀会达到真正的稳定状态。这种扩散受限于具有一定深度的凹坑（由于形状），营养物质随着深度的增加会减少，直到达到没有足够营养物质来让凹坑继续生长的水平。这些凹坑达到一个渐进的形状，这反映了它们的弗雷歇（Frechet）分布。凹坑的形成发生在 10~20 年期间（通常约 16 年），因此也可以对凹坑进行表征，而稳定状态是通过表征矿坑的有限深度（不是数量）实现的。这种尺寸限制直接与水中的 DIN 含量有关。

6.3.2 锚链腐蚀的案例分析

需要通过案例研究来验证这些腐蚀速率。这些是基于在 JIP SCORCH 中进行的工作，此处给出了相关值用于说明不同位置的锚链腐蚀速率，以了解从轻度腐蚀位置到高度腐蚀位置的腐蚀变化。

图 6-16 是墨西哥湾和印度尼西亚海域系泊系统的全面腐蚀速率测量（在海水中大约 10 年后被视为恒定速率）。可以看到，墨西哥湾的腐蚀速度略高于规定的设计值，而印度尼西亚海域的腐蚀速度远远超过了规定值。

还可以看到，空气中的腐蚀和飞溅区的腐蚀有不同的值，但不同系泊缆的值是一致的。

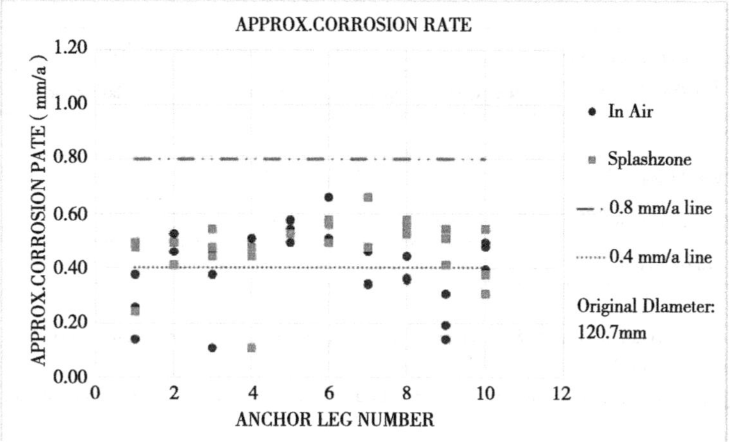

（a）

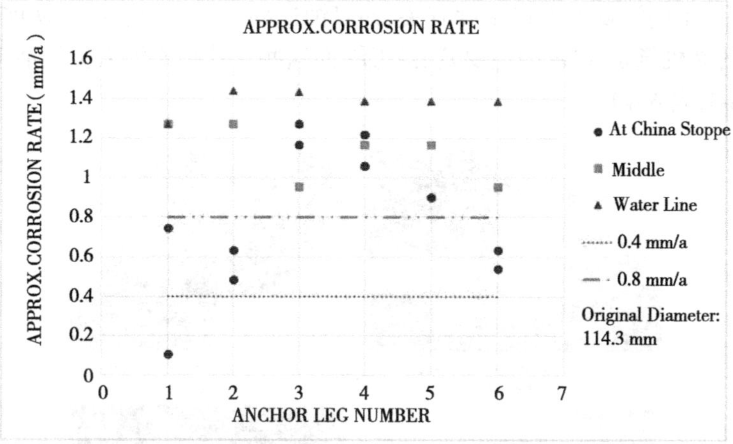

（b）

图 6-16　腐蚀情况

（a）墨西哥湾的整体腐蚀情况　（b）印度尼西亚海域的整体腐蚀情况

在不同的地理位置腐蚀速率变化很大，在印度尼西亚和西非海域观测到的腐蚀速率最高，墨西哥湾观测到的腐蚀速率接近规范要求，巴西（桑托斯盆地）观测到的腐蚀速率较低，东帝汶海域观测到的腐蚀速率非常低。（表 6-2）

表 6-2　JIP SCORCH 总结的腐蚀速率

Unit #	Geographical Location & Exposure Period	Localion Along Chain			
		Near Chain Stopper	In Air	Splash Zone	Below Waterline
Unit # 16	East Timor（5 年）	0.19 ± 0.09	0.27 ± 0.09	—	—
Unit # 8	Gulf Of Mexico（8 年）	—	0.41 ± 0.14	0.47 ± 0.11	—
Unit # 14	Indonesia（5 年）	-0.23 ± 0.14	0.09 ± 0.29	0.45 ± 0.24	—
Unit # 15	Indonesia（15 年）	0.8 ± 0.35	1.13 ± 0.13	1.38 ± 0.05	—
Unit # 5	West Africa（15 年）	0.48 ± 0.34	0.38 ± 0.29	—	—

续表

Unit #	Geographical Location & Exposure Period	Localion Along Chain			
		Near Chain Stopper	In Air	Splash Zone	Below Waterline
Unit # 3	West Africa(15 年)	—	1.13	—	1.47
Unit #4	West Africa(8 年)	—	1.75	—	—
Unit # 17	West Africa(>8 年)	—	—	1.9	—
Unit # 9	Brazil(11 年)	—	—	—	0.31

Notes:

1. For East Timor(5 年), Gulf of Mexico(8 年), Indonesia(5 年), Indonesia(15 年) and West Africa(15 年) data is listed in the form [avg corrosion rate] ± [stdev]

2. The remaining data is comprised of single corrosion rate measurements(and thus an average and standard deviation cannot be calculated).

腐蚀速率与不同海域的人口密度有关，即腐蚀速率与水污染有关。从前面章节所述内容可知，溶解的无机氮是 SRB 的主要营养物质，而这些营养物质因人类的活动而更加突出。(图 6-17，表 6-3，表 6-4)

Figure 33 : West Africa chain links above the water line
Figure 34 : Indonesia chain links above the water line
Figure 35 : Submerged West Africa links
Figure 36 : Submerged Indonesia links post-retrieval
Figure 37 : Submerged West Africa link post-retrieval
Figure 38 : Submerged Indonesia links post-retrieval

图 6-17　两艘 FPSO 的锚链腐蚀状态

表 6-3 两艘 FPSO 的污染水平记录

Parameter	Chevron West Africa	Chevron Indonesia
Nitrate(as N)	12.08 mg/L	1 mg/L
Sulphate(total)	2 024 mg/L	2 500 mg/L
Phosphorus(total)	0.22 mg/L	Not detected

表 6-4 两艘 FPSO 的腐蚀速率记录(均匀腐蚀和点蚀)

Location	Splas Zone		Immersed	
	Uniform	Pitting	Uniform	Pitting
West Africa			5.6 mm	14-28 mm
			0.8 mm/year/diam	2-4 mm/year/side
Indonesia	12 mm	10 mm	4 mm	10-20 mm
	1.7 mm/year/diam	1.4 mm/year/diam	0.5 mm/year/diam	1.4-2.8 mm/year/side

6.3.3 规定腐蚀速率与规范要求值

很明显，腐蚀是系泊系统设计和完整性管理中需要考虑的一个关键现象。目前，防腐蚀设计是通过提供腐蚀和磨损裕度来进行的，这些裕度可按每年的腐蚀和磨损整体速率来考虑。

各种规则和船级社规范规定的海上系泊系统的腐蚀/磨损率是一致的，但不同规则和标准之间的规定值有所不同，见表 6-5。

表 6-5 锚链腐蚀速率的规范和标准要求对比

Codes/Standards		Chain Corrosion-Wear Allowance (mm/year On Chain Diameter)		
		Splash Zone	Mid-Catenary Zone	Touch-down Zone
API RP 2SK		0.2~0.4	0.1~0.2	0.2~0.4
ISO 19907-1		0.2~0.8	0.1~0.2	0.2~0.8
DNV OS-E301	NO Inspection	0.4	0.3	0.4
	Regular Inspection	0.2	0.2	0.3
	Norwegian Regulations	0.8	0.2	0.2
Lloyds Register		0.3	0.2	0.4
ABS		Rates as per API RP 2SK		
BV NI 493		Rates as per ISO 19907-1 or API RP 2SK		

可以注意到 DNV 规范要求的一些特殊性，对不同的检验有不同的规定值。这很奇怪，因为检查不会影响腐蚀速率。这意味着，基于可对系泊缆提前更换的预期在经常检验的情况下减小了的设计裕度。

还可以注意到对挪威大陆架区域系泊缆顶部规定的具体裕度。是由两个因素造成的，首先，挪威大陆架施加了比正常离岸要求更大的系统强制可靠性。第二，由于每年 6 个月的恶劣环境，每周超过 8 m 的浪高，锚链上的磨损率远远高于其他地区，即使在台风频发地区，每年最多也只发生几次台风。

此外还可以看到，这些裕度值与整体腐蚀速率值一致，但在西非和印度尼西亚的一些装置中，腐蚀速率远超过了裕度，而在东帝汶海等 OSME 地区设计的裕度值则较为保守。

6.3.4 腐蚀速率模型——梅尔切斯(Melchers)模型

为了对腐蚀进行适当的评估，从系泊完整性的角度来看，仅仅依靠规范要求的设计值是不保守的。这些仅是设计要求，代表了正常的腐蚀值，但正如之前所看到的，世界上有些地区的腐蚀速度要快得多，特别是由于人类产生的污染所提供的营养物质。中国的一个问题是目前这些污染水平还不完全确定。在欧洲，DIN 含量是众所周知的(由于大量的环境研究，北海盆地和地中海盆地的 DIN 含量都是如此)，但在渤海湾和珠江流域，这两个地区都没有这一数据记录，而且这两个地区人口密度大。必须承认，中国是世界上第一个农业大国，生态关注度较低，DIN 水平未知，这可能会产生较高的腐蚀风险。

为了获得系泊完整性的腐蚀精度，需要了解并使用更好的腐蚀速率模型。其中一个最先进的可用模型(不仅解决了腐蚀生成本身，而且对腐蚀的发展也能进行评估)是使用现象学模型(图 6-18)。可用的主要模型之一是由澳大利亚纽卡斯尔大学的罗伯特·梅尔切斯提供的，他是世界公认的腐蚀和结构完整性专家。

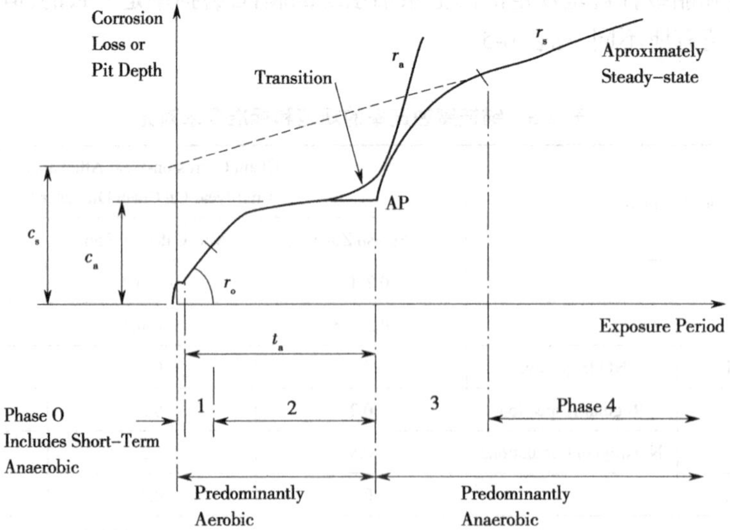

图 6-18 腐蚀现象学曲线

这种模型在代表腐蚀现象的同时,也提供了 6 个腐蚀速率参数,见表 6-6。

表 6-6　6 个腐蚀速率参数

参数	Definition
t_a	Time to predominantly anaerobic corrosion(point AP)
c_s	Corrosion axis intercept for SRB steady-state line
r_0	Early oxygen concentration controlled corrosion rate
r_a	Early oxygen concentration controlled corrosion rate
c_a	Corrosion at onset of anaerobic conditions(point AP)
r_s	Near-steady-state corrosion rate

现象学曲线表示前文所述的 4 个阶段并考虑到好氧和厌氧阶段的时间、偏移量和速率参数。现象学曲线中的腐蚀阶段见表 6-7。

表 6-7　现象学曲线中的腐蚀阶段

Phase	Corrosion process
0	On immersion steel surface is colonised by biofilm, bacteria and marine organisms and subject to a complex mix of localised influences. Bacterial metabolites may influence early corrosion if nutrient supply is elevated.
1	Oxidation process controlled by rate of arrival of oxytgen at the metal surface from the surrounding seawater ('oxygen concentration' control). Rust layers are still very thin. The resulting corrosion loss may be mmodelled, closely, as a linear function.
2	Build-up of corrosion products (rust) increasingly retards the rate of oxygen supply to the corroding surface ('oxygen diffusion' control). Increasing thickness of the rust layer reduces the capability for oxygen to reach the corroding surface, thereby allowing localised anaerobic conditions to develop at AP.
3	Anoxic conditions permit changes of corrosion mechanisms at the corrosion interface including the occurrence of microbiological activity, principally caused by the sulphate reducing bacteria (SRB).Their effect on the rate of corrosion depends on the rate of bacterial metabolism.This depends on the rate of supply of nutrients, including those stored in the rust layers.
4	This is a semi-steady state phase that may involve the metabolism of SRB as well as other processes, including the slow loss of the rust layer through erosion and wear. It may be modelled as a almost linear phase in time.

腐蚀速率参数对环境参数具有依赖性。根据表 6-8,可以确定影响腐蚀的相关参数如下:

(1)温度;

(2)氧化和流速;

(3)盐度(由于腐蚀速率差异大,一般海洋水域的盐度变化较小);

(4)营养素。

表 6-8 腐蚀环境因素

Environmental Factors		Metal-related Factors
Bacteria	Pollutants	Steel Composition
Biofouling	Temperature	Surface roughness
Oxygen supply	Pressure	Size
Carbon dioxide	Suspended solids	
Salinity	Wave action	
pH	Water velocity	
Carbonate solubility		

除了营养素,硫酸盐/亚硫酸盐和硝酸盐/亚硝酸盐/氨也被确定为关键参数。但是,海水中硫酸盐/亚硫酸盐的浓度不限制腐蚀,主要是受硝酸盐/亚硝酸盐/氨,即溶解的无机氮影响。

考虑到氧化作用,它是一个主要的腐蚀因素,因为它影响好氧的初始腐蚀速度。然而,由于锈壳形成后的长期腐蚀主要是厌氧腐蚀,而且考虑到长期腐蚀速率(几年后),氧气对腐蚀的校准影响较小。(图 6-19 至图 6-21)

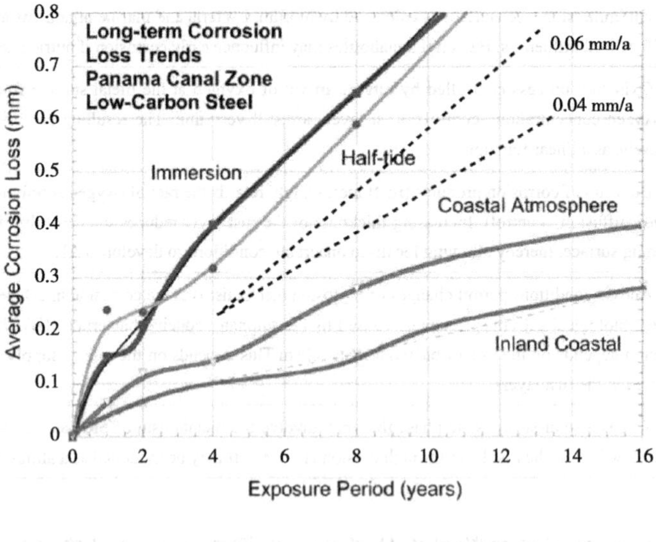

图 6-19 氧化作用和腐蚀金属元素位置的关系

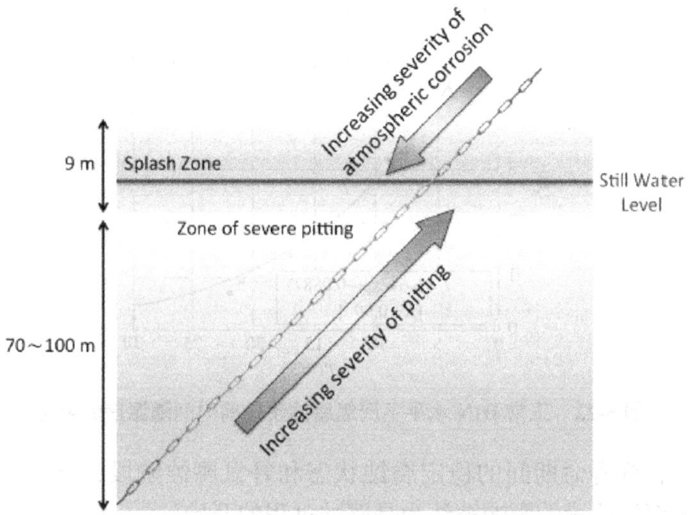

图 6-20　飞溅区腐蚀增加——氧化效应

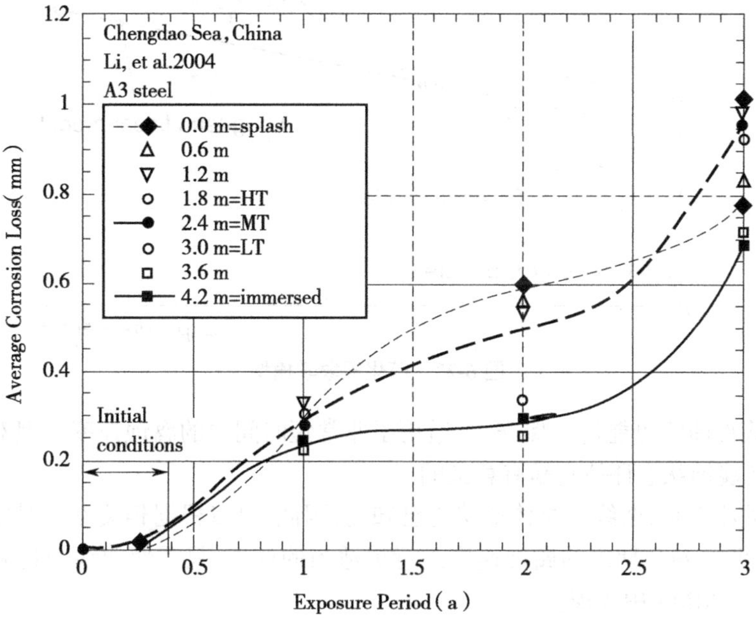

图 6-21　海水中位置对钢板的影响——中国海洋数据

影响腐蚀的其余参数包括温度和 DIN。已经进行了几项工作来描述温度对低和中等 DIN 水平参数的影响，问题是有些地区的 DIN 值很高，而且这些问题 JIP SCORCH 也在试图解决。由于这些面临高 DIN 水平的 FPSO 大多位于热带/亚热带水域，温度参数可以不用考虑，仅考虑 DIN 参数即可。另一个问题是，有氧腐蚀阶段很快，一般为几个月或几年，FPSO 的寿命约为 20 年，对曲线这一部分的正确评估事实上是无用的（图 6-22）。厌氧腐蚀阶段的开始时间也随着 DIN 水平的增加而增加。

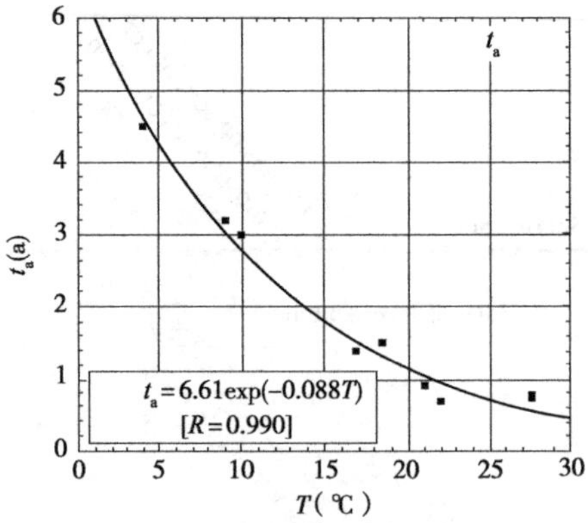

图 6-22 正常 DIN 水平下厌氧腐蚀阶段前时间随温度的变化

考虑到整个装置寿命期间的稳定腐蚀状态和好氧腐蚀阶段，已经对曲线进行了简化（图 6-23）。厌氧腐蚀阶段的影响被认为是腐蚀过程的开始。

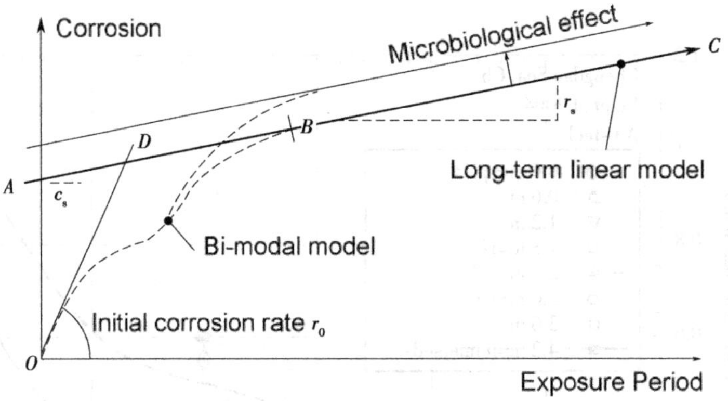

图 6-23 简化现象学模型

简化的线性曲线可能过于保守，不适用于非常短时间内的腐蚀速率。但对于海洋装置寿命周期内的腐蚀状态评估它是有意义的。

另一个关注点是，曲线的总体形状是已知的，因此，可以根据相关参数对曲线进行重新校准，以便对海洋寿命期内的腐蚀速率进行更适当的评估，只需使曲线与检验值相匹配即可，这将在系泊 AIMS 中实现。

对于低/中等 DIN 水平，简化曲线的保留参数介绍如图 6-24 至图 6-27、表 6-8 所示 。

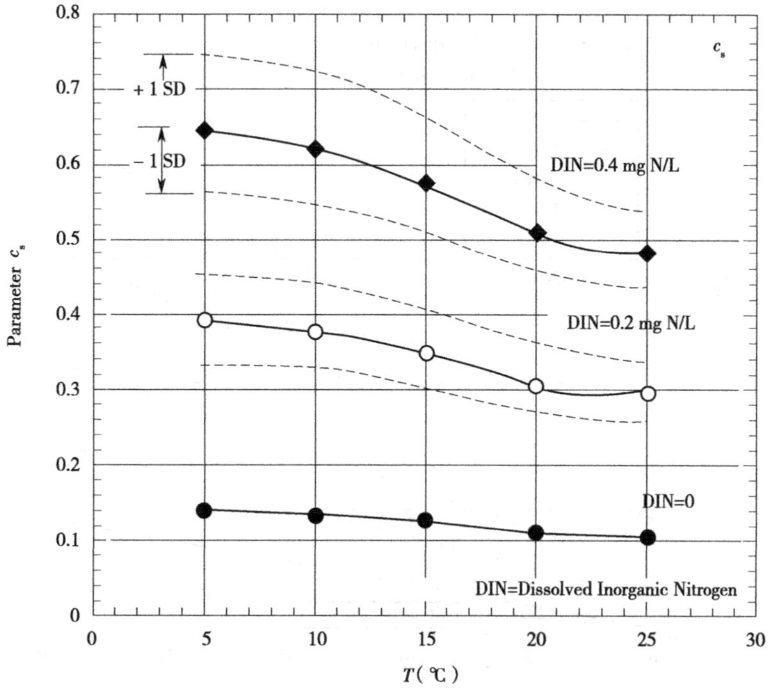

图 6-24　在低/中等 DIN 水平下早期腐蚀阶段的腐蚀参数 c_s（一般腐蚀）

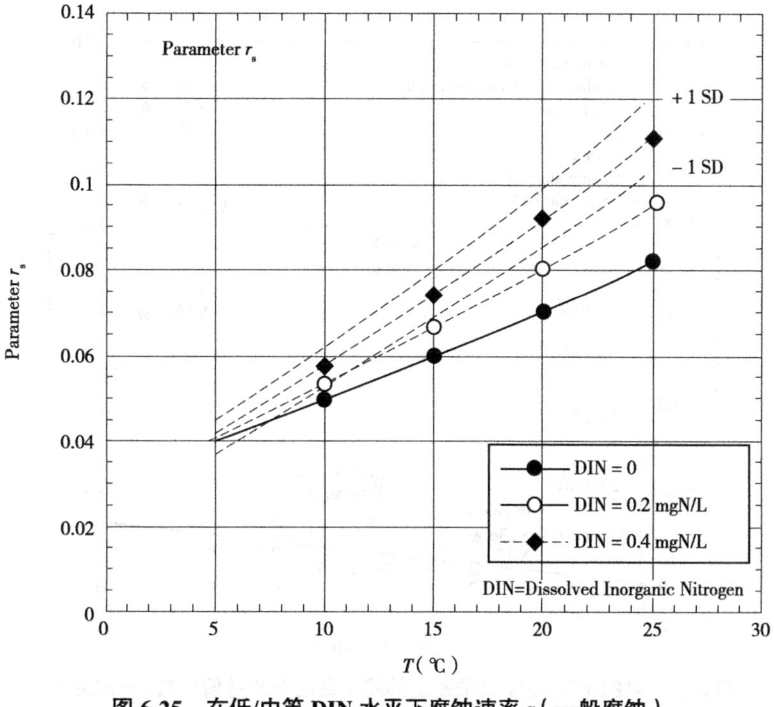

图 6-25　在低/中等 DIN 水平下腐蚀速率 r_s（一般腐蚀）

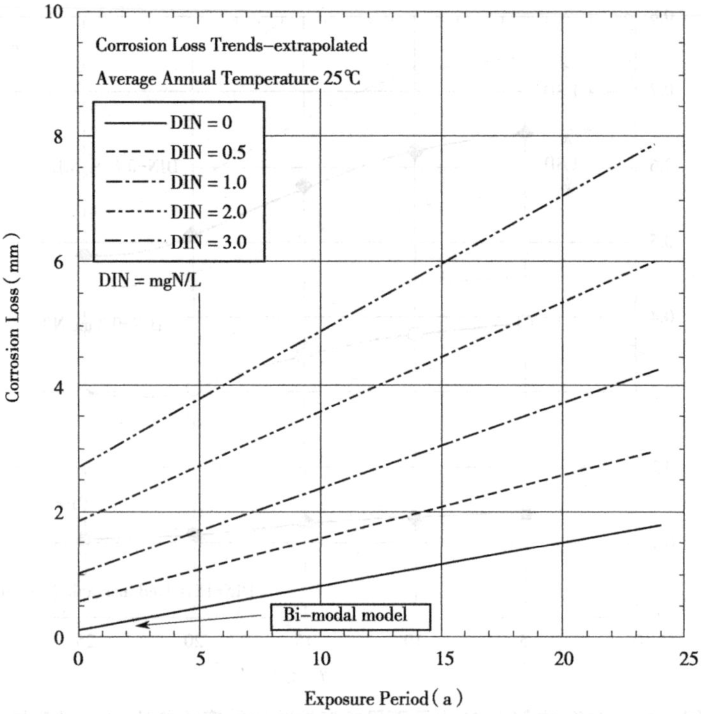

图 6-26 较高 DIN 水平下推断出的简化曲线(一般腐蚀)

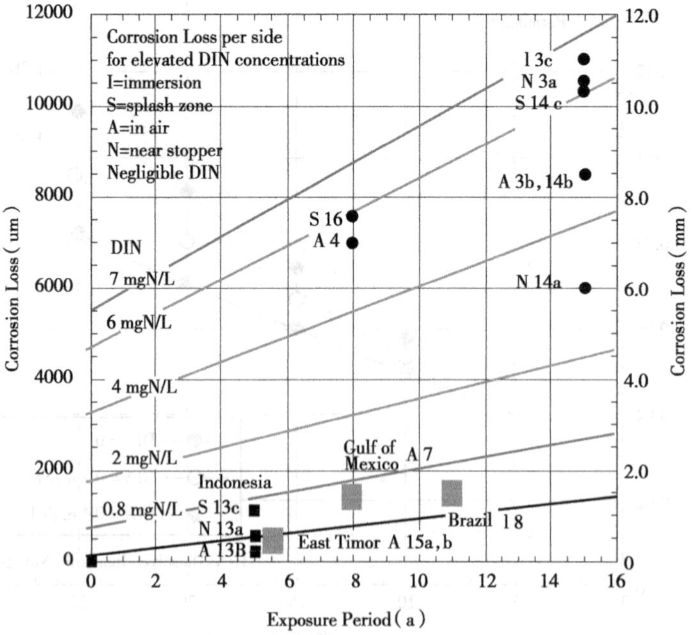

图 6-27 JIP SCORCH 对推断出的简化曲线与测量值比较(一般腐蚀)

表 6-9　高 DIN 系数下简化曲线的参数

DIN level in mgN/L	Corrosion coefficients per side exposed to seawater	
	cs in mm	rs in mm/year
DIN7	5.5	0.4
DIN6	4.75	0.375
DIN4	3.25	0.275
DIN2	1.75	0.2
DIN1	1	0.133
Below 1mgN/L	See graphs above	

如前所述，点蚀的发展速率是不同的，在 6~8 年后会有一个渐进的极限，并在 10~20 年达到极限。图 6-28 和表 6-9 给出了 DIN 水平对腐蚀速率的作用。

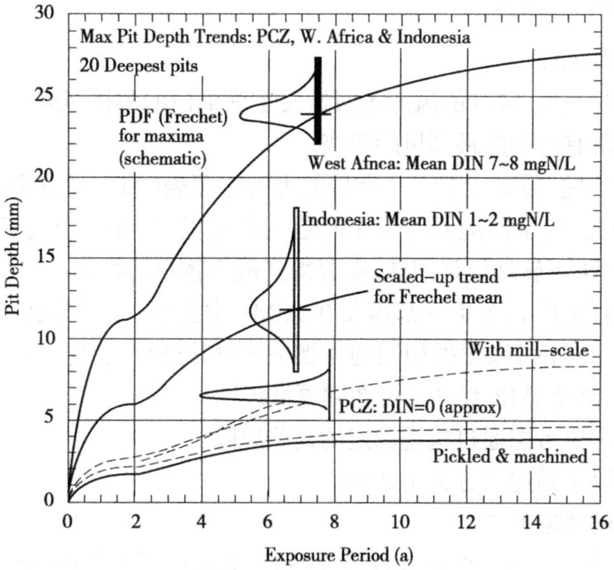

图 6-28　DIN 水平对点腐蚀的作用

表 6-10　根据 DIN 水平预测的最大凹坑尺寸

Nutrient Concentration-DIN (mgN/L)	Predicted Mean Stable Pit Size
0.5	10
1	11
2	14
4	19
6	24
8	29

6.2.5 现象学模型的应用

该模型为系泊完整性管理中的腐蚀预防措施提供了两种选择：

（1）通过简单的测试（一年内每月对温度和 DIN 水平进行测试），JIP SCORCH 得出的值可以用来预防腐蚀（甚至是未来的设计阶段），包括均匀腐蚀和点蚀；

（2）经过几年的定期检验，现象曲线可以与检查结果相匹配，并不断更新，以更好地评估均匀腐蚀的累积和点蚀。

考虑到点蚀对疲劳的影响，可以进行有限元计算，以便对关键区域的关键点蚀引起的疲劳增加进行评估。

6.4 总体风险及缓解措施

6.4.1 系泊系统整体风险

1. 系泊系统整体风险

作为完整性风险程序，较高的风险等级定义了该单位的整体风险。因此，该平台的风险等级将是上文所述所有问题的最高风险等级。

对于每个风险问题，需要定义一个专用的可视化图表（每个设备都有一个，其中风险等级与不同的问题相关联，系泊缆间的每个问题也在这里，还有一个用于整个结构的每个问题）。可视化方案取决于软件设计团队，需要得到最终客户的批准。

此外，每个检查问题，每个事件都需要在 AIMS 中更新。对于他们每个人，都需要提供风险选择菜单，AIMS 组可以根据相同的 4 级格式对其进行定义。每次检查后需要设置风险等级，并且需要在每个 IMR 程序后更新到更低级别。

整体性风险还需要考虑通过检查确定的这些风险。

风险等级按照以下描述划分为 1~3 级。

（1）1 级：风险可忽略不计。

（2）2a 级：风险较小，不太可能导致缆绳断裂，但需规划下次换证检验（周期为 5 年）采取措施和技术评估。

（3）2b 级：重大风险，计划短期内采取措施和下一次年检进行技术评估。

（4）3 级：灾难级风险，应立即采取措施。

2. 风险分级方法

风险分级必须将系泊系统考虑在内，通常风险分级基于频率排序、产生后果排序两者分数相加或相乘综合得出排名。系泊缆的小故障就可能会导致灾难性后果（单缆故障、多缆故障从而导致设备失控）。

此外，还需要考虑频率问题，参考过去故障经验可以发现，极端载荷或疲劳载荷导致的总体故障率高于行业标准，因此故障现象并不罕见，已知问题的风险等级会很高。需要考虑以下两种情况：

（1）通过监测进行风险识别，保持在“预损坏”状态，故障频率增加（疲劳积累增加，极限载荷评估增加，腐蚀限度降低）；

（2）通过检查进行风险识别，系统已经发生损坏，因此排名取决于损坏多快会导致故障。

因此在预损坏状态下，排序如下。

（1）1 级：基于技术评估或行业记录/实践经验，设备使用寿命内没有相关故障风险。

（2）2 级：故障风险增加。

（3）2a 级：5 年维护检验期间不太可能出现缆绳故障风险。

（4）2b 级：由于极端和疲劳情况，第二年不太可能发生故障风险。

（5）3 级：设备无法撑到下一个年维护检验期，必须立刻采取相应措施。

在已经损坏的状态下，排序如下。

（1）1 级：损坏不太可能导致故障风险。（例：单个配重块丢失）

（2）2a 级：损坏导致不能保证色剂。（例：钢缆护套损坏）

（3）2b 级：损坏会导致潜在故障，并直至下一个 IMR 期间进行维修，单根缆绳笼形畸变。（例：失去阴极保护，大面积腐蚀）

（4）3 级：损坏导致快速故障。（例：系统不能保持 1 年 RP 极值，多根缆绳发生笼形畸变，卸扣插销没有紧固）

当检查中识别到风险时，将交由 AIM 团队对相关风险进行确认。

6.4.2　从局部风险到整体风险

就检查、监测角度而言，需要自动化（基于监测），或半自动化（来自腐蚀措施，需要计算腐蚀损耗）或人工进行风险识别确认。

对于各个设备组件而言，风险识别确认通常基于检查结果，所以这意味着需要由系泊完整性管理团队进行检查工作后再对风险进行确认，这些团队需要对系泊以及各部件风险具有全面的了解，并结合设备特殊性以及环境和操作限制来对风险进行准确的识别。

列出各项风险后有必要带回到整体中去看待这一风险。例如系泊故障是一个重大风险，多根缆绳故障是灾难性风险，因此系泊系统的风险是任何缆绳任何组件中最严重的风险，且需要采取合理的缓解措施。

6.4.3　检查计划确认

整体检查计划需要基于以下两点：

（1）预先确定好检查的定期检查计划；

（2）根据已确定的问题和风险进行的额外检查。

定期检查计划的确认取决于周期性，具体项目如下：

（1）目视检验系泊绳；

（2）近距离目视检验某些部件；

（3）阳极状态检查；

（4）腐蚀测量。

常规检查计划和其他检查计划可能会涵盖相同的检查项目，额外检查旨在检查关键点、需要集中关注的部分或是以免关键组件丢失。

确认检查计划的方案：

(1)2a、2b、3级所有确定项目都需要进行定期更新的检查计划；

(2)2b、3级所有确定项目需要定期年度检查；

(3)3级所有项目需要额外检查。

检查计划是根据风险等级进行相应调整的，并会根据该风险选择最合适的检查方式。

6.4.4 缓解措施计划确认

除了确认检查计划之外，还应提前准备好相应的缓解措施。缓解措施计划基于以下四个等级。

(1)进行额外分析以确认风险等级，如果计算结果认为问题会更严重，则增加风险等级；如果结果认为该风险不太可能导致故障，则可以降低风险等级。

(2)评估是否可以采取措施降低风险，例如修改操作程序(优化装载、增加检查等)。

(3)评估受影响部件是否可以进行(简单)维修。

(4)如果以上措施都不可行，需要更换方案、计划和应急程序。

6.4.5 准备工作

为了简化工作必须提前做准备，海工项目离不开准备工作 。

设备系泊完整性管理的准备工作需要准备一个Excel文件，并为每根缆绳做好一张工作表。每个文件中都需有1列列出以下内容：①组件索引；②名称；③类别；④特征(可分为多列)；⑤损坏来源；⑥相关风险；⑦严重程度评估方法；⑧相关等级；⑨检查方法；⑩缓解措施。每一行对应一个设备(从导缆器到船锚)。

附录1和附录2分别给出了内转塔式系泊系统和软刚臂式系泊系统的风险评估及专家决策表格。

6.5 监测数据分析方法

本节介绍监测数据的处理、统计及评判方法。

6.5.1 监测数据异常筛查和连续性处理

首先需要对现场监测数据进行滤波处理。滤波有以下几种方法：

(1)卡尔曼滤波+运动数据(RTK，IMU，Compas……)上的数据融合，带有单个数据融合滤波器(EKF或UKF可用作滤波器)；

(2)其他数据进行卡尔曼滤波(环境条件，载荷……)(推荐使用EKF或UKF作为滤波器)；

(3)目前需要手动提取不合理数据(范围筛查、数据连续性筛查、时间连续性筛查、一致性筛查……)。

然后将数据分成3 h的海况。如果在3 h规则中证明环境条件不稳定，将来可能会统计为 1 h 一个海况。

软件系统中将给出选择进行 1 小时或 3 小时数据处理的参数选项。

1. 环境条件监测数据分析

环境条件包括风、浪、流等参数，针对环境条件监测数据的分析，首先要对风、浪、流各自参数进行单独分析，还需要对有相互影响的环境条件间的关系进行分析，如风和波浪的相互关系。

对风的监测数据，3 s 平均风速、60 s 平均风速、10 min 平均风速和 1 h 平均风速，其数据应该是有一定比例关系，并且这些平均风速应该与推荐数值相近。用 1 h 平均风速谱可以计算风谱，其他不同时间段的平均风速监测数据与风谱数据应保持一致。否则，风数据的后处理就需要进行仔细的检查。

对波浪的数据，需要分析监测得到的波高与浪向时历曲线的合理性，同时剔除一些明显监测有误的数据。

对于流的数据，可以统计其方向变化趋势，正常流向应该与潮汐变化趋势接近。

风和波浪是具有相关性的，需要对风和波浪的强度和方向的相关性进行分析（图 6-29）。其图形应该为一抛物线形。风与浪方向之间的夹角应该具有相关性，且随着风速的增大，夹角应该随之减小。

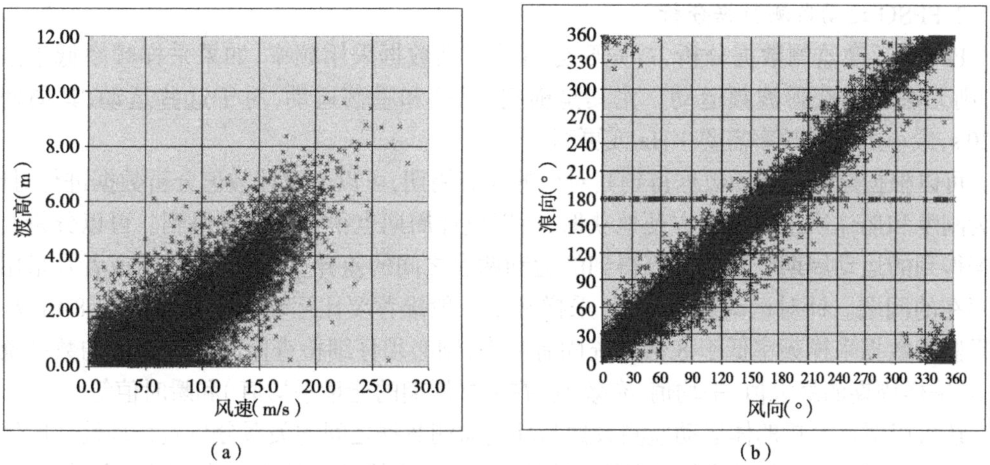

图 6-29　风与浪的关系曲线

（a）典型的风速与波高关系曲线　（b）典型的风向与浪向曲线

风和流之间的关系也应进行检查，并且与海洋环境数据进行对比。若从海洋环境数据中得出其相互关系，则可从检测数据中进行观察。如果监测数据包含涌浪的数据，当双峰波出现时，风浪和涌浪的分离以及波陡都要进行检查。（图 6-30）

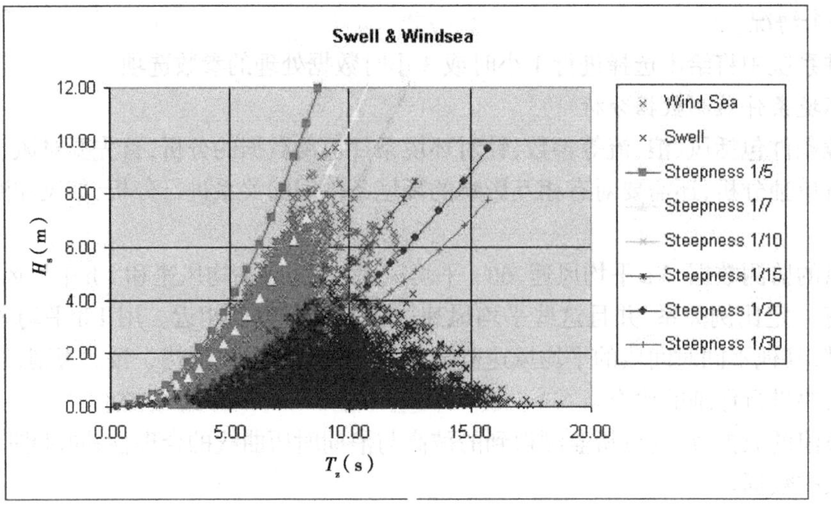

图 6-30 涌浪和风浪的分离示例

在海洋环境参数剧烈变化的时候，也需要对数据进行检查。季节性变化也会影响海洋环境数据，进而影响运动参数。当所有的相关性（密度、周期和方向）检查后，就可以看出监测数据和设计数据之间的对比结果，其差别也会作为设计计算被提供。

2. FPSO 运动监测数据分析

FPSO 运动监测数据分析，首先要分析其运动数据采用频率，如果采样频率低于波周期，则无法正确获得波频运动。尤其是横摇、纵摇和垂荡运动，对于这些运动，其周期在 8~20 s，最小的采样频率需要 1 Hz 或更高。

可以根据监测的运动数据得到其对应的固有周期，可以与设计数值分析数据进行对比。因为刚度和船体质量都可以方便地获取，所以设计周期也很容易计算得到。可以分析监测数据得到的运动周期与数值计算得到的运动两者之间的差异，得到设计数据或者是采用频率存在的问题。针对运动监测数据，采样频率一般推荐要比运动固有频率高出 8 倍以上。如果监测数据采样频率低于 8 倍系统固有频率，则必须仔细检查监测系统提供的数据统计值，及采样周期的最大值、平均值、有效值（在采样周期的能量平均值）和瞬时值等。

还可以对比分析船体运动监测数据与环境监测数据之间的关系分析其合理性。船体的运动幅值随着波高增加而增加，当波浪频率接近运动自然频率时其运动幅度也会增加。

船的艏向与海洋环境条件也具有相关性（图 6-31）。船的艏向与海洋环境分量较大的方向应保持一致，特别是大的风和流。

对于受到强潮汐的影响范围和较浅的水域，潮流的变化是可以从 12~24 h 方向变化的数据上看出的。然而，对于一些封闭海像地中海，潮汐作用太小因此被忽略了。但是流的作用在渤海湾需要特别关注。在有很强的潮流海域，船艏向的变化随流向变化趋势非常明显。

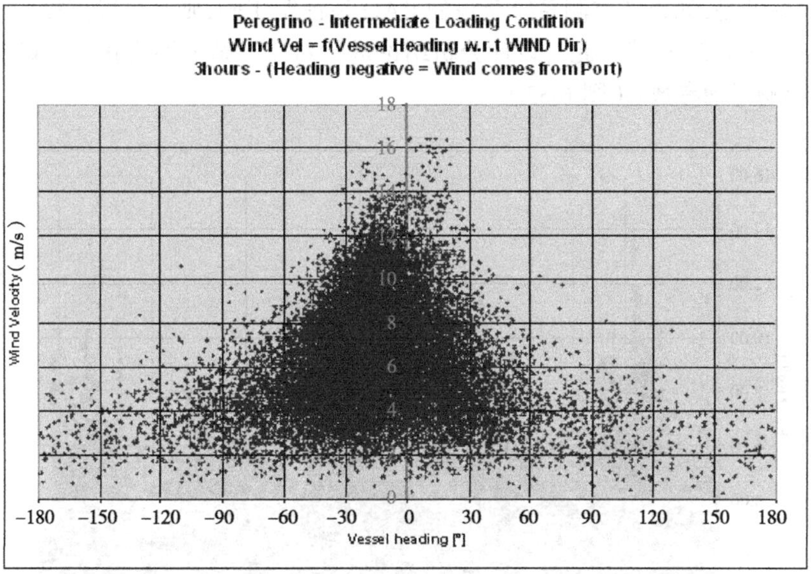

图 6-31　艏向和风向

其他的一些分析可针对波频运动，特别是横摇和纵摇。波浪的横摇和纵摇运动可以通过 H_s 和 T_p 的变化给出。横浪时船的横摇幅值会增加，纵摇幅值会减小；相反在迎浪时，船的横摇幅值会减小，纵摇幅值会增加。根据同样的原理，T_p 接近波垂荡固有周期时垂荡幅值将增加。（图 6-32）

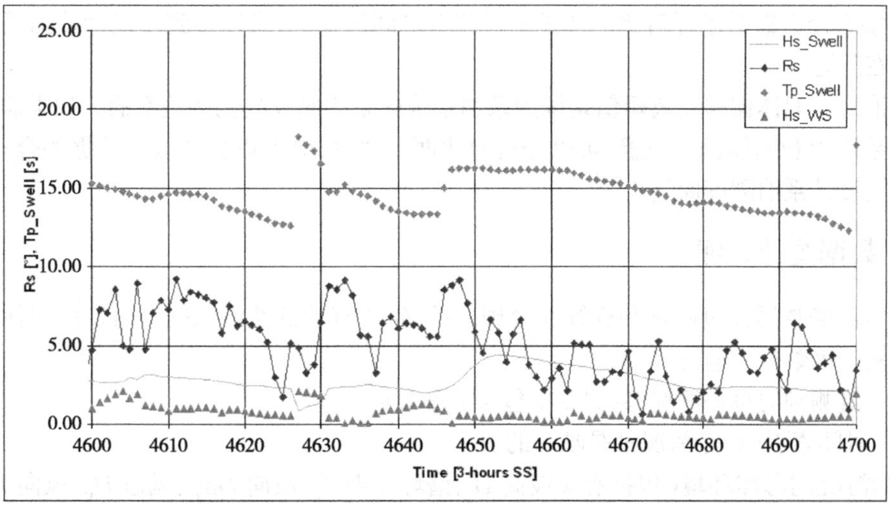

图 6-32　风浪、涌浪和横摇时历曲线

从时间上观察海况，波谱相应可以从各个运动的傅里叶变换结果得出，然后可以得到波谱（至少 H_s，T_p 和方向），RAO 也可以得出，进而与设计数据进行对比。这里可以同时进行两个检验。从 RAO 的每个方向，水动力计算可以采用校准的阻尼系数。这些校准的阻尼系数可以与模型试验和设计数据进行对比，从而对工程设计参数进行修正。

值得注意的是,如果从监测系统获得的 RAO 被证明正确,则其可以直接作为系泊分析输入的 RAO 进行使用,并以此与设计分析结论进行对比。季节性变化也会影响海洋环境数据,进而影响运动参数。(图 6-33)

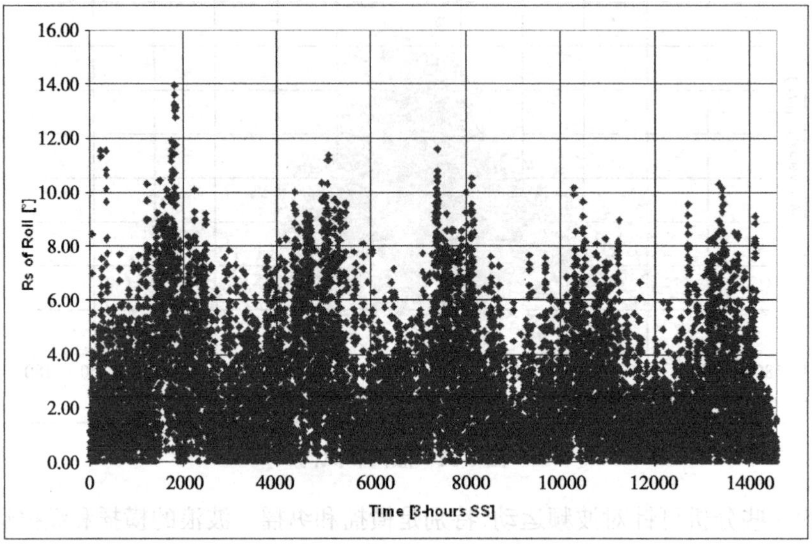

图 6-33　船体横摇监测数据

3. 系泊力监测数据分析

系泊力监测数据分析,首先可以根据监测的系泊力数据评估系泊系统的固有周期,可以与设计数值分析数据进行对比。通过分析两者之间的差异,可以得到是设计数据还是采用频率存在问题。

系泊力与船体偏移距离幅值是按照系泊系统的系泊刚度成比例关系的。如果监测数据同时有系泊力和船体偏移位置,可以分析对比两个数据,既可以校核监测数据的合理性,也可以校核设计系泊刚度曲线。

6.5.2　数据统计处理

原始监测数据经过筛选和连续性处理之后,生成有效的监测数据。后期的评估和计算分析均基于该数据库进行。

对于监测到的每一海况,数据库中包含的参数如下:

(1)时间索引(每个海况都是唯一的);

(2)海况的海洋环境(包括有义波高 H_s、谱峰周期 T_p、浪向 Dir_H、风速 U_V、风向 Dir_V、流速 U_C、表层流向 Dir_C);

(3)关于海况的平均吃水;

(4)水平面内的运动信息(包括纵向偏移 X、横向偏移 Y、单点艏向角 θ);

(5)锚链张力信息(包括水平张力 T_h、垂向张力 T_v、轴向张力 T_x)。

然后将该数据分成 3 h 的海况。如果在 3 h 规则中证明环境条件不稳定,将来可能会统计为 1 h 一个海况。

软件系统中将给出选择进行 1 h 或 3 h 数据处理的参数选项。针对每 3 h(或 1 h)的数据,按照下列步骤处理数据。

(1)对海况进行排序:

①浪向 Dir_H 每 ±15° 定义为一组,如:(0±15)°,(30±15)°,(60±15)°,…;

②有义波高 H_s 每 ±1 m 为一组,如:(2±1)m,(4±1)m,…;

③风向 Dir_V 每 ±15° 定义为一组,如:(0±15)°,(30±15)°,(60±15)°,…;

④风速 U_v 每 ±2 m/s 为一组,如:(4±2)m/s,(8±2)m/s,…;

⑤流向 Dir_C 每 ±15° 定义为一组,如:(0±15)°,(30±15)°,(60±15)°,…;

⑥流速 U_v 每 ±0.25 m/s 为一组,如:(0.5±0.25)m/s,(1.0±0.25)m/s,…。

(2)参考表 6-10 计算每 3 h 海况的下列参数:

①单点 X 轴方向水平偏移平均值 X_{mean};

②单点 Y 轴方向水平偏移平均值 Y_{mean};

③船体艏向角 Heading 平均值 θ_{mean};

④锚链最大轴向张力的标准方差值 T_{x_std}。

表 6-10　每 3 小时海况计算参数

序号	时间	H_s	T_p	Dir_H	U_V	Dir_V	U_C	Dir_C	X_{mean}	Y_{mean}	Heading-mean	$T_{1\text{-}std}$
1286	2016-01-24 13:33	5.65546	−3.4844	16.2311	18.7989	13.5326	0.820962	248.404	20.8507	114.698	77.4127	65.5791
1285	2016-01-24 10:33	5.18739	4.5292	49.6914	19.9823	349.837	0.816498	254.204	20.8503	114.698	63.4533	96.1525
3423	2016-10-17 16:33	6.6784	−2.67013	36.3419	17.8521	53.0659	0.728955	247.367	20.8503	114.7	276.225	6.42617
3419	2016-10-17 04:33	5.35862	−8.9915	−8.94924	19.5337	309.274	0.722945	245.472	20.8507	114.7	245.56	7.50969
3420	2016-10-17 07:33	5.12545	7.21187	88.5709	19.8622	346.782	0.682614	253.659	20.8506	114.7	253.226	32.5194
385	2015-10-03 22:33	5.97321	10.8975	132.723	19.9212	3.41681	0.622201	97.0573	20.8499	114.699	42.0071	6.22453
387	2015-10-04 04:33	5.12353	9.99511	172.192	18.0969	332.882	0.586196	94.9403	20.8498	114.699	38.4324	6.22453
3421	2016-10-17 10:33	5.65481	0.305454	49.5174	19.1202	316.773	0.582847	249.993	20.8505	114.7	260.892	24.9578
3424	2016-10-17 19:33	6.03639	−2.77217	32.6625	18.4689	322.927	0.523431	246.624	20.8502	114.7	283.891	6.42617
386	2015-10-04 01:33	5.57824	10.2388	163.469	19.0718	334.602	0.488041	82.6384	20.8499	114.699	40.2198	6.22453
2938	2016-08-18 01:33	5.71953	3.75328	145.195	17.9286	277.635	0.411294	104.461	20.8526	114.701	216.715	4.39E-11

续表

序号	时间	H_s	T_p	Dir_H	U_V	Dir_V	U_C	Dir_C	X_{mean}	Y_{mean}	Heading-mean	$T_{1\text{-std}}$
1282	2016-01-24 01:33	5.05909	−6.62224	−0.96204	16.8714	315.533	0.46072	240.389	20.8506	114.698	75.742	46.3169
2940	2016-08-18 07:33	5.52078	10.7551	225.077	15.9413	273.625	0.318149	140.251	20.8526	114.701	216.648	4.39E-11
3723	2016-11-24 04:33	5.20011	−6.25409	3.12922	15.5578	233.517	0.569404	264.67	20.8503	114.698	63.3517	11.3537
2939	2016-08-18 04:33	5.83945	10.3249	223.033	15.3927	337.981	0.383312	116.897	20.8526	114.701	216.682	4.39E-11
1291	2016-01-25 04:33	5.07646	19.9506	88.6852	15.2351	5.85398	0.588263	244.598	20.8517	114.698	107.566	77.1629
3724	2016-11-24 07:33	5.42894	5.09978	17.29	15.1587	235.172	0.433455	2656.567	20.8502	114.698	61.2293	7.6655
449	2015-10-11 22:33	5.05156	−9	−9	15.0071	274.783	0.418728	267.98	20.8501	114.698	58.3371	0.581193
1290	2016-01-25 01:33	5.41283	−7.80036	−6.02314	14.6478	222.644	0.524489	236.477	20.8513	114.698	96.2073	77.1343
3386	2016-10-13 01:33	5.01962	−9	−9	14.4847	136.787	0.455869	284.676	20.8501	114.698	56.3708	27.875
823	2015-11-27 16:33	5.33743	−7.90632	−2.9453	14.3163	322.856	0.469599	274.277	20.8504	114.698	68.835	72.1539
824	2015-11-27 19:33	5.18425	−3.35103	24.0037	13.982	316.018	0.347824	268.271	20.8504	114.698	67.5973	71.8482
4011	2016-12-30 04:33	5.05296	5.55612	9.46588	13.5814	192.852	0.318015	235.395	20.8502	114.698	60.3574	20.8033
4009	2016-12-29 22:33	5.07797	−9	−9	12.5736	210.916	0.283552	224.712	20.8502	114.698	70.5304	8.91442
1100	2016-01-01 07:33	5.05959	−9	−9	12.4969	36.5723	0.289208	235.03	20.8507	114.698	77.6769	25.2088
4382	2017-02-14 13:33	5.26229	−8.99494	−8.97114	12.4807	203.221	0.406079	281.362	20.8508	114.698	81.5451	10.4277

(3)对于每一小组数据中的对应列参数 X_{mean}、Y_{mean}、θ_{mean} 以及 T_{x_std}，计算：

①小组内类列参数的平均值 MEAN；

②小组内类列参数的标准方差值 STD；

③基于以下公式计算每个列参数的评判标准值（Criteria1，Criteria2，Criteria3，Criteria4）；

④基于以下公式计算整体评判标准值 STDEV_GLOBAL。

· STDEV_GLOBAL=SQRT(Criteria1^2+Criteria2^2+Criteria3^2+Criteria4^2)

⑤根据表 6-11 进行判断，如果 STDEV_GLOBAL>2，提出警告。

表 6-11　对每一小组数据进行评判

对每一小组数据进行统计评判：

序号	时间	H_s	T_p	Dir_H	U_V	Dir_V	U_C	Dir_C	X_{mean}	Y_{mean}	Heading-mean	$T_{1\text{-}std}$
1286	2016-01-24 13:33	5.65546	−3.4844	16.2311	18.7989	13.5326	0.820962	248.404	20.8507	114.698	77.4127	65.5791
1285	2016-01-24 10:33	5.18739	4.5292	49.6914	19.9823	349.837	0.816498	254.204	20.8503	114.698	63.4533	96.1525
3423	2016-10-17 16:33	6.6784	−2.67013	36.3419	17.8521	53.0659	0.728955	247.367	20.8503	114.7	276.225	6.42617
3419	2016-10-17 04:33	5.35862	−8.9915	-8.94924	19.5337	309.274	0.722945	245.472	20.8507	114.7	245.56	7.50969
3420	2016-10-17 07:33	5.12545	7.21187	88.5709	19.8622	346.782	0.682614	253.659	20.8506	114.7	253.226	32.5194
385	2015-10-03 22:33	5.97321	10.8975	132.723	19.9212	3.41681	0.622201	97.0573	20.8499	114.699	42.0071	6.22453

Criteria1	Criteria2	Criteria3	Criteria4	STDEV_GLOBAL
$X_{criteria}$	$Y_{criteria}$	Headingcriteria	$T_{1criteria}$	STDEV_GLOBAL
0.9	−1.2	−0.8	0.8	1.85
−0.4	−1.2	−0.9	1.6	2.21
−0.4	0.8	1.1	−0.8	1.61
0.9	0.8	0.8	−0.8	2.65
0.6	0.8	0.9	−0.1	1.34
−1.7	−0.2	−1.1	−0.8	2.13

6.5.3　警告处理

按照上述方法，可以得到根据以往历史数据推算出的当前海况下整体系泊系统的评判标准。

如果 1 d 记录超过 4 个警告或 3 d 以上记录超过 8 个警告，需要：

（1）向 AIMS 发出警报；

（2）需要采取措施来确定是否有特定的特殊操作（如外输作业、系泊和设备的转移、不均匀的装载条件…）来解释警报的提升；

（3）基于引发意外行为警报，AIM 小组调查可能发生的破坏。

6.5.4　疲劳追踪

监测后处理的另一个主要特征是疲劳追踪。这部分相对容易，因为雨流疲劳已经基于系泊载荷进行。唯一的问题是在雨流计数中没有考虑腐蚀，并且该链被认为是来自后处理的雨流数据的新数据。为了解释腐蚀，只考虑一个乘法因素。

根据工业实践（API RP 2SK）及 BV 规则，疲劳评估如下，使用由雨流计算评估的范围的 Miner 累计损伤

$$D=\sum\frac{n_i}{N_i}$$

式中：n_i 为张力区间 i 的年度发生次数；N_i 为根据 T-N 曲线得出的锚链失效张力 T 发生次数。

根据表 6-12，计算不同材料的锚链 T-N 关系：

$$NR^M=K$$

表 6-12　*M* 和 *K* 的值

Component	M	K
Common studlink	3.0	1 000
Common studless link	3.0	316
Baldt and Kenter connecting link	3.0	178
Six/multi strand rope	4.09	$10^{(3.20-2.79L_m)}$
Spiral strand rope	5.05	$10^{(3.25-3.43L_m)}$

因此，问题是 R 等于张力范围除以 ORQ 等级中的锚链 MBL（破断载荷）。为了考虑由于腐蚀引起的实际 MBL，可以考虑由于直径导致的比率：

$$MBL=k_{\text{grade}}\times d^2\times(44-0.08d)$$

由于等级没有变化，在海况下，雨流计数损伤 D_0 与初始直径 d_0 之间的比率与损伤 D_1 与周期 d 时实际直径之间的比率是损坏率

$$D_1=D_0\left[\frac{d_0^2(44-0.08d_0)}{d_1^2(44-0.8d_1)}\right]^m$$

其中，m 为关于线元素类型的函数，对于链和附件 m 等于 3。

对于每个海况，值 d_0 是组分参数，但腐蚀取决于链的实际降解条件，有两种可能的方法：

（1）考虑规定的腐蚀速率，按规则见 NR493；

（2）考虑更好的腐蚀增加模型，如 Melcher 模型。

因此，建议对线路中的疲劳进行良好评估，以使用 miner sum 评估损伤累积的时间

$$D=\sum_{i=seastate}D_{1,i}$$

通过累积雨流计数损坏并通过上述腐蚀减少参数在每个海况上进行校正，这可以得出每条系泊缆的 3 个疲劳累积曲线：

（1）使用规定的腐蚀减少基于雨流计数的疲劳累积曲线；

（2）基于使用 Melchers 腐蚀减少的雨流计数的疲劳累积曲线；

（3）由设计师提供的设计曲线（被视为与时间成线性关系）。

因此，我们将比较疲劳设计损伤和实际经历的疲劳损伤。通过对 3 条曲线的定期比较，

AIMS 组将能够评估是否存在因设计计算或增加腐蚀而导致设计值偏离的腐蚀，并采取适当的措施。

这 3 条曲线需要在每条缆的 AIMS 软件可视化页面中可用。我们基于以下标准定义疲劳风险等级。

等级 1：累计疲劳低于设计疲劳损伤除以设计寿命乘以现场年数。

等级 2a：累积疲劳高于设计疲劳损伤除以设计寿命乘以现场年数。

等级 2b：累积疲劳高于 $X\times$ nb_years_on 场地/设计寿命。

等级 3：累积疲劳高于 X。

对于中间水深区段，X 等于 0.33，对于底链和顶链，X 等于 0.1。在监测期间需要考虑累积的疲劳。

6.5.5 极值分析

基于对监测系统的数据追踪统计，可以推算出极值海况下的锚链张力值，并通过与设计值进行对比来定义极值风险等级。

1 级：外推 100 年极端值低于设计值。

2a 级：外推 100 年极值高于设计值。

2b 级：外推 100 年极限高于 *MBL*/1.75，使用 Melchers 腐蚀或规定腐蚀计算 *MBL*，以较高者为准。

3 级：外推 100 年极限高于 *MBL*/1.25 使用 Melchers 腐蚀或规定腐蚀计算 *MBL*，以较高者为准。

任何水平高于 1 的情况都需要首先详细检查外推，如果确认外推，则需要额外的系泊分析，并通过监测数据进行校准。

6.6 系泊系统检测数据评估方法

6.6.1 设备及故障概述

1. 总体概述

系泊系统由一系列承重设备组成，确保海工设备在环境载荷下不发生移动，以保护生产线（例如立管列、脐带缆等）。系泊系统一旦发生故障将会产生严重后果，并且其故障率非常高，因此系泊系统非常关键。此外，系泊系统的维修维护成本很高，增强了该系统的重要性。

系泊组件越来越复杂，设计过程还要考虑以下情况：

（1）锚链为悬链回复力提供质量；

（2）在更深的水域或系泊系统更灵活时，钢缆可以减轻质量；

（3）纤维绳可以用于更深的水域；

（4）导缆器锚链制动器以及船锚可以用于固定位置；

（5）多种接头；

（6）辅助系统可以提供附加质量（配重块）或浮力以降低悬链刚度（浮筒）。

2. 可检查性

系泊系统的主要问题在于该系统可检查性很低，主要原因在于：

（1）水下条件不利于检查；

（2）系泊绳的移动会影响检查（影响检查本身，或检查造成损坏）；

（3）可检查性低导致难以从可用的方法中检查出故障或损坏。

现在已经有越来越多更好的检查方式，但是使用仍然受到限制，并且这些检查方式还不成熟，无法广泛使用。这些问题降低了检查和预测故障的能力，并意味着无法使用RBI方法之类的检查计划，以降低成本或增加系统可靠性。但还是可以通过了解故障模式或设备记录来决定使用哪种检查方法来检查设备损坏，旨在了解何时及何地进行何种检查。

了解故障模式或设备记录的第二个目的是为了能够在故障对相邻锚链甚至整个系统产生影响之前，检测出损坏和故障并作出快速响应和修复。由于主要故障结构在系泊行业众所周知（少数意外故障除外，例如OPB疲劳或者过去15年中发生的意外故障，其他故障结构都已得到确认），因此快速响应和修复十分重要。

3. 风险缓解措施

如上所述，系泊绳的任何部分发生故障都会导致整个系统故障，因此任何部件的损坏都极为关键。我们的目的是要之别名预测这些故障以便进行适当的维修和维护，即便由于成本问题要尽可能减少维护维护。

为了降低风险，即使在可检查性较低的情况下也必须正确识别设备损坏。这是预测故障并进行及时补救的唯一方法。因此，需要正确了解每个部件的以下信息：

（1）部件特性及设计/制造数据；

（2）损坏原因和故障模式；

（3）可用的检查方式，包括监测获取数据；

（4）预测并评估已知损坏的风险等级的方法。

以上4点将会定义每个部件的类型，例如缆绳组件、接头以及辅助设备。该备忘录旨在确认每个部件的类型便于AIM团队根据检查结果采取相应举措。

6.6.2 锚链

1. 定义参数

锚链缆绳参数包括以下内容：

（1）类型（有档锚链/无档锚链）；

（2）等级（R3~R5）；

（3）标称直径；

（4）破断载荷 *MBL*（可从类型、等级、直径中扣除）；

（5）干缆绳质量（可从类型、等级、直径中扣除，但最好从FAT中得出）；

（6）浮筒质量（可从类型、等级、直径中扣除，且最好从FAT中扣除）；

（7）轴向刚度（可从类型、等级、直径中扣除，但最好从FAT中得出）；

（8）设计长度FAT中得出的长度。

此外还需要记录一些额外数据：

（1）图纸（例如装配图）；

（2）FAT 结果（机械测试、载荷测试、工厂检查报告）。

2. 检查方法

由于能见度低且有海洋附着物，没有检查方法可以检查疲劳程度，并且一旦发生开裂，扩展速度非常快。因此控制疲劳需要依靠腐蚀。

腐蚀问题可以直接进行测量，使用 Melchers 模型可以将腐蚀损失和规定值进行更好的比对。也可以通过 SCORCH JIP 以及 Melchers 模型对 DIN 进行测量，以评估腐蚀率。

复杂情况下除了直接测量的方法外，可以在清洁完成后在水下使用摄影测量法对缆绳腐蚀损失进行建模。由于清洁后会加快腐蚀速率，因此是否需要清洁仍然存疑。但是如果对一些大型腐蚀情况存有疑虑，可以考虑采取这种方法。

3. 风险等级

根据风险报告备忘录中已经定义好的程序，需要考虑异常疲劳积累以及异常腐蚀速率。此外，螺栓损耗，导致疲劳快速累积，需要加快更换锚链；焊接区域中存在 grove，需要采取相同的更换程序；相关风险等级为 2b 或 3 级，具体取决于受影响缆绳数量；由于这些因素，系泊绳需要进行系统完整的检查以评估受影响的锚链长度范围。该检查需要尽快实施因为系泊绳损坏速度很快。

6.6.3　钢缆

1. 定义参数

钢缆缆绳参数包括以下内容：

（1）类型、结构、缆绳等级、标称直径；

（2）破断载荷 *MBL*；

（3）干绳重和浮筒质量（测量质量，如果没有测量条件可以参考设计质量）；

（4）轴向刚度（测量刚度，如果没有测量条件可以参考设计刚度）；

（5）长度（测量长度，如果没有测量条件可以参考设计长度）；

（6）护套特性（如果有）；

（7）锁具（锁具连接细节，单独定义为接头）。

其他记录数据：

（1）图纸（如装配图，施工图等）；

（2）含有计算和程序在内的设计批准文件；

（3）锁具程序；

（4）护套修复程序；

（5）FAT 结果（机械测试、载荷测试、工厂检查报告）。

2. 损坏来源

现今绝大部分缆绳都有护套，缆绳损坏的主要来源之一就是护套。万一护套损坏，缆绳的抗腐蚀能力将从 20~30 年下降至 10 年左右。此外还需要检查缆绳外层有无受到影响，还是只有护套损坏。护套损坏来自以下两个方面：

（1）物品坠落；

（2）拖网和水下机器人线缆。

缆绳损坏是另一主要损坏来源，尤其是对没有护套的钢缆来说。这将降低系泊绳的强度并积累疲劳。然而，钢缆的疲劳强度比锚链的疲劳强度大得多，即使在损坏的缆绳上，疲劳风险也降低了。钢缆损坏的常见原因是由于较低的锁具与海床冲击（设计问题）造成的笼形畸变。在这种情况下，钢缆会受到塑性损伤，大大降低强度。最终，一些钢缆的防弯器已经分离，在这种情况下，由于末端弯曲，缆绳的抗疲劳能力大大降低，如果没有别的缓解措施，只能进行维护或者更换。

3. 检查方法

检查钢缆的方法基本都是目视检验，检验内容包括：

（1）护套检查；

（2）外层表面腐蚀和缆绳损坏；

（3）笼形畸变（有护套的缆绳很难发现笼形畸变）；

（4）特殊检查。

4. 风险等级

护套损坏：这是缆绳故障中较快速和低危的一种风险，因为该风险只会缩短缆绳的腐蚀寿命。需要有未来十年内更换缆绳的计划，风险等级为 2a 级。

外层腐蚀或缆绳损坏：需要评估受影响的缆绳及缆绳外层数量，如果只是单层或少数几根缆绳，风险等级为 2a 级。但如果影响到更多缆绳，风险等级将升至 2b 级。

笼形畸变：如果发生该情况，风险将上升至 2b~3 级，具体取决于受影响的缆绳数量，因此需要及时快速更换缆绳。

防弯器脱离：风险等级上升至 2b，并且需要按方案制定维护结局（如果可能，需要重新安装或更换缆绳），但这与快速响应计划不符。

6.6.4 纤维缆

1. 定义参数

纤维缆缆绳参数包括以下内容：

（1）股绳详细特征；

（2）缆绳详细特征（构造、标称直径）；

（3）破断载荷 MBL；

（4）干绳重和浮筒质量（测量质量，如果没有测量条件可以参考设计质量）；

（5）轴向刚度（测量刚度，如果没有测量条件可以参考设计刚度）；

（6）蠕变；

（7）长度（测量长度，如果没有测量条件可以参考设计长度）；

（8）缆绳末端及眼环细节（如果有）。

其他记录数据：

（1）图纸（例如装配图、施工图）；

（2）含有测试、计算和流程在内的批准文件；

（3）FAT 结果（机械测试、载荷测试、工厂检查报告）。

2. 损坏来源

纤维绳的损坏来源是缆绳的磨损和割伤导致的缆绳损坏，具体有以下两个方面。

（1）安装时产生损坏；

（2）由于水下机器人缆绳或拖网或现场物体坠落导致损坏。

3. 检查方法

割伤和磨损的检查需要进行目视检验。

4. 风险等级

如果发生此类磨损或割伤，风险等级为 2a~3 级，具体取决于受影响的缆绳数量，因此需要计划更换缆绳。

6.6.5　导缆器以及锚链制动器

由于导缆器和锚链制动器由多个部分组成，因此比较难定义。连接臂可以简单地视作接头，滚轮导缆器、锚链制动器等需要根据情况进行开发，需要提供信息列表并取决于该系统自身情况。因此仅能提供一般定义程序。

1. 定义参数

导缆器和锚链制动器参数定义主要基于以下几个方面：

（1）整体配装图；

（2）每个组件的定义，包括图纸、机械结构和质量、典型尺寸；

（3）功能性要求（角度限制、旋转截止角、移动范围）；

（4）设计文件；

（5）阴极保护的规格和图纸；

（6）轴承和滚子的规格和图纸；

（7）（机械）控制和监测（如果有）；

（8）FAT 程序和结果。

2. 损坏来源

损坏的方式主要取决于导缆器锚链制动器（FCS）的类型，并受系统或子系统多样性限制（粗体字是最有可能的系统，斜体字是比较少见的系统）：

（1）连接臂或 FCS 臂（疲劳、过载或塑性变形）；

（2）锚链制动器（磨损、磨蚀问题）；

（3）轴承/滚子（润滑问题、夹紧）；

（4）锚链轮（磨损、接触区域磨蚀）；

（5）有阴极保护（阳极质量减少、阳极连接、保持不同部分的电连续性或绝缘部分的绝缘缺陷的布缆问题）；

（6）无阴极保护（腐蚀）；

（7）控制和监测（布缆和传感器问题）。

根据 FCS 的位置，可能会与补给船发生碰撞导致塑性变形或某些部件弯曲。发生诸如可移动部件夹紧之类的问题，可能会导致塑性变形或某些部件弯曲。

3. 检查方法

由于 FCS 会一直移动,因此很难进行检查。同时也会对潜水员造成风险,还可能会与 ROV 发生碰撞(可能引起塑性损坏)。主要检查方法一般是目视检验,在需要的情况下也可进行近距离目视检验,以确认腐蚀和磨损区域、塑化和弯曲情况、缆绳连接以及阳极的状态。阴极保护以及连接问题可以通过测量电位水平来确定。如果出现明显的腐蚀和磨损情况,可以使用测量工具进行测量(腐蚀可以通过阴极保护来避免)。

滚子和轴承润滑需要在岸上对润滑油的质量进行测试,该测试很难在海上进行。磨蚀疲劳很难在海上进行确认,但如果设计合理就不会发生此类问题。其他系泊绳组件的疲劳问题不可能在海上通过目视检验识别出来,因此必须加强监孔并严格把控设计。

4. 风险等级

系泊绳的设计应该仔细考虑疲劳问题,如果监测到顶链疲劳增加,应检查 FCS 是否剩有充足疲劳裕度。

变形(塑性或弯曲变形)情况轻微的风险等级为 2a 级,情况严重时则上升至 2b 级。需要读变形后的剩余强度进行计算研究,来评估风险是否可能下降至 2a 或上升至 3 级。缓解措施也要根据风险等级作出相应改变:2a 级不需要进行操作,3 级需要立即进行设备更换。

阴极保护问题的风险等级为 2a 级,需要计划维护维修问题,但通常计划在下一次检查修理维护期间(IMR)进行。

意外的磨损和腐蚀的风险等级为 2a 级(有限区域内)或 2b 级(延伸范围)。需要通过计算来确认是否需要 IMR。

如果 FCS 夹紧,风险应提高至 2b 级。建议分析夹紧的 FCS 以及 OPB 对锚链的影响,以检查是否可以维持到下一次 IMR。如果不行则需要将风险等级升至 3 级,并确认是否需要快速维修。

6.6.6 连接构件

连接构件有多种设计形式,例如卸扣、H-link、连接臂、缆绳锁具、纤维绳套管、三角板。

1. 定义参数

连接构件参数定义主要基于以下几个方面:

(1)图纸和尺寸;

(2)材料规格;

(3)质量(以及浸没质量);

(4)程序和测试结果;

(5)设计文件;

(6)如有衬套需附上规格尺寸和设计计算。

如果提供阴极保护,则需定义阴极保护和阳极。如果有一些特定连接,其规格也要记录在系统中。

2. 损坏来源

接头损坏取决于接头的各个组件,一般来说接头多为仿造品,因此损坏方式和锚链上的组件相似。腐蚀是接头损坏的主要来源之一。此外还有一些接头配有阴极保护,需要考虑阳极损坏的问题。

接头常使用一些可移动部件，例如插销，始终会有腐蚀或安装错误的风险，导致插销断开连接。接头损坏风险还因为比起锚链来说其生产批量小，所以在冶金中更容易发生错误，因此存在一些无法检查或监视的重大风险。

3. 检查方法

连接部件以及接头状态通常通过目视方法来检查。建议对锚链进行腐蚀测量，接头与锚链不同，成品尺寸之间通常没有差异，但是锚链经常有基于标准设计的变化、差异及余量。因此接头的腐蚀损耗测量要比锚链精确得多。腐蚀保护可以参考其他带阴极保护的系统。

4. 风险等级

腐蚀风险定义与锚链相同，阴极保护定义与导缆孔相同。如果插销出现问题，只影响单个接头，风险等级为 2b 级。若影响多个接头（尤其是发生在多根系泊绳上），则风险等级为 3 级。需要检查其是否可以重新连接，否则要尽快进行更换。

6.6.7 锚

通常有三种类型的船锚：①埋入锚（例如浮锚、法向承力锚、鱼雷锚等）；②打入式锚桩；③吸力锚桩。埋入锚无法进行检查，其他锚只有露出来的部分才能进行检查。

1. 定义参数

锚参数的定义主要基于图纸和设计数据。此外还需要记录：

（1）水平和垂直保持能力；

（2）锚缆从海床露出的位置（与锚点或 FPSO 平衡中心点的距离）；

（3）阴极保护定义和特征（如果有）。

2. 损坏来源

一般而言，只要设计合理并确保适当的锚抓力，损坏的概率就很小，行业中还没有船锚问题导致故障的记录，需要通过安装前后的检查发现是否存在安装不当。

近年来确认了新的损坏来源，是来自吸力桩前面的龙骨底链槽。这些槽是由于底链移动和微小的吸力所致。目前还无法预测该风险，但已经可以在一些设备上进行识别（主要是在西非移动时）。该风险将对锚抓力产生影响。此外，船锚的主要风险不是船锚本身而是在锚链方面，如腐蚀磨损、疲劳等。

3. 检查方法

船锚检查方法非常有限：①检查是否有沟槽；②核实阳极情况。对于锚链来说，海床露出船锚的位置可以记录下来以评估是否有变动。

4. 风险等级

沟槽的风险等级是 2b 级，需要计划采取措施。阳极需要进行更换，如果没有紧急情况和风险，则风险等级为 2a 级。锚链露出点的位置变化需要由合适的系泊/岩土工程团队进行评估，以确保该情况在高张力下正常，风险等级为 1 级。如果确认风险很大并可能导致龙骨底链故障，则风险等级为 3 级。

6.6.8 浮筒和配重块

1. 定义参数

浮筒参数的定义主要基于：

(1)图纸和尺寸；

(2)材料特征；

(3)质量；

(4)浮力；

(5)每个接头与锚链的连接。

对于配重块固定质量参数的定义主要基于：

(1)图纸和尺寸；

(2)材料特征；

(3)质量；

(4)插销扭矩。

其他种类的辅助设备需要像接头一样进行定义，需要记录辅助设备在系泊绳上的精确位置。

2. 损坏来源

浮筒的典型风险就是浮力损失，该风险可能来自腐蚀或碰撞。对于配重块来说，典型问题是配重块不同组件之间连接插销的腐蚀问题。配重块靠不同部件之间的预张力结合在一起，因此如果开始腐蚀，预张力释放的冲击会导致配重块迅速打开。配重块逐渐损耗是普遍问题，通常在作业5年后开始发生。

3. 检查方法

检查方法主要基于目视检验。

4. 风险等级

需要通过适当的系泊分析来重新评估浮力和配重块的损耗，并计算在系泊系统的强度损失(极端和疲劳)内，因此该风险没有适当的风险等级，但极端载荷和疲劳(就像腐蚀导致的强度和疲劳损耗)结果需要计算在整体风险等级中。

如果辅助设备出现严重损耗，那么需要评估以下相关风险：

(1)钢缆底部接头的影响(笼形畸变)；

(2)立管系统偏移风险。

6.6.9 转塔

整体定义转塔很难，因为转塔设计非常复杂，每个项目都各不相同。但是可以定义主缆绳以及损坏途径和检查方式。基于以上原因，可以对一些重大风险进行定义和分级。.

我们将着重于系泊部件以及转塔承重元件的评估，安全、HVAC、程序以及立管列将不包括在本评价之内。

1. 定义参数

转塔作为一个复杂的结构部分，参数是由项目决定的，且可以通过以下形式呈现：

（1）总体安排；

（2）主结构图纸；

（3）阴极保护；

（4）承重设备清单（包括导缆孔锚链制动器、主要轴承）；

（5）转塔设计载荷，以报告或设计载荷列表形式呈现。

2. 损坏来源

转塔损坏来源有：

（1）主要结构损坏（包括极端载荷导致弯曲和变形、疲劳载荷导致产生裂纹并扩展、腐蚀）；

（2）轴承损坏（包括过载、轴承微动、轴承磨损、润滑油不足或变质）。

值得注意的是，与系泊绳损坏就会立即导致缆绳故障不同，转塔是大型钢结构，能够容纳一些初始或部分的损坏和变形，并不会立即失去强度或服务能力。

过载会导致塑性变形和弯曲并降低强度。调整后的部件将能适应绝大部分系泊载荷。疲劳（或过载）会导致裂纹产生，导致机械故障的船舶时间远大于系泊时间（前者有几个月的抵抗时间，后者只有几天）。钢结构通常具有足够的韧性来阻挡裂纹的传播使得不会立刻产生脆性疲劳，因此这些裂缝是可被检查的。如果失去腐蚀保护系统（涂层、阳极等），则在失去防护和开始腐蚀并损耗结构性强度之间会有很长的时间间隔。

以上所有情况降低了与转塔有关的风险，不能缓解的主要风险为轴承夹紧导致的在高专环境下的过载。这可能会出现：①由于意外过载导致超过标准的轴承摩擦力；②由于润滑剂损坏导致轴承部件开始变形。

3. 检查方法

检查方法有：

（1）目视检验塑性、弯曲；

（2）近距离目视检验裂纹产生和扩展；

（3）目视检验涂层/阳极；

（4）阴极保护措施；

（5）润滑剂取样并进行质量检测，确认是否含有金属微粒。

检查应以常规检查程序为基础，除非先前的检查结果认为需要提高检查频率。外部零件可以在水下测量完成，内部零件可以通过常规检查完成。

4. 风险等级

由于结构具有冗余，因此相关风险小于系泊绳组件风险：

（1）二级结构风险等级均为 1 级；

（2）主要结构但不属于承重组件，风险等级也为 1 级；

（3）如果是承重组件的主要结构，则需要进行具体评估。

评估方法和相应风险等级见表 6-13。

表 6-13 评估方法和相应风险等级

	不太严重的损坏（局部损坏有不太严重的整体损坏）	丧失强度或目的适应性/安全系数降低	丧失使用能力
长期采取缓解措施	1 级	2a 级	2a 级
正常时间范围内采取缓解措施	2a 级	2b 级	2b 级
不采取缓解措施	2b 级	2b 级	3 级

表 6-13 中的这些问题是基于强度评估的。因此在对转塔进行等级评定之前，也需要进行强度评估以确认风险水平来作出相应增减调整。但在初步评估中，可以得出表 6-14 中风险等级评定标准。

表 6-14 风险等级评定标准

	不太严重的损坏（局部损坏有不太严重的整体损坏）	丧失强度或目的适应性/安全系数降低	丧失使用能力
长期采取缓解措施	局部损害（弯曲 / 变形） 阳极损耗，涂层或阴极保护问题	—	—
正常时间范围内采取缓解措施	不太关键的区域产生较严重裂纹，但未扩展 关键区域产生较小裂纹	总体损害（弯曲 / 变形） 润滑剂变质或含有金属微粒 不太关键的区域产生已扩展的较大裂纹，或关键区域产生未扩展的较小裂纹	严重裂纹已经在关键区域扩展
不采取缓解措施	—	—	轴承夹紧

本章部分图例

说明：为了方便读者直观地查看彩色图例，此处节选了书中的部分内容进行展示。页面左侧的页码，为您标注了对应内容在书中出现的位置。

第 7 章　单点系泊系统试点评价方案

7.1　南海某 14 万吨内转塔式 FPSO 案例分析

7.1.1　南海某 14 万吨内转塔式 FPSO 监测数据分析

选取我国南海海域内某典型 14 万吨内转塔式 FPSO（图 7-1）作为研究对象进行监测方案研究。通过对与单点系泊系统相关的船体运动、系泊力、系泊构件、环境条件等的实时监测，实现对系泊系统运动状态的监测，从而达到数据分析、预防突发事故、降低潜在风险的目的。

图 7-1　南海某 14 万吨内转塔式 FPSO

针对现场监测信息及监测内容的要求，监测系统主要包括以下几部分。

（1）海洋环境条件监测系统，用于测量风速、风向，浪高、周期和浪向，剖面流速和流向，温度、湿度、气压。

（2）FPSO 运动和位置监测系统，用于测量 FPSO 艏向、FPSO 六自由度运动姿态和位置。

（3）单点系泊受力监测系统。

（4）视频监测系统。

各测量子系统将测量数据实时上传到 FPSO 中控室中集成数据采集与处理系统，完成数据的存储、处理和显示等工作。

7.1.1.1　现场监测数据采集

南海某 14 万吨 FPSO 监测数据采集信息包括以下内容。

1. 系泊力追踪

表 7-1 监测数据给出了每根锚链的水平张力、垂向张力以及轴向张力。该数据中的轴向张力作为系泊系统评判的物理参数之一。

表 7-1 南海某 14 万吨 FPSO 系泊力监测数据

	时间	锚链1#水平力(kN)	锚链2#水平力(kN)	锚链3#水平力(kN)	锚链4#水平力(kN)	锚链5#水平力(kN)	锚链6#水平力(kN)	锚链7#水平力(kN)	锚链8#水平力(kN)	锚链9#水平力(kN)	锚链1#竖向力(kN)	锚链2#竖向力(kN)
calc-force	2015-08-16 21:33	304.267	194.025	254.923	253.22	268.082	236.008	271.814	245.922	246.085	224.9	183.224
	2015-08-16 21:36	442.321	250.415	351.33	348.347	374.725	318.781	381.474	335.685	335.964	326.942	236.474

图 7-2 中给出了锚链轴向张力一年的时历曲线。

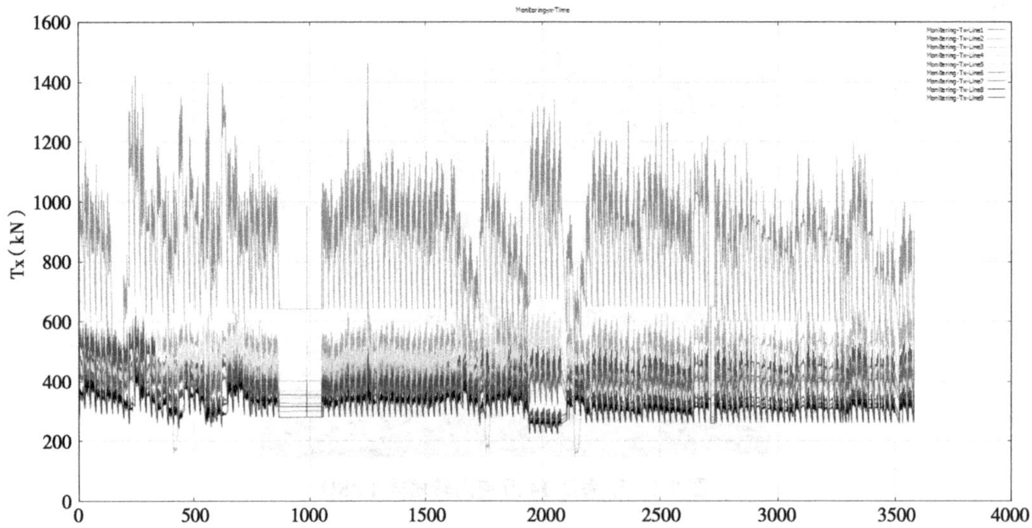

图 7-2 锚链轴向张力时历曲线

2.FPSO 运动及位置信息

表 7-2 监测数据给出了单点的位置信息及 FPSO 六自由度的运动信息。该数据中单点的位置偏移以及 FPSO 艏向角作为系泊系统评判参数之一。

表 7-2 南海某 14 万吨 FPSO 运动及位置监测数据

	时间	FPSO 艏向(°)	FPSO 横摇(°)	FPSO 纵摇(°)	纬度(°)	经度(°)	高度(m)
gps-fpd	2015-02-11 10:25	71.050	0.742	0.458	20.850 473 4	114.697 990 4	32.53
	2015-02-11 10:25	71.058	0.762	0.467	20.850 473 4	114.697 990 4	32.50
	2015-02-11 10:25	71:058	0.753	0.48	20.850 473 4	114.697 990 4	32.49

3. 环境条件

环境条件包括风、浪、流等参数，针对表 7-3 中环境条件监测数据的分析，首先要对风、浪、流各自参数进行单独分析，还需要对有相互影响的环境条件间的关系进行分析，如风和波浪的相互关系。

表 7-3　南海某 14 万吨 FPSO 环境条件监测数据

	时间	流剖面层数	东西速度(m/s)	北向速度(m/s)	竖向速度(m/s)	合成流速(m/s)
wgpacurrentspeed	2014-10-14 23:30	1	0.3	-0.41	-0.06	0.51
	2014-10-14 23:30	2	0.24	-0.46	-0.04	0.52
	2014-10-14 23:30	3	0.32	-0.41	-0.06	0.52
	2014-10-14 23:30	4	0.45	-0.36	-0.09	0.58
	2014-10-14 23:30	5	0.39	-0.37	-0.05	0.54
	2014-10-14 23:30	6	0.25	-0.5	0.02	0.56
	2014-10-14 23:30	7	0.09	-0.51	0.06	0.52
	2014-10-14 23:30	8	-0.06	-0.57	0.12	0.57
	2014-10-14 23:30	9	-0.16	-0.66	0.16	0.68
	2014-10-14 23:30	10	0.08	-0.56	0.07	0.56
	2014-10-14 23:30	11	0.19	-0.45	0.02	0.49
	2014-10-14 23:30	12	0.08	-0.51	0.06	0.52
	2014-10-14 23:30	13	0.1	-0.42	0.11	0.43
	2014-10-14 23:30	14	0.08	-0.3	0.14	0.31
	2014-10-14 23:30	15	0.03	-0.53	0.14	0.53
wgpawave	时间	谱依据类型	计算方法	平均波高(m)	三分之一波高(m)	十分之一波高(m)
	2014-10-14 23:11	3	4	1.05	0.98	1.28
	2014-10-14 23:41	3	4	1.1	1.04	1.33
wind	时间	风速(m/s)	相对风向(°)			
	2014-10-14 22:58	7	355			
	2014-10-14 22:58	9.4	337			
	2014-10-14 22:58	9.6	345			
	2014-10-14 22:58	8.9	355			
				！以船艏来向为 0°，顺时针右舷为正，左舷为负		

对风的监测数据，取 3 s 平均风速、60 s 平均风速、10 min 平均风速和 1 h 平均风速，其数据应该是有一定比例关系的，并且这些平均风速应该与推荐数值相近。用 1 h 平均风速谱可以计算风谱，其他不同时间段的平均风速监测数据与风谱数据应保持一致。否则，风数据的后处理就需要进行仔细的检查。

对波浪的数据，需要分析监测得到的波高与浪向时历曲线的合理性，同时剔除一些明显监测有误的数据。

对于流的数据，可以统计其方向变化趋势，正常流向应该与潮汐变化趋势接近。

图 7-3 给出了风速与浪高的散点对应关系，可以看出风浪之间存在一定的相关性。

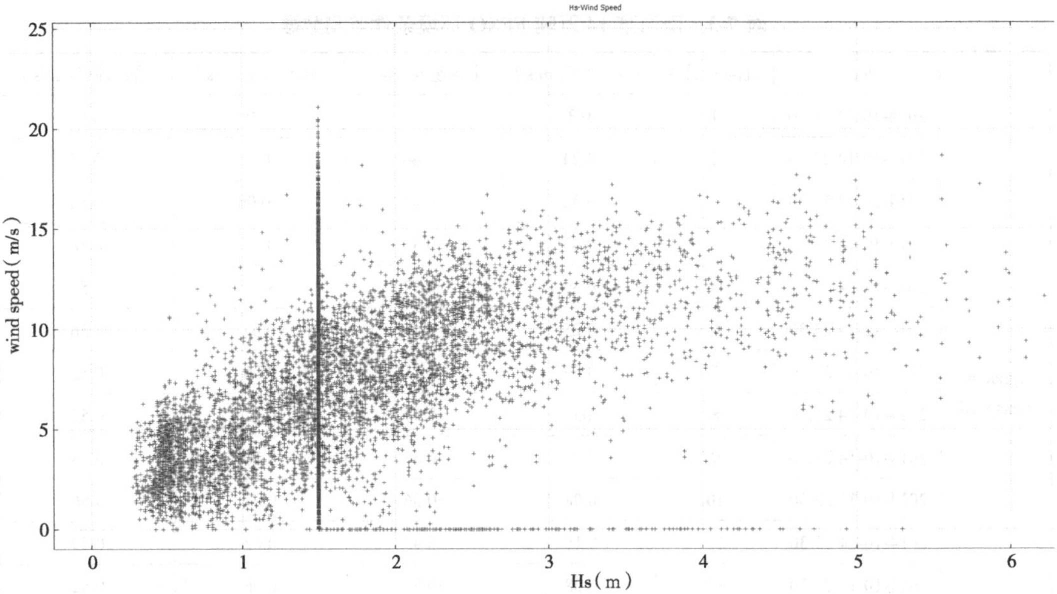

图 7-3　风速与浪高的散点对应关系

风和流之间的关系也应进行检查，图 7-4 为浪高与流速的散点对应关系，可以看出波浪与流速之间不存在相关性。

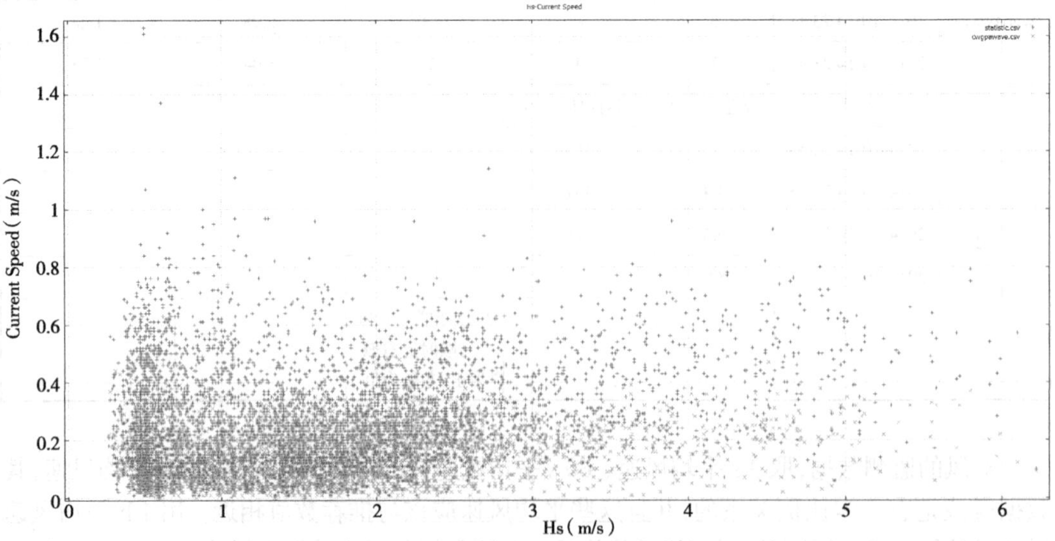

图 7-4　浪高与流速的散点对应关系

7.1.1.2　监测数据统计处理及系泊系统评判

1. 监测数据统计处理

首先对原始监测据中的以下参数进行数据滤波处理，再进行 3 h 的分割提取。

（1）监测时间；

（2）海况的海洋环境（包括有义波高 H_s、谱峰周期 T_p、浪向 Dir_H、风速 U_V、风向 Dir_V、流速 U_C、表层流向 Dir_C）；

（3）水平面内的运动平均值（包括纵向偏移 X_{mean}，横向偏移 Y_{mean}，单点艏向角 θ_{mean}）；

（4）锚链张力标准差值（T_x_std）。

处理后的数据格式见表 7-4。

2. 系泊系统评判

根据前面章节监测数据分析方法提到的方法进行处理，最终可以得到每一海况下张力的判断值 Criteria4 和系泊系统的整体判断标准 STDEV_GLOBAL，见表 7-5。

对于超过 2 的判断值进行标记，如果满足 1 d 记录超过 4 个警告或 3 d 以上记录超过 8 个警告，我们需要向 AIM 系统提出报警。

7.1.1.3　监测数据与数值计算数据对比

关于数值计算，我们需要为 AIM 系统平台提供数值计算的初始数据库平台，目的是生成初始的 8 维海洋气象散布数据库。为简单起见，我们将平台吃水视为数据库初始数据，形成初始数据库，然后通过更新散布的大小进行细化，以优化结果。为了处理数据，数据库命名与散点图相同，散点图数据库的每个项目都将被称为“bin”，并且将定义相应的代码对象类来记录 bin 的内部边界、bin 中的出现以及 bin 中的统计信息。

我们为 bin 对象类提出以下最小结构。

（1）bin 的唯一索引（索引的排序是设计者为了简化代码而提供的问题，以及搜索引擎的优化。要么这个索引是任意的，要么基于对应于海洋气象条件的精心选择的数字本身）。

（2）定义 bin 的组合中每个海洋气象参数（包括吃水）的范围。

（3）bin 中包含的出现索引列表。

（4）bin 统计数据，即每个系列统计数据：

① bin 中的平均值；

② bin 中的标准偏差。

对于散点图，需要定义海洋气象参数范围以标识要放入每个 bin 中的元素。海洋气象组合的每个组件都称为海洋气象参数（包括用于简化调用的吃水），包含吃水的海洋气象参数集称为海洋气象组合。

对于初始数据库中的数据，我们提出以下建议。

（1）波浪：

① 360° 方向每 30° 作为一个划分；

②强度（H_s），每 2 m 从 0 到 1 000 年 RP 值；

③周期（T_p 或 T_z 取决于数据），从 2 到 26 s 每 2 s 作为一个划分。

（2）风：

① 360° 方向每 30° 一个划分；

表 7-4 监测数据统计处理

序号	时间	H_s	T_p	Dir_H	U_V	Dir_V	U_c	Dir_C	X_{mean}	Y_{mean}	$Heading_{mean}$	$T_{x\text{-}std}$
1	2015-08-16 22:33	1.062 39	6.626 45	250.275	6.102 01	265.948	0.433 227	72.794 8	20.852 4	114.701	224.157	141.557
2	2015-08-17 1:33	1.077 3	6.561 68	250.454	7.587 81	98.181 4	0.324 696	83.947 5	20.852 4	114.701	224.112	1.082 99
3	2015-08-17 4:33	1.148 04	6.364 64	245.974	8.589 74	356.005	0.314 828	90.616 2	20.8525	114.701	223.493	0.567 298
4	2015-08-17 7:33	1.168 38	6.044 14	246.599	5.233 16	294.364	0.406 507	74.196 6	20.852 7	114.701	212.017	0.480 246
5	2015-08-17 10:33	1.147 47	6.005 06	256.487	4.980 37	139.441	0.494 419	127.932	20.852 7	114.701	211.942	21.188 4
6	2015-08-17 13:33	1.090 76	5.923 99	250.813	4.735 62	177.22	0.613 871	104.504	20.852 3	114.701	230.836	37.331 9
7	2015-08-17 16:33	1.060 08	5.929 21	251.858	6.204 5	100.935	0.607 719	89.114 2	20.8522	114.701	235.295	13.802 7
8	2015-08-17 19:33	1.065 23	6.057 2	253.775	6.822 25	276.937	0.545 282	59.778 5	20.852 4	114.701	224.337	2.3782 1
9	2015-08-17 22:33	0.997 085	6.394 37	254.023	6.193 64	342.653	0.556 346	64.004 9	20.852 4	114.701	227.262	36.306 9
10	2015-08-18 1:33	1.004 29	6.470 53	251.864	6.816 15	336.293	0.392 759	95.441 7	20.852 2	114.701	233.266	17.038 2
11	2015-08-18 4:33	1.003 76	6.333 82	249.296	8.607 69	338.679	0.283 657	88.685 5	20.852 2	114.701	233.241	0.545 821
12	2015-08-18 7:33	1.103 16	6.292 34	252.894	5.305 13	251.372	0.273 115	123.061	20.852 3	114.701	228.668	1.585 64
13	2015-08-18 10:33	1.019 7	6.157 54	259.157	4.344 42	20.439	0.372 051	186.833	20.852 7	114.701	210.359	0.498 893
14	2015-08-18 13:33	0.880 058	6.080 52	260.494	3.121 39	243.798	0.345 144	116.94	20.852 7	114.701	211.007	2.305 16
15	2015-08-18 16:33	0.819 034	5.883 29	261.078	2.769 72	172.761	0.387 632	155.815	20.852 6	114.707	215.111	8.9E-11
16	2015-08-18 19:33	0.822 467	6.115 01	264.992	2.834 8	259.249	0.349 142	142.657	20.852 7	114.701	211.025	3.670 9
17	2015-08-18 22:33	0.813 285	6.027 57	261.228	4.266 13	351.601	0.380 09	147.76	20.852 6	114.701	214.738	0.966 189
18	2015-08-19 1:33	0.757 264	5.929 93	262.61	4.893 48	358.672	0.461 182	86.423 8	20.852 5	114.701	222.857	3.321 92
19	2015-08-19 4:33	0.747 499	5.765 82	252.158	5.865 12	358.271	0.354 986	88.516 8	20.851 8	114.702	248.441	2.111 69
20	2015-08-19 7:33	0.739 686	5.758 81	254.776	4.913 01	335.913	0.247 237	82.365 2	20.851 4	114.702	260.53	15.427 5
21	2015-08-19 10:33	0.660 541	5.778 56	264.494	2.900 51	17.323 5	0.393 576	80.825 2	20.852 6	114.701	213.951	52.520 7
22	2015-08-19 13:33	0.635 493	5.457 45	266.404	1.831 32	116.411	0.423 492	87.706 3	20.851 6	114.702	254.056	1.883 07
23	2015-08-19 16:33	0.578 859	5.751 24	263.296	1.446 32	33.804 6	0.373 438	114.571	20.851 9	114.701	236.83	0.383 664

续表

序号	时间	H_s	T_p	Dir_H	U_V	Dir_V	U_c	Dir_C	X_{mean}	Y_{mean}	$Heading_{mean}$	$T_{x\text{-}std}$
24	2015-08-19 19:33	0.557 254	5.443 18	262.404	1.807 63	359.25	0.144 119	133.159	20.852 9	114.7	194.678	3.437 64
25	2015-08-19 22:33	0.544 402	5.940 91	258.164	2.768 93	120.549	0.395 178	84.747 7	20.852 8	114.701	201.688	0.513 216
26	2015-08-20 1:33	0.537 842	9.081 79	242.953	3.556 25	12.599 6	0.3438 38	73.963	20.851 9	114.702	244.645	0.846 939
27	2015-08-20 4:33	0.602 954	16.914 6	191.728	3.262 16	246.389	0.298 016	131.832	20.8511	114.702	270.039	2.303 25
28	2015-08-20 7:33	0.741 461	16.566 1	143.641	4.440 35	189.739	0.237 042	160.229	20.850 6	114.702	287.02	32.582 6

表 7-5 监测数据分析

													Criteria1	Criteria2	Criteria3	Criteria4	
序号	时间	H_s	T_p	Dir_H	U_V	Dir_V	U_c	Dir_C	X_{mean}	Y_{mean}	$Heading_{mean}$	$T_{x\text{-}std}$	$X_{criteria}$	$Y_{criteria}$	$Heading_{criteria}$	$T_{xcriteria}$	STDEV_GLOBAL
1	2015-08-16 22:33	1.062 39	6.626 45	250.275	6.102 01	265.948	0.433 227	72.794 8	20.852 4	114.701	224.157	141.557	0.21	0.80	1.10	1.17	1.81
2	2015-08-17 1:33	1.077 3	6.561 68	250.454	7.587 81	98.181 4	0.324 696	83.9475	20.8524	114.701	224.112	1.082 99	−0.80	−1.05	−0.55	−0.70	1.59
3	2015-08-17 4:33	1.148 04	6.364 64	245.974	8.589 74	356.005	0.314 828	90.616 2	20.852 5	114.701	223.493	0.567 298	−0.90	−1.05	−0.55	−0.72	1.65
4	2015-08-17 7:33	1.168 38	6.044 14	246.599	5.233 16	294.364	0.406 507	74.196 6	20.852 7	114.701	212.017	0.480 246	−0.48	−1.05	−0.33	−0.73	1.40
5	2015-08-17 10:33	1.147 47	6.005 06	256.487	4.980 37	139.441	0.494 419	127.932	20.852 7	114.701	211.942	21.188 4	−0.27	−1.05	−0.20	0.12	1.11
6	2015-08-17 13:33	1.090 76	5.923 99	250.813	4.735 62	177.222	0.613 871	104.504	20.852 3	114.701	230.836	37.331 9	−0.27	−1.05	−0.23	0.79	1.36
7	2015-08-17 16:33	1.060 08	5.929 21	251.858	6.204 5	100.935	0.607 719	89.114 2	20.852 2	114.701	235.295	13.802 7	−0.06	−1.05	−0.14	−0.18	1.07
8	2015-08-17 19:33	1.065 23	6.057 2	253.775	6.822 25	276.937	0.545 282	59.778 5	20.852 4	114.701	224.337	2.378 21	0.15	−1.05	−0.01	−0.65	1.24
9	2015-08-17 22:33	0.997 085	6.394 37	254.023	6.193 64	342.653	0.556 346	64.004 9	20.852 4	114.701	227.262	36.306 9	−0.27	−1.05	−0.24	0.75	1.34
10	2015-08-18 1:33	1.004 29	6.470 53	251.864	6.816 15	336.293	0.392 759	95.441 7	20.852 2	114.701	233.266	17.038 2	−1.22	−0.19	−0.79	−0.05	1.46
11	2015-08-18 4:33	1.003 76	6.333 82	249.296	8.607 69	338.679	0.283 657	88.685 5	20.852 2	114.701	233.241	0.545 821	−0.80	−1.05	−0.55	−0.72	1.60
12	2015-08-18 7:33	1.103 16	6.292 34	252.894	5.305 13	251.372	0.273 115	123.061	20.852 3	114.701	228.668	1.585 64	−0.38	−1.05	−0.31	−0.68	1.34

续表

													Criteria1	Criteria2	Criteria3	Criteria4	
序号	时间	H_s	T_p	Dir_H	U_V	Dir_V	U_c	Dir_C	X_{mean}	Y_{mean}	$Heading_{mean}$	$T_{x\text{-}std}$	$X_{criteria}$	$Y_{criteria}$	$Heading_{criteria}$	$T_{xcriteria}$	STDEV_GLOBAL
13	2015-08-18 10:33	1.019 7	6.157 54	259.157	4.344 42	20.439	0.372 051	186.833	20.852 7	114.701	210.359	0.498 893	−0.27	−1.05	−0.20	−0.73	1.32
14	2015-08-18 10:33	0.880 058	6.080 52	260.494	3.121 39	243.798	0.345 144	116.94	20.852 7	114.701	211.007	2.305 16	−0.59	−1.05	−0.37	−0.73	1.45
15	2015-08-18 16:33	0.819 034	5.883 29	261.078	2.769 72	172.761	0.387 632	155.815	20.852 6	114.701	215.111	8.9E-11	−1.01	−1.05	−0.63	−0.73	1.75
16	2015-08-18 19:33	0.822 467	6.115 01	264.992	2.834 8	259.249	0.349 142	142.657	20.852 7	114.701	211.025	3.670 9	−1.22	−0.19	−0.79	1.55	2.13
17	2015-08-18 22:33	0.813 285	6.027 57	261.228	4.266 13	351.601	0.380 09	147.76	20.852 6	114.701	214.738	0.966 189	−1.22	−0.19	−0.80	−0.01	1.47
18	2015-08-19 1:33	0.757 264	5.929 93	262.61	4.893 48	358.672	0.461 182	86.423 8	20.852 5	114.701	222.857	3.321 92	−0.16	−1.05	−0.17	0.46	1.17
19	2015-08-19 4:33	0.747 499	5.765 82	252.158	5.865 12	358.271	0.354 986	88.516 8	20.851 8	114.702	248.441	2.111 69	0.68	−1.05	0.21	0.26	1.29
20	2015-08-19 7:33	0.739 686	5.758 81	254.776	4.913 01	335.913	0.247 237	82.365 2	20.851 4	114.702	260.53	15.427 5	−0.27	−1.05	−0.20	−0.66	1.28
21	2015-08-19 10:33	0.660 541	5.778 56	264.494	2.900 51	17.323 5	0.393 576	80.925 2	20.852 6	114.701	213.951	52.520 7	−0.27	−1.05	−0.23	−0.20	1.12
22	2015-08-19 13:33	0.635 493	5.457 45	266.404	1.831 32	116.411	0.423 492	87.706 3	20.851 6	114.702	254.056	1.883 07	−0.06	−1.05	−0.14	0.08	1.06
23	2015-08-19 16:33	0.578 859	5.751 24	263.296	1.446 32	33.804 6	0.373 438	114.571	20.851 9	114.701	236.83	0.383 664	0.15	−1.05	−0.01	−0.27	1.09
24	2015-08-19 19:33	0.557 254	5.443 18	262.404	1.807 63	359.25	0.144 119	133.159	20.852 9	114.7	194.678	3.437 64	−0.27	−1.05	−0.24	−0.34	1.16
25	2015-08-19 22:33	0.544 402	5.940 91	258.164	2.768 93	120.549	0.395 178	84.747 7	20.852 8	114.701	201.688	0.513 216	−1.22	−0.19	−0.79	−0.12	1.47
26	2015-08-19 1:33	0.537 842	9.081 79	242.953	3.556 25	12.599 6	0.343 838	73.963	20.851 9	114.702	244.645	0.846 939	−0.80	−1.05	−0.55	−0.10	1.43
27	2015-08-19 4:33	0.602 954	16.914 6	191.728	3.262 16	246.389	0.298 016	131.832	20.851 1	114.702	270.039	2.303 25	−0.38	−1.05	−0.31	−0.44	1.24
28	2015-08-19 7:33	0.741 461	16.566 1	143.641	4.440 35	189.739	0.237 042	160.229	20.850 6	114.702	287.02	32.582 6	−0.27	−1.05	−0.21	−0.43	1.18
29	2015-08-20 10:33	0.993 888	16.134 3	114.683	4.949 42	121.649	0.193 409	116.916	20.850 6	114.702	285.915	31.846 2	−0.38	−1.05	−0.29	−0.43	1.23
30	2015-08-20 13:33	1.219 43	15.226 8	113.383	3.359 35	285.942	0.405 754	177.424	20.850 4	114.702	294.058	3.232 47	−0.38	−1.05	−0.27	−0.13	1.15
31	2015-08-20 16:33	1.162 82	14.856 3	114.901	2.871 42	213.769	0.438 1	135.218	20.850 1	114.702	300.962	3.625 33	−0.16	−1.05	−0.18	−0.37	1.14
32	2015-08-20 19:33	1.304 64	14.526 3	108.727	3.328 23	227.731	0.280 377	126.87	20.850 5	114.702	288.222	0.546 251	−1.33	1.52	2.46	2.03	3.78
33	2015-08-20 22:33	1.341 61	14.259 6	107.733	3.775 24	97.419 7	0.258 363	142.175	20.852 3	114.701	227.366	8.328 1	−0.59	−1.05	−0.42	0.04	1.27

续表

													Criteria1	Criteria2	Criteria3	Criteria4	
序号	时间	H_s	T_p	Dir_H	U_V	Dir_V	U_c	Dir_C	X_{mean}	Y_{mean}	$Heading_{mean}$	$T_{x\text{-}std}$	$X_{criteria}$	$Y_{criteria}$	$Heading_{criteria}$	$T_{xcriteria}$	STDEV_GLOBAL
34	2015-08-21 1:33	1.213 13	14.002 2	104.043	4.290 18	43.562 8	0.405 826	119.39	20.851 7	114.702	250.907	3.389 45	−0.27	−1.05	−0.25	−0.13	1.12
35	2015-08-21 4:33	1.391 42	14.354 7	105.519	4.975 82	117.425	0.346 218	158.684	20.851 2	114.702	267.131	3.303 29	−0.06	−1.05	0.12	−0.61	1.22

②强度(1 h 平均值),每 4 m/s 从 0 到 1 000 年 RP 值。

(3)流:

① 360° 方向每 30° 一个划分;

②强度(平均值),每 0.5 m/s 从 0 到 1 000 年 RP 值。

(4)吃水单位:从两个吃水开始(平均吃水以上和平均吃水以下)。

对于每个新的海况,程序将执行以下操作:

(1)生成与海况相对应的事件;

(2)根据海洋气象组合搜索相应的 bin;

(3)在 bin 中添加发生索引;

(4)检查是否需要引发警告程序(参见 5)并设置为发生时警告布尔参数(true 或 false);

(5)更新 bin 统计信息,考虑 bin 中的所有事件,其中"is warning"和"special conditions"布尔值为 false;

(6)检查是否需要更新 bin 尺寸。

图 7-5 给出了 AIM 数据库中的海况散点图,图中 BV 规范包络线以下的范围作为 AIM 系统数值计算的输入海况。

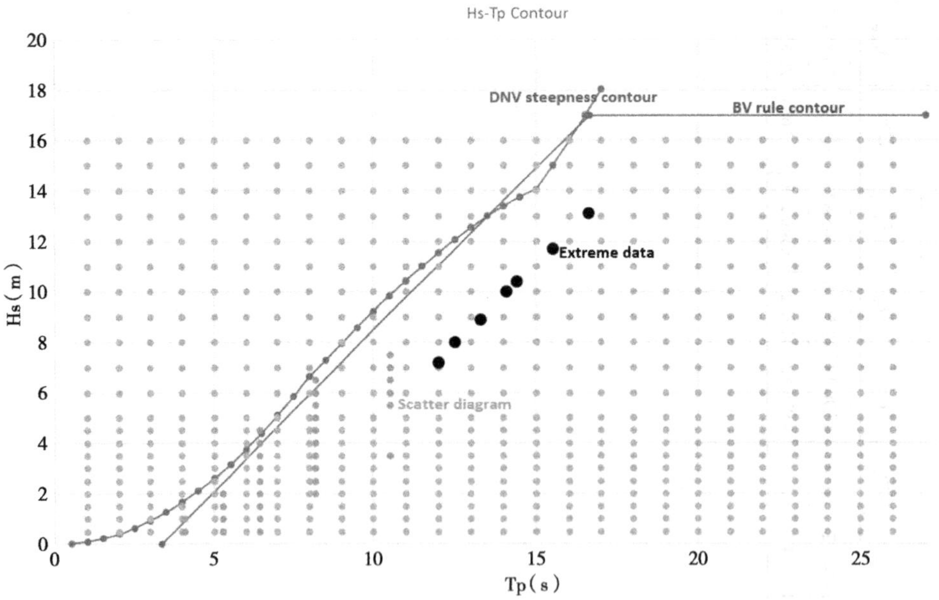

图 7-5 AIM 数据库中的海况散点图

针对每一监测海况,我们同样给出了通过数值计算得到的理论值,并与监测得到的系泊张力值进行对比。与每一监测海况对应的数值计算结果通过插值进行获取,插值顺序如下:

(1)首先,基于装载工况对应的吃水,找到与监测状态最接近的吃水进行线性插值;

(2)然后,根据海况进行插值,插值参数包括波高 H_s、谱峰周期 T_p、浪向 Dir_H、风速 U_v、风向 Dir_V、流速 U_c、流向 Dir_C。

图 7-6 中展示了南海某 14 万吨 FPSO 各锚链数值计算与监测张力对比结果。

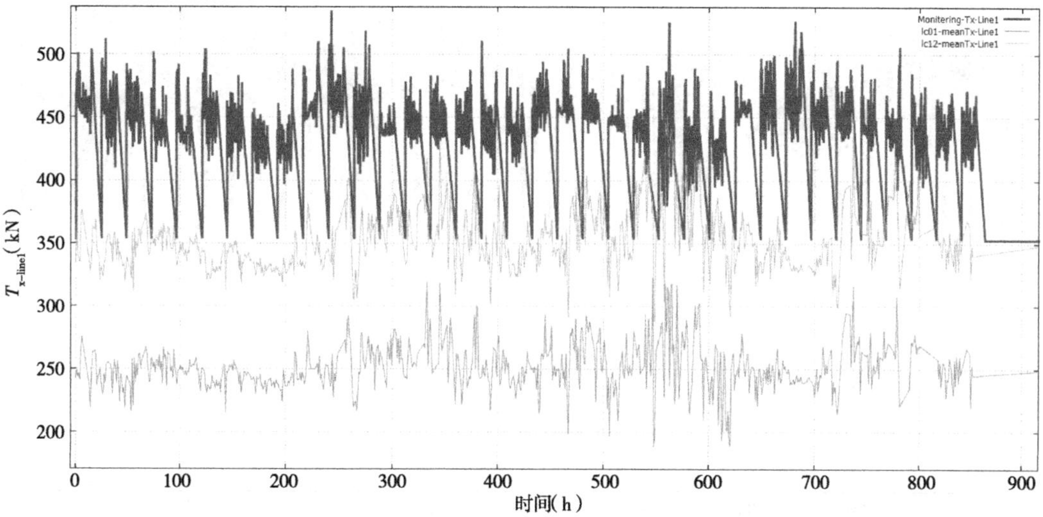

(a)

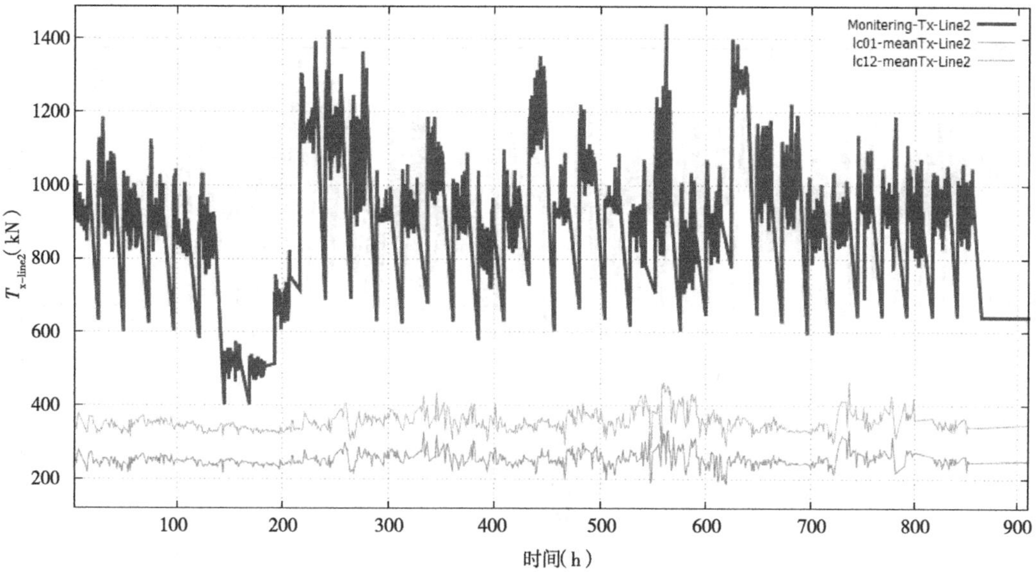

(b)

图 7-6　南海某 14 万吨 FPSO 各锚链数值计算与监测张力对比结果

(a)Line1 轴向张力　(b)Line2 轴向张力

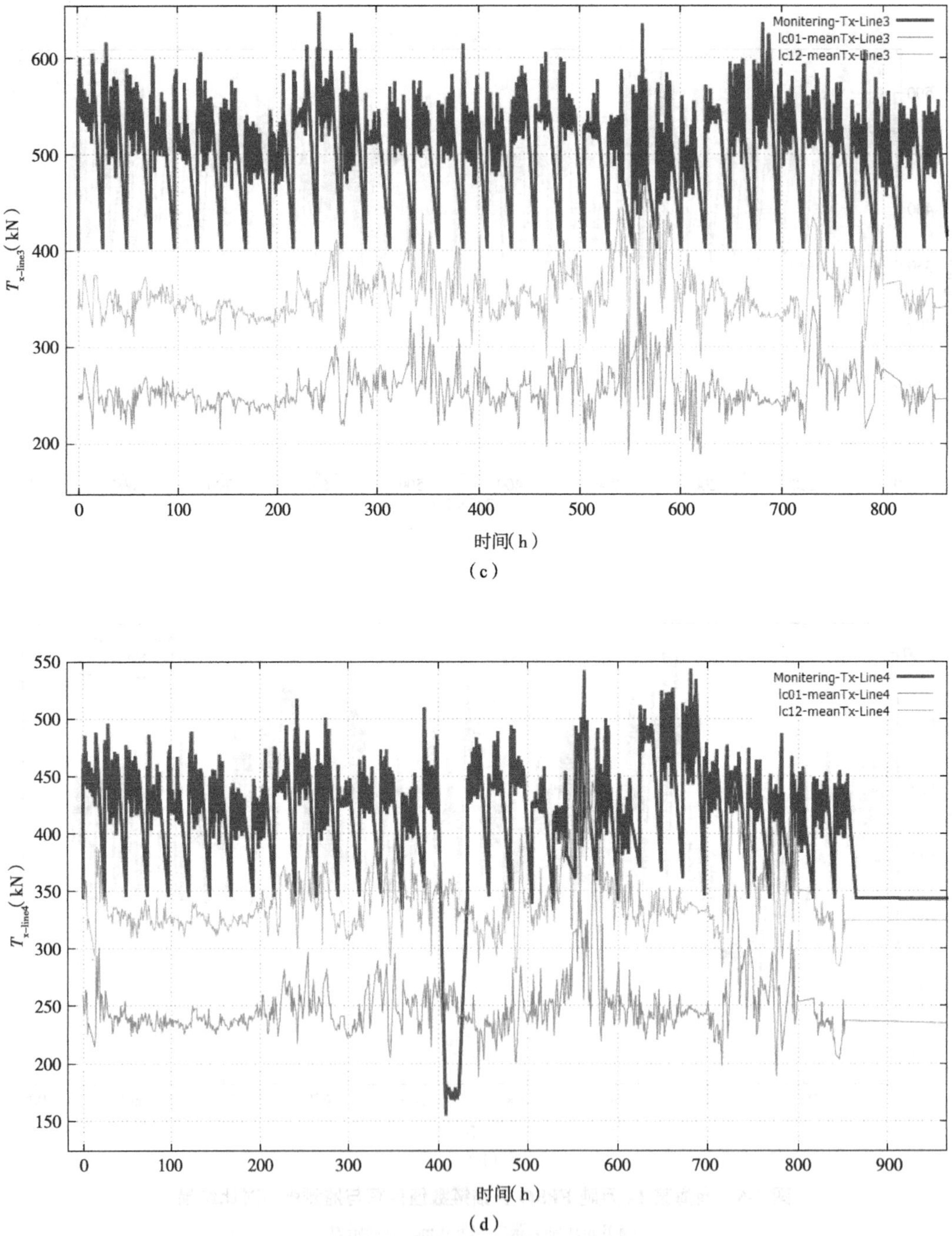

图 7-6 南海某 14 万吨 FPSO 各锚链数值计算与监测张力对比结果(续)

(c)Line3 轴向张力 (d)Line4 轴向张力

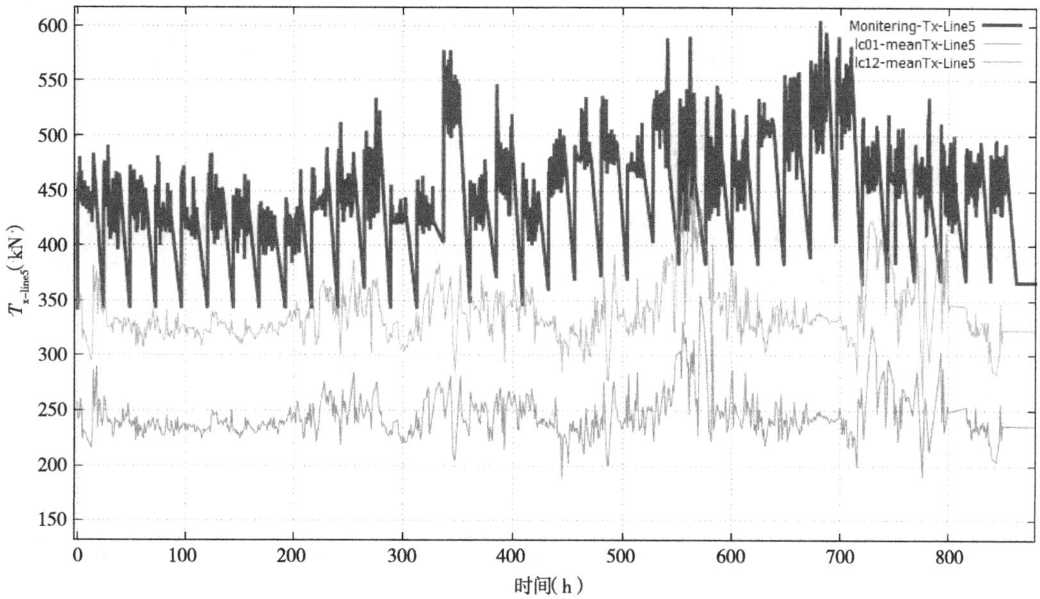

(e)

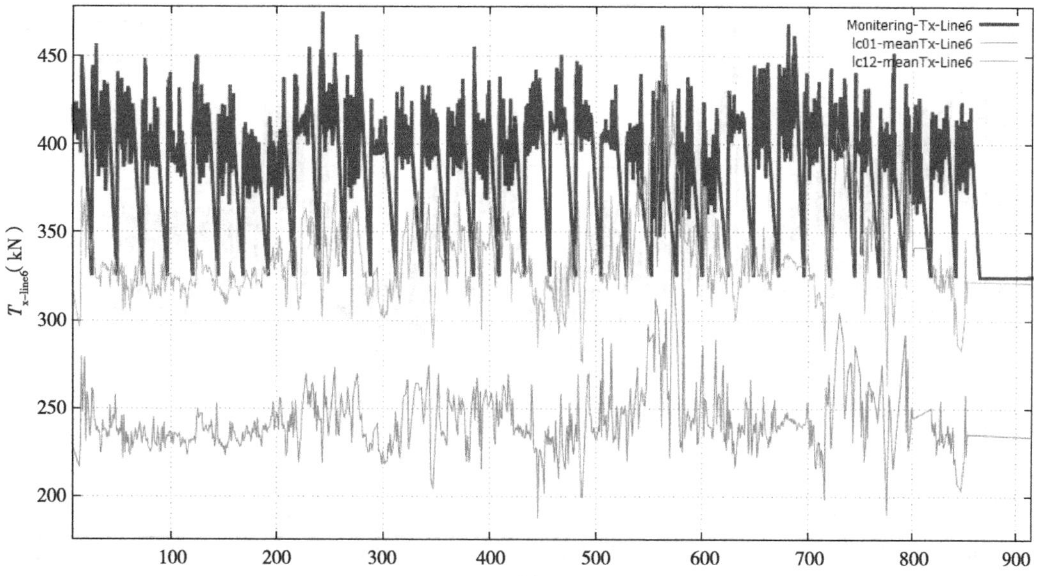

(f)

图 7-6　南海某 14 万吨 FPSO 各锚链数值计算与监测张力对比结果(续)

(e)Line5 轴向张力　(f)Line6 轴向张力

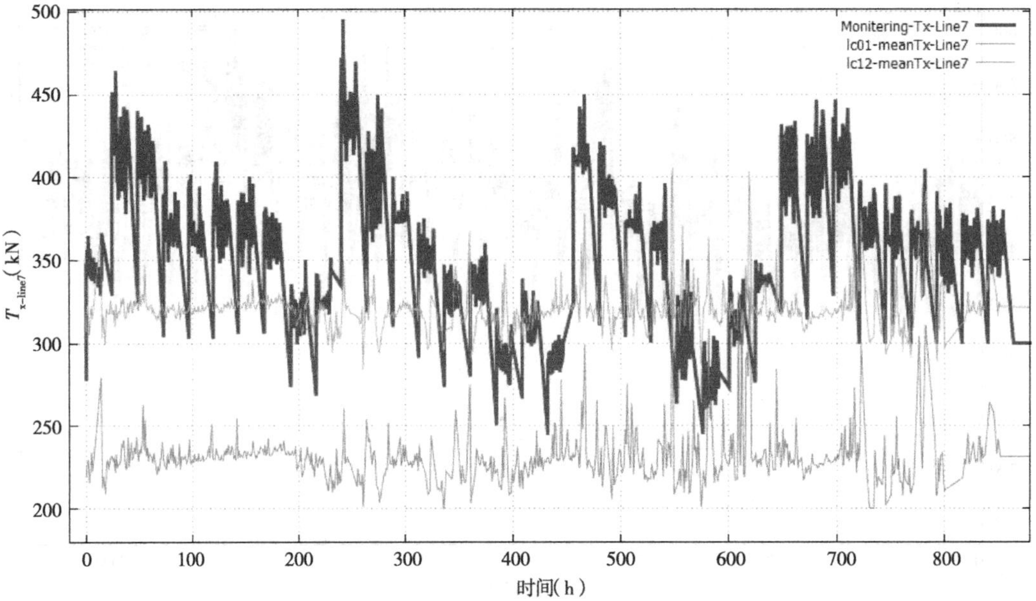

(g)

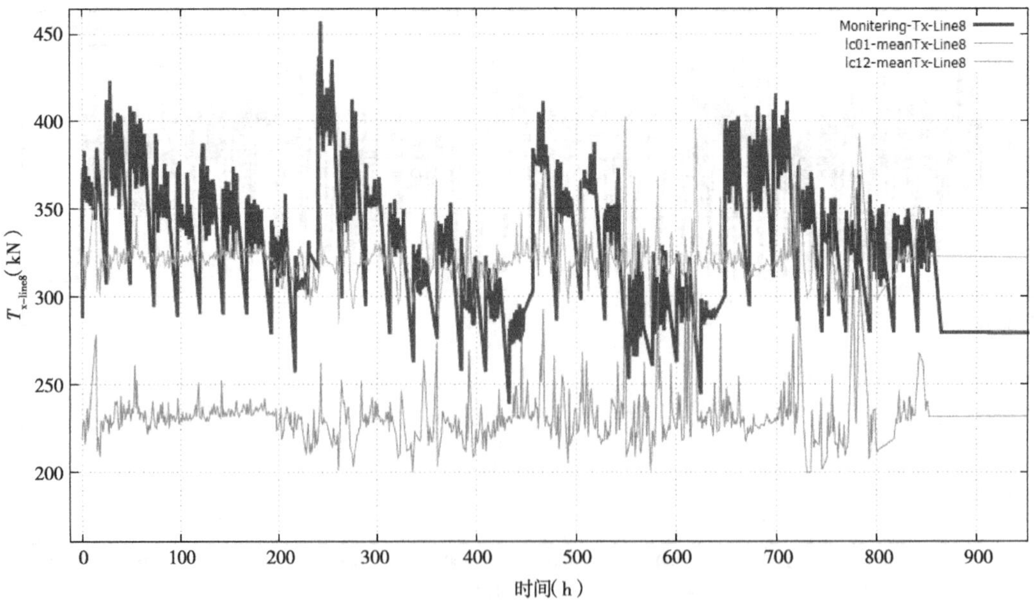

(h)

图7-6 南海某14万吨FPSO各锚链数值计算与监测张力对比结果(续)

(g)Line7轴向张力 (h)Line8轴向张力

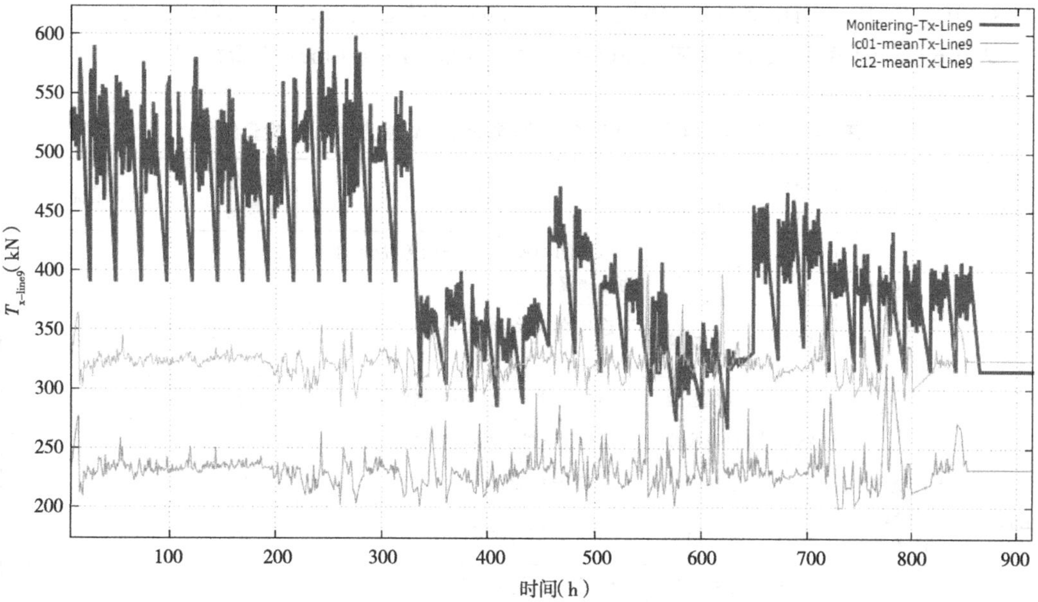

(i)

图 7-6　南海某 14 万吨 FPSO 各锚链数值计算与监测张力对比结果(续)

(i)Line9 轴向张力

监测数据与数值计算存在一定的偏差,其原因在于:

(1)监测数据基于实测的锚链张力,而数值计算基于设计值进行推算得到;

(2)监测数据读取时 FPSO 的装载工况与设计装载工况不相符;

(3)监测数据锚链上端的预张力与数值计算采用的预张力不同。

因此,监测数据与数值计算的对比仅作为综合评判系泊系统风险等级的评判参数之一。

7.1.2　南海某 14 万吨 FPSO 检测数据分析

基于南海某 14 万吨 FPSO 的 2019 年单点系统 ROV 检测报告,进行案例分析。2019 年 7 月,使用 ROV 对南海某 14 万吨 FPSO 水下系泊锚链结构进行一般视线检查,确定其结构完整性,从单点连接位置检查至吸力锚位置,检查结果概述如下:

(1)所有的锚链和锚缆等连接点索节、三角板和卸扣等结构无异常;

(2)上锚链和下锚缆连接点、下锚缆和下锚链连接点处于掩埋状态;

(3)上锚缆根据水深的不同被不同程度的海生物覆盖,结构均未发现异常;

(4)触泥点位置信息统计见表 7-6,结构未发现异常;

(5)上锚链结构上的配重块状态良好,部分锚链和配重块处于掩埋状态;

(6)L1~L6 系泊锚链的下锚缆处于半掩埋/掩埋状态,外层有保护套保护,结构未发现异常;

(7)L1~L6 系泊锚链的下锚链处于半掩埋/掩埋状态,未发现异常;

(8)吸力锚顶部露出泥面,刻度线被海生物覆盖,其中 L4、L7、L9 吸力锚四周有沙袋

填埋;

(9)L4、L6吸力锚顶部有吊装钢缆缠绕,顶部阳极状态良好,结构未发现异常。

表7-6给出了南海某14万吨FPSO系泊系统ROV检查-Line1检查结果。

表7-6 南海某14万吨FPSO系泊系统ROV检查-Line1检查结果

锚链编号	位置	水深(m)	检验方法	描述	是否有异常点	异常情况
Line1	上锚缆连接点	13.9	目视检验	单点卸扣连接点,结构无异常,少量海生物覆盖	否	
		15.1	目视检验	连接索节,结构无异常,大量海生物覆盖	否	
	上锚缆	54.5	目视检验	结构无异常,大量海生物覆盖	否	
		85.4	目视检验	结构无异常,大量海生物覆盖	否	
	上锚缆和上锚链连接点	101.7	目视检验	索节,结构无异常	否	
		101.6	目视检验	三角板,结构无异常	否	
	上锚链	101.5	目视检验	触泥点,结构无异常	否	
		101.2	目视检验	配重块,结构无异常,旁有脱落配重块	是	根据检验情况,锚链有配重块脱落情况存在
		102.2	目视检验	配重块,结构无异常	否	
		101.7	目视检验	配重块,结构无异常	否	
		101.5	目视检验	配重块,结构无异常,旁有垃圾	否	
	上锚链和下锚缆连接点	—	目视检验	掩埋状态	否	
	下锚缆	100.4	目视检验	结构无异常,半掩埋状态	否	
	下锚缆和下锚链连接点	—	目视检验	掩埋状态	否	
	下锚链	—	目视检验	掩埋状态	否	
	吸力锚	99.4	目视检验	锚头露出泥面,刻度线被海生物覆盖	否	
		98.7	目视检验	吸力锚顶部,阳极状态良好,结构无异常	否	

根据表7-6结果可以看出,检查中没有发现Line1本身存在异常情况。但检查中发现了一个异常情况,即Line1在水深101.2 m的配重块附近发现有一脱落配重块(表7-7),但无法确定该配重块的具体来源。

表 7-7　检查发现的异常情况

异常情况	风险等级	专家决策	备注
根据检查情况，锚链有配重块脱落情况存在	1	后续检验对该位置附近 Line1 上的配重块以及旁边 Line1 锚链附近位置配重块进行检验（图 7-7）	水深 101.2 m 东向 260 767.11 m，北向 2 307 581.85 m 描述：配重块旁有脱落配重块

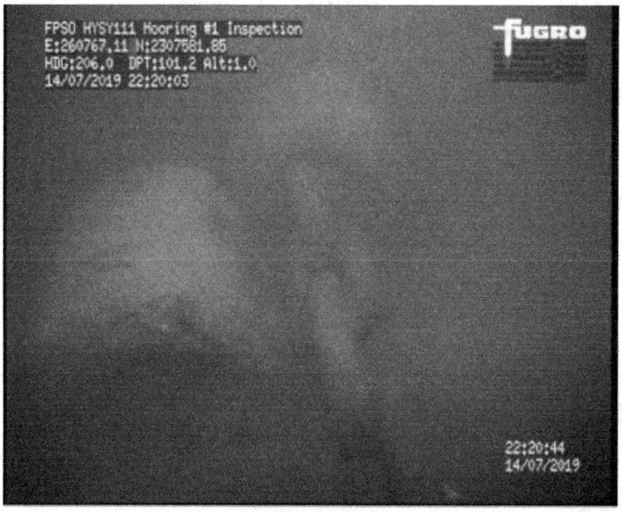

图 7-7　配重块

通过分析可以合理推断该配重块为南海某 14 万吨 FPSO 系泊系统所脱落，可能来自 Line1，也可能来自 Line1 相邻的锚链。

对于重力块，根据设计计算和历史经验，单个配重块脱落对系泊系统安全性的影响可以忽略。判定存在的风险等级为 1，即对系统影响可以忽略，但建议后续周期性检查对该区域配重块加强监视，以防止更多配重块脱落。

Line2~Line9 锚链检查结果均无异常情况，见表 7-8~表 7-16，在 AIM 软件系统，会录入本次检验所有结果。

表 7-8　Line2 检查结果

锚链编号	位置	水深（m）	检验方法	描述	是否有异常点
Line2	上锚缆连接点	14.4	目视检验	单点卸扣连接点，结构无异常，少量海生物覆盖	否
		16.1	目视检验	连接索节，结构无异常，大量海生物覆盖	否
	上锚缆	57.8	目视检验	结构无异常，大量海生物覆盖	否
		88.1	目视检验	结构无异常，大量海生物覆盖	否

续表

锚链编号	位置	水深(m)	检验方法	描述	是否有异常点
Line2	上锚缆和上锚链连接点	101.6	目视检验	索节,结构无异常	否
		102.6	目视检验	三角板,结构无异常	否
	上锚链	101.8	目视检验	触泥点,结构无异常	否
		102.5	目视检验	配重块,结构无异常	否
	上锚链和下锚缆连接点	—	目视检验	掩埋状态	否
	下锚缆	101.4	目视检验	结构无异常,半掩埋状态	否
	下锚缆和下锚链连接点	101.1	目视检验	结构无异常,半掩埋状态,上有渔线垃圾	否
	下锚链	—	目视检验	半掩埋/掩埋状态	否
	吸力锚	100.6	目视检验	锚头露出泥面,刻度线被海生物覆盖	否
		99.4	目视检验	吸力锚顶部,阳极状态良好,结构无异常	否

表 7-9 Line3 检查结果

锚链编号	位置	水深(m)	检验方法	描述	是否有异常点
Line3	上锚缆连接点	14.8	目视检验	单点卸扣连接点,结构无异常,少量海生物覆盖	否
		14.9	目视检验	连接索节,结构无异常,大量海生物覆盖	否
	上锚缆	25.9	目视检验	结构无异常,大量海生物覆盖	否
		75.3	目视检验	结构无异常,大量海生物覆盖	否
	上锚缆和上锚链连接点	102	目视检验	索节,结构无异常	否
		101.8	目视检验	三角板,结构无异常	否
	上锚链	102.2	目视检验	触泥点,结构无异常	否
		102.2	目视检验	配重块,结构无异常,旁有垃圾	否
	上锚链和下锚缆连接点	—	目视检验	掩埋状态	否
	下锚缆	100.9	目视检验	结构无异常,半掩埋状态	否
	下锚缆和下锚链连接点	100.5	目视检验	结构无异常,半掩埋状态	否
	下锚链	—	目视检验	掩埋状态	否
	吸力锚	100.2	目视检验	锚头露出泥面,刻度线被海生物覆盖	否
		98.7	目视检验	吸力锚顶部,阳极状态良好,结构无异常	否

表 7-10　Line4 检查结果

锚链编号	位置	水深(m)	检验方法	描述	是否有异常点
Line4	上锚缆连接点	12.9	目视检验	单点卸扣连接点,结构无异常,海生物完全覆盖	否
		12.8	目视检验	连接索节,结构无异常,海生物完全覆盖	否
	上锚缆	44.8	目视检验	结构无异常,大量海生物覆盖	否
		86.6	目视检验	结构无异常,大量海生物覆盖	否
	上锚缆和上锚链连接点	103.5	目视检验	索节和三角板,结构无异常	否
	上锚链	103.3	目视检验	触泥点,结构无异常	否
		103.6	目视检验	上锚链链环,结构无异常	否
		103.8	目视检验	配重块,结构无异常	否
		103.6	目视检验	配重块,结构无异常	否
	上锚链和下锚缆连接点	—	目视检验	掩埋状态	否
	下锚缆	104.5	目视检验	结构无异常,半掩埋状态	否
	下锚缆和下锚链连接点	104.7	目视检验	结构无异常,大部分掩埋状态	否
	下锚链	—	目视检验	掩埋状态	否
	吸力锚	103.8	目视检验	锚头四周有大量沙袋	否
		103.9	目视检验	锚头露出泥面,刻度线被海生物覆盖	否
		102.9	目视检验	吸力锚顶部,阳极状态良好,上方缠绕钢缆,结构无异常	否

表 7-11　Line4 检查结果

锚链编号	位置	水深(m)	检验方法	描述	是否有异常点
Line4	上锚缆连接点	12.9	目视检验	单点卸扣连接点,结构无异常,海生物完全覆盖	否
		12.8	目视检验	连接索节,结构无异常,海生物完全覆盖	否
	上锚缆	44.8	目视检验	结构无异常,大量海生物覆盖	否
		86.6	目视检验	结构无异常,大量海生物覆盖	否
	上锚缆和上锚链连接点	103.5	目视检验	索节和三角板,结构无异常	否

续表

锚链编号	位置	水深(m)	检验方法	描述	是否有异常点
Line4	上锚链	103.3	目视检验	触泥点,结构无异常	否
		103.6	目视检验	上锚链链环,结构无异常	否
		103.8	目视检验	配重块,结构无异常	否
		103.6	目视检验	配重块,结构无异常	否
	上锚链和下锚缆连接点	—	目视检验	掩埋状态	否
	下锚缆	104.5	目视检验	结构无异常,半掩埋状态	否
	下锚缆和下锚链连接点	104.7	目视检验	结构无异常,大部分掩埋状态	否
	下锚链	—	目视检验	掩埋状态	否
	吸力锚	103.8	目视检验	锚头四周有大量沙袋	否
		103.9	目视检验	锚头露出泥面,刻度线被海生物覆盖	否
		102.9	目视检验	吸力锚顶部,阳极状态良好,上方缠绕钢缆,结构无异常	否

表 7-12 Line5 检查结果

锚链编号	位置	水深(m)	检验方法	描述	是否有异常点
Line5	上锚缆连接点	13.9	目视检验	单点卸扣连接点,结构无异常,少量海生物覆盖	否
		12.7	目视检验	连接索节,结构无异常,大量海生物覆盖	否
	上锚缆	42.8	目视检验	结构无异常,大量海生物覆盖	否
		88.4	目视检验	结构无异常,大量海生物覆盖	否
	上锚缆和上锚链连接点	102.2	目视检验	索节,结构无异常	否
		101.6	目视检验	三角板,结构无异常	否
	上锚链	102.5	目视检验	触泥点,结构无异常	否
		102.7	目视检验	配重块,结构无异常	否
		102.6	目视检验	配重块,结构无异常	否
	上锚链和下锚缆连接点	—	目视检验	掩埋状态	否
	下锚缆	103.4	目视检验	结构无异常,半掩埋状态	否
	下锚缆和下锚链连接点	—	目视检验	掩埋状态	否
	下锚链	—	目视检验	掩埋状态	否
	吸力锚	103.3	目视检验	锚头露出泥面,刻度线被海生物覆盖	否
		102.6	目视检验	吸力锚顶部,阳极状态良好,结构无异常	否

表 7-13　Line6 检查结果

锚链编号	位置	水深(m)	检验方法	描述	是否有异常点
Line6	上锚缆连接点	14.8	目视检验	单点卸扣连接点,结构无异常,海生物完全覆盖	否
		10.7	目视检验	连接索节,结构无异常,海生物完全覆盖	否
	上锚缆	50.7	目视检验	结构无异常,大量海生物覆盖	否
		82.9	目视检验	结构无异常,大量海生物覆盖	否
	上锚缆和上锚链连接点	102.9	目视检验	索节,结构无异常	否
		103.4	目视检验	三角板,结构无异常	否
	上锚链	102.9	目视检验	触泥点,结构无异常	否
		103	目视检验	配重块,结构无异常	否
		103.1	目视检验	配重块,结构无异常	否
	上锚链和下锚缆连接点	—	目视检验	掩埋状态	否
	下锚缆	103.7	目视检验	结构无异常,半掩埋状态	否
	下锚缆和下锚链连接点	—	目视检验	掩埋状态	否
	下锚链	—	目视检验	掩埋状态	否
	吸力锚	103.1	目视检验	锚头露出泥面,刻度线被海生物覆盖	否
		102.1	目视检验	吸力锚顶部,阳极状态良好,上方有吊装钢缆缠绕,结构无异常	否

表 7-14　Line7 检查结果

锚链编号	位置	水深(m)	检验方法	描述	是否有异常点
Line7	上锚缆连接点	13.7	目视检验	单点卸扣连接点,结构无异常,少量海生物覆盖	否
		14.9	目视检验	连接索节,结构无异常,大量海生物覆盖	否
	上锚缆	45.7	目视检验	结构无异常,大量海生物覆盖	否
		88.9	目视检验	结构无异常,海生物完全覆盖	否
	上锚缆和上锚链连接点	101.2	目视检验	索节,结构无异常	否
		100.8	目视检验	三角板,结构无异常	否
	上锚链	100.1	目视检验	触泥点,结构无异常	否
		100.1	目视检验	配重块,结构无异常	否
		100.1	目视检验	配重块,结构无异常	否
	吸力锚	98.8	目视检验	吸力锚四周有沙袋填埋	否
		98.8	目视检验	锚头露出泥面,刻度线被海生物覆盖	否
		97.4	目视检验	吸力锚顶部,阳极状态良好,阳极上有绳状物缠绕,结构无异常	否

表 7-15 Line8 检查结果

锚链编号	位置	水深(m)	检验方法	描述	是否有异常点
Line8	上锚缆连接点	13.5	目视检验	单点卸扣连接点,结构无异常,海生物完全覆盖	否
		14.8	目视检验	连接索节,结构无异常,大量海生物覆盖	否
	上锚缆	48.7	目视检验	结构无异常,大量海生物覆盖	否
		100.4	目视检验	结构无异常,少量海生物覆盖,有渔线缠绕	否
	上锚缆和上锚链连接点	100.5	目视检验	索节,结构无异常	否
		101	目视检验	三角板,结构无异常	否
	上锚链	100	目视检验	触泥点,结构无异常	否
		100.3	目视检验	配重块,结构无异常	否
		100.1	目视检验	配重块,结构无异常	否
		100.6	目视检验	锚链 H 形连接点,大部分掩埋,结构无异常	否
	吸力锚	99.3	目视检验	锚头露出泥面,刻度线被海生物覆盖	否
		97.6	目视检验	吸力锚顶部,阳极状态良好,阳极上有绳状物缠绕,结构无异常	否

表 7-16 Line9 检查结果

锚链编号	位置	水深(m)	检验方法	描述	是否有异常点
Line9	上锚缆连接点	13.7	目视检验	单点卸扣连接点,结构无异常,少量海生物覆盖	否
		14.4	目视检验	连接索节,结构无异常,大量海生物覆盖	否
	上锚缆	46.5	目视检验	结构无异常,大量海生物覆盖	否
		87.3	目视检验	结构无异常,大量海生物覆盖	否
	上锚缆和上锚链连接点	100.8	目视检验	索节,结构无异常	否
		101.2	目视检验	三角板,结构无异常	否
	上锚链	101.4	目视检验	触泥点,结构无异常	否
		100.2	目视检验	配重块,结构无异常	否
		100.5	目视检验	上锚链链环,结构无异常	否
	吸力锚	99.5	目视检验	吸力锚四周有沙袋填埋,有渔网缠绕	否
		99.6	目视检验	锚头露出泥面,刻度线被海生物覆盖	否
		99.2	目视检验	吸力锚顶部,阳极状态良好,阳极上有绳状物缠绕,结构无异常	否

7.1.3　南海某 14 万吨 FPSO 综合评价

对南海某 14 万吨 FPSO 的 2018 年 1—6 月监测数据进行了分析处理，并对其海况监测数据进行了分析，分析结果表明海况数据合理，风速与波高间存在相关趋势。对南海某 14 万吨 FPSO 该段时间监测数据的处理结果表明，该段时间没有发生 1 d 记录超过 4 个警告或 3 d 以上记录超过 8 个警告，没有达到向 AIM 系统提出报警的级别。

对监测数据与数值计算进行了对比，多数锚链误差值在 100~150 kN，存在一定的偏差，其原因在于：

（1）监测数据是基于实测的锚链张力的，而数值计算是基于设计值进行推算得到的；

（2）监测数据读取时 FPSO 的装载工况与设计装载工况不对应；

（3）监测数据锚链上端的预张力与数值计算采用的预张力不同。

但是 Line2 的计算数据与监测数据对比曲线趋势差异比较大，差值达到 600 kN，分析结果认为 Line2 的数值计算结果与监测数据结果对比有较大差异，通过客户反馈确认 Line2 的监测设备该段时间没有正常工作。

基于南海某 14 万吨 FPSO 的 2019 年单点系统 ROV 检测报告，进行检测案例分析。Line2~Line9 锚链检查结果均无异常情况，但检查中发现了一个异常情况，即 Line1 在水深 101.2 m 在配重块附近发现有一脱落配重块，但无法确定该配重块的具体来源。对于配重块，根据设计计算和历史经验，单个配重块脱落对系泊系统安全性基本没有影响。判定存在的风险等级为 1，即对系统影响可以忽略，但建议后续周期性检查时对该区域配重块加强监视，以防止更多配重块脱落。

7.2　渤海某 15.6 万吨塔架式 FPSO 案例分析

7.2.1　渤海某 15.6 万吨塔架式 FPSO 监测数据分析

在我国渤海海域，由于水深的限制（平均水深约为 25 m），冬季会出现海冰的海况，所以目前在役的 FPSO 均采用了软刚臂式的单点系泊形式。其中，5 艘 FPSO 采用的是水上软刚臂系泊形式，仅有该案例 FPSO（图 7-8）采用水下软刚臂系泊形式。

图 7-8　渤海某 15.6 万吨 FPSO

水下软刚臂系泊装置通常采用双轴承结构，一组轴承在水上，一组在水下。因为系泊缆固定点位于水下，所以避免了系泊缆与船体发生碰撞。水下软刚臂系泊装置的优点在于其外伸结构很小，不足之处在于需要依靠双轴承系统，增加了装置的复杂性。但是锚链系统须在水下维修，操作不便。

针对现场监测信息及监测内容的要求，监测系统主要包括以下几部分。

（1）海洋环境条件监测系统：①风速、风向测量；②浪高、周期和浪向测量；③剖面流速和流向测量。

（2）FPSO运动和位置监测系统：① FPSO艏向测量；② FPSO六自由度运动姿态和位置测量；③ FPSO净间隙测量（艏艉吃水、船艏与YOKE压载间距）。

（3）单点状态监测系统：①单点关键部位载荷测量；② YOKE运动姿态测量。

（4）视频监测。

各测量子系统将测量数据实时上传到FPSO中控室中的集成数据采集与处理系统，完成数据的存储、处理和显示等工作。

7.2.1.1 现场监测数据采集

渤海某15.6万吨FPSO现场监测数据采集包括以下内容。

1. 系泊力追踪

监测数据（表7-17）给出了左右舷软刚臂上端锚链的水平张力、垂向张力以及锚链倾斜角度。该数据中的水平和垂向张力作为系泊系统评判的物理参数之一。

表7-17 渤海某15.6万吨FPSO系泊力监测数据

	时间	左舷锚链X轴角度（°）	左舷锚链Y轴角度（°）	右舷锚链X轴角度（°）	右舷锚链Y轴角度（°）	计算左舷水平系泊力（t）	计算左舷竖向力（t）	计算右舷水平系泊力（t）	计算右舷竖向力（t）
inclinom-eter	2014-10-14 22:56	−1.268 6	−1.495 2	−1.114 3	0.214 8	1.680 48	431.747	2.908 44	432.054
	2014-10-14 22:56	−1.247	−1.461 6	−1.114 5	0.268 1	14.852 38	431.790	2.906 84	432.053
	2014-10-14 22:56	−1.184	−1.565 6	−1.069 1	0.205 4	2.353 75	431.915	3.268 15	432.143
	2014-10-14 22:56	−1.108 6	−1.625 6	−1.049 2	0.132 5	2.380 81	431.922	3.426 52	432.183
	2014-10-14 22:56	−1.287 4	−1.541 8	−1.138 1	0.144 1	1.530 87	431.710	2.719 03	432.006
	2014-10-14 22:56	−1.305 8	−1.505 0	−1.164 7	0.252 0	1.384 44	431.674	2.507 34	431.954
	2014-10-14 22:56	−1.244 8	−1.532 6	−1.150 4	0.180 8	1.869 89	431.795	2.621 14	431.982
	2014-10-14 22:56	−1.225 6	−1.571 4	−1.097 5	0.176 7	2.022 68	431.833	3.042 13	432.087

续表

	时间	左舷 YOKE X 轴角度（°）	左舷 YOKE Y 轴角度（°）	右舷 YOKE X 轴角度（°）	右舷 YOKE Y 轴角度（°）	计算左舷轴向力（t）	计算左舷竖向力（t）	计算右舷轴向力（t）	计算右舷竖向力（t）
inclinometer1	2014-10-14 22:56	−1.268 6	−1.495 2	−1.114 3	0.214 8	1.680 48	431.747	2.908 44	432.054
	2014-10-14 22:56	−1.247	−1.461 6	−1.114 5	0.268 1	1.852 38	431.790	2.906 84	432.053
	2014-10-14 22:56	−1.184	−1.565 6	−1.069 1	0.205 4	2.353 75	431.915	3.268 15	432.143
	2014-10-14 22:56	−1.180 6	−1.625 6	−1.049 2	0.132 5	2.380 81	431.922	3.426 52	432.183
	2014-10-14 22:56	−1.287 4	−1.541 8	−1.138 1	0.144 1	1.530 87	431.710	2.719 03	432.006
	2014-10-14 22:56	−1.305 8	−1.505 0	−1.164 7	0.252 0	1.384 44	431.674	2.507 34	431.954
	2014-10-14 22:56	−1.244 8	−1.532 6	−1.150 4	0.180 8	1.869 89	431.795	2.621 14	431.982
	2014-10-14 22:56	−1.225 6	−1.571 4	−1.097 5	0.176 7	2.022 68	431.833	3.042 13	432.087

2.FPSO 运动及位置信息

监测数据（表 7-18）给出了单点的位置信息及 FPSO 六自由度的运动信息。该数据中单点的位置偏移以及 FPSO 艏向角作为系泊系统评判参数之一。

表 7-18　渤海某 15.6 万吨 FPSO 运动及位置监测数据

	时间	纬度（°）	经度（°）	艏向（°）	横摇（°）	纵摇（°）	东向速度（m/s）	北向速度（m/s）	高度（m）
gps	2014-10-14 22:56	38.763	118.704	248.355	0.889 790	3.604 88	0.002 333 92	−0.012 019 70	29.226 1
	2014-10-14 22:56	38.763	118.704	248.340	0.890 592	3.579 86	−0.001 619 71	0.000 281 77	29.185 9
	2014-10-14 22:56	38.763	118.704	248.338	0.884 716	3.590 09	0.005 397 12	−0.000 531 16	29.180 6
	2014-10-14 22:56	38.763	118.704	248.324	0.890 482	3.625 72	−0.002 433 84	0.006 753 62	29.162 3
	2014-10-14 22:56	38.763	118.704	248.332	0.891 645	3.606 04	−0.009 159 89	0.004 358 73	29.096 2

3. 环境条件

环境条件包括风、浪、流等参数，针对环境条件监测数据（表 7-19）的分析，首先要对风、浪、流各自参数进行单独分析，还需要对有相互影响的环境条件间的关系进行分析，如风和波浪的相互关系。

表 7-19 渤海某 15.6 万吨 FPSO 环境条件监测数据

	时间	流剖面层数	东西速度(m/s)	北向速度(m/s)	竖向速度(m/s)	合成流速(m/s)	平均流向(°)	流速分层测量截止标志
wgpacur-rentspeed	2014-10-14 23:30	1	0.3	0.41	0.06	0.51	144.2	0
	2014-10-14 23:30	2	0.24	0.46	0.04	0.52	152.6	0
	2014-10-14 23:30	3	0.32	0.41	0.06	0.52	152.6	0
	2014-10-14 23:30	4	0.45	0.36	0.09	0.58	128.6	0
	2014-10-14 23:30	5	0.39	0.37	0.05	0.54	133.3	0
	2014-10-14 23:30	6	0.25	0.5	0.02	0.56	153	0
	2014-10-14 23:30	7	0.09	0.51	0.06	0.52	169.9	0
	2014-10-14 23:30	8	0.06	0.57	0.12	0.57	186.3	0
	2014-10-14 23:30	9	0.16	0.66	0.16	0.68	194	0
	2014-10-14 23:30	10	0.08	0.56	0.07	0.56	171.5	0
	2014-10-14 23:30	11	0.19	0.45	0.02	0.49	156.4	0
	2014-10-14 23:30	12	0.08	0.51	0.06	0.52	171.1	0
	2014-10-14 23:30	13	0.1	0.42	0.11	0.43	166	0
	2014-10-14 23:30	14	0.08	0.3	0.14	0.31	165.6	0
	2014-10-14 23:30	15	0.03	0.53	0.14	0.53	176.3	1
wgpa-wave	时间	谱依据类型	计算方法	平均波高(m)	三分之一波高(m)	十分之一波高(m)	最大波高(m)	平均周期(s)
	2014-10-14 23:11	3	4	1.05	0.98	1.28	1.94	2.56
	2014-10-14 23:41	3	4	1.10	1.04	1.33	1.76	2.67
wind	时间	风速(m/s)	相对风向(°)					
	2014-10-14 22:58	7	355					
	2014-10-14 22:58	9.4	337					
	2014-10-14 22:58	9.6	345					
	2014-10-14 22:58	8.9	355					
				以船艏右舷为正,左舷为负				

图 7-9 给出了波高与谱峰周期、浪向、流速的关系。

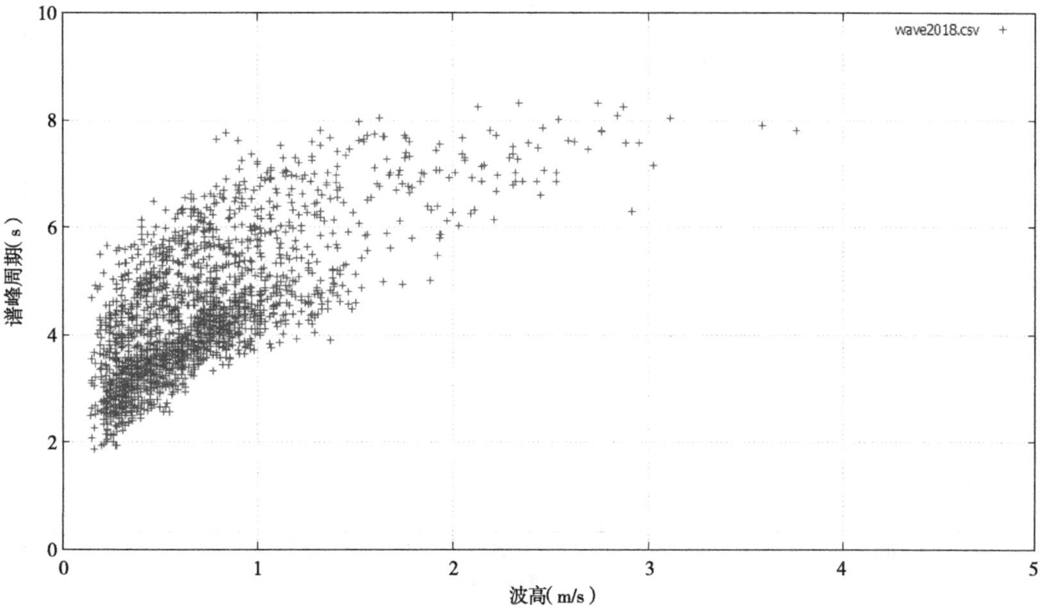

(a)

图 7-9　波高与谱峰周期、浪向、流速关系

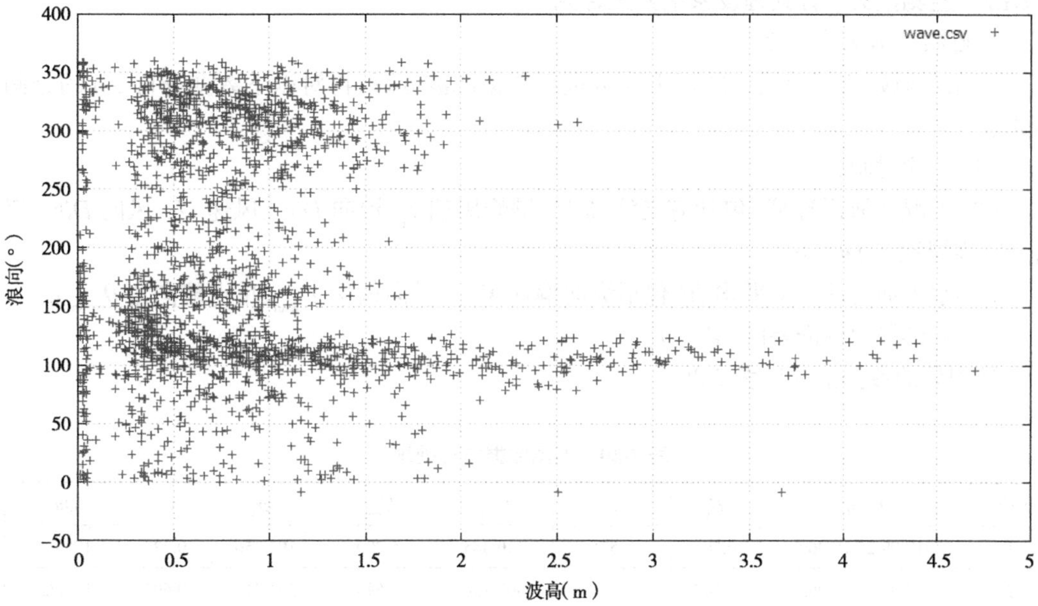

(b)

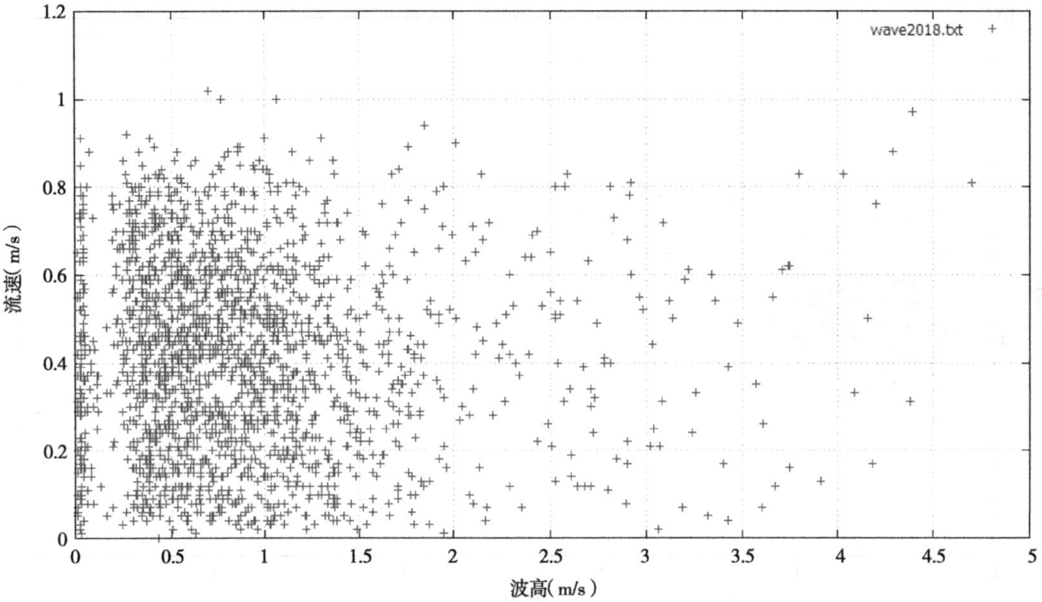

(c)

图 7-9 波高与谱峰周期、浪向、流速关系

(a)波高与谱峰周期的关系 (b)波高与浪向的关系 (c)波高与流速的关系

7.2.1.2 监测数据统计处理及系泊系统评判

1. 监测数据统计处理

首先对原始监测数据中的以下参数进行数据滤波处理,再对以下数据进行 3 h 的分割提取:

(1)监测时间;

(2)海况的海洋环境(包括有义波高 H_s、谱峰周期 T_p、浪向 Dir_H、风速 U_V、风向 Dir_V、流速 U_C、表层流向 Dir_C);

(3)水平面内的运动平均值(包括纵向偏移 X_{mean}、横向偏移 Y_{mean}、单点艏向角 θ_{mean});

(4)锚链张力标准差值(T_{x_std})。

处理后的数据格式见表 7-20。

表 7-20 监测数据统计处理

序号	时间	H_s	T_p	Dir_H	U_{wind}	Dir_V	U_C	Dir_C
1	2017-09-28 18:06:58	0.500	3.555	330.885	5.700	107.256	0.423	178.067
2	2017-09-28 21:06:58	0.645	3.480	307.758	5.595	204.913	0.607	107.753
3	2017-09-29 00:06:58	0.895	4.078	296.998	7.218	167.216	0.405	92.067
4	2017-09-29 03:06:58	1.045	4.650	279.713	5.542	57.954	0.392	88.107
5	2017-09-29 09:06:58	1.128	4.850	264.965	5.706	110.733	0.368	94.280
6	2017-09-29 12:06:58	0.875	4.583	247.325	2.952	77.360	0.192	145.000

续表

7	2017-09-29 15:06:58	0.570	5.093	184.453	3.047	66.509	0.213	278.900
8	2017-09-29 18:06:58	0.485	5.108	167.770	4.089	83.036	0.267	64.680
9	2017-09-29 21:06:58	0.555	4.088	207.580	5.002	244.156	0.574	101.720
10	2017-09-30 00:06:58	0.593	3.343	264.265	6.384	181.130	0.481	104.813
11	2017-09-30 03:06:58	0.868	4.270	287.690	6.868	58.351	0.279	53.413
12	2017-09-30 06:06:58	0.965	4.833	294.648	7.522	71.434	0.381	151.393
13	2017-09-30 12:06:58	0.570	3.618	276.055	6.606	283.225	0.335	88.807
14	2017-09-30 15:06:58	0.628	3.755	178.463	6.626	111.446	0.204	114.447
15	2017-09-30 18:06:58	0.840	4.473	167.813	8.066	32.937	0.319	46.207
16	2017-09-30 21:06:58	1.075	5.113	174.858	7.700	145.665	0.365	62.913
17	2017-10-01 00:06:58	1.245	5.888	165.715	6.684	286.132	0.477	86.113
18	2017-10-01 03:06:58	1.218	5.818	164.325	6.380	120.532	0.254	56.633
19	2017-10-01 06:06:58	0.915	5.228	157.595	4.826	63.887	0.535	166.707
20	2017-10-01 09:06:58	0.735	4.985	156.695	2.782	65.128	0.403	200.820
21	2017-10-01 12:06:58	0.568	4.928	154.235	2.118	189.569	0.131	117.053
22	2017-10-01 15:06:58	0.505	4.448	145.703	5.318	132.854	0.237	178.160
23	2017-10-01 18:06:58	0.870	4.158	126.983	6.323	105.974	0.589	327.233

2. 系泊系统评判

根据前面章节提到的方法进行处理，最终可以得到每一海况下张力的判断值 Criteria4 和系泊系统的整体判断标准 STDEV_GLOBAL，见表 7-21。

对超过 2 的判断值进行标记，如果满足 1 d 记录超过 4 个警告或 3 d 以上记录超过 8 个警告，需要向 AIM 系统提出报警。

7.2.1.3　监测数据与数值计算数据对比

本节提取了 2017 年 9—12 月的监测数据与数值计算进行对比，如图 7-10 所示，图中排除了因装载不同产生的预张力偏差。

表 7-21　监测数据分析

序号	时间	H_s	T_p	Dir_H	U_{wind}	Dir_V	U_C	Dir_C	$Heading_{mean}$	X_{mean}	Y_{mean}	T_{hstd}	T_{vstd}	Heading	$X_{criteria}$	$Y_{criteria}$	$T_{hcriteria}$	$T_{vcriteria}$	STDEV_GLOBAL
1	2017-09-18 18:06:58	0.500	3.555	330.885	5.700	107.256	0.423	287.820	37.305	38.760	118.699	2.698	0.748	−1.91	0.04	0.04	−0.16	−0.05	0.18
2	2017-09-28 21:06:58	0.645	3.480	307.758	5.595	204.913	0.607	307.640	61.148	38.761	118.699	8.421	1.597	−1.59	0.04	0.04	2.14	0.08	2.14
3	2017-09-29 00:06:58	0.895	4.078	296.998	7.218	167.216	0.405	297.067	57.356	38.761	118.699	7.513	1.375	−1.64	0.04	0.04	1.77	0.05	1.77
4	2017-09-29 03:06:58	1.045	4.650	279.713	5.542	57.954	0.392	288.960	48.818	38.760	118.699	3.140	0.669	−1.76	0.05	0.05	0.02	−0.06	0.09
5	2017-09-29 09:06:58	1.128	4.850	264.965	5.706	110.733	0.368	101.993	255.623	38.760	118.702	14.048	1.160	1.03	0.05	0.05	0.06	0.01	0.09
6	2017-09-29 12:06:58	0.875	4.583	247.325	2.952	77.360	0.192	192.080	156.618	38.760	118.701	5.305	0.770	−0.31	0.04	0.04	0.89	−0.05	0.89
7	2017-09-29 15:06:58	0.570	5.093	184.453	3.047	66.509	0.213	285.113	70.077	38.761	118.698	3.928	6.586	−1.47	0.05	0.04	0.34	0.86	0.92
8	2017-09-29 18:06:58	0.485	5.108	167.770	4.089	83.036	0.267	307.173	64.493	38.761	118.698	2.972	0.544	−1.54	0.05	0.05	−0.05	−0.08	0.12
9	2017-09-29 21:06:58	0.555	4.088	207.580	5.002	244.156	0.574	95.927	255.580	38.763	118.704	7.822	1.548	1.03	0.05	0.05	1.90	0.07	1.90
10	2017-09-30 00:06:58	0.593	3.343	264.265	6.384	181.130	0.481	279.867	49.948	38.761	118.699	4.230	0.671	−0.66	0.04	0.04	−0.48	−0.12	0.50
11	2017-09-30 03:06:58	0.868	4.270	287.690	6.868	58.351	0.279	312.887	73.017	38.761	118.698	4.796	0.964	−0.55	0.05	0.04	−0.32	−0.12	0.35
12	2017-09-30 06:06:58	0.965	4.833	294.648	7.522	71.434	0.381	139.747	287.820	38.761	118.704	2.040	0.203	1.46	0.04	0.05	0.65	−0.05	0.65
13	2017-09-30 21:06:58	0.570	3.618	276.055	6.606	283.225	0.335	312.540	69.267	38.761	118.698	7.362	0.768	0.78	0.04	0.05	0.45	−0.13	0.48
14	2017-09-30 15:06:58	0.628	3.755	178.463	6.626	111.446	0.204	258.093	95.653	38.760	118.700	5.039	0.802	−1.13	0.04	0.04	0.78	−0.04	0.79
15	2017-09-30 18:06:58	0.840	4.473	167.813	8.066	32.937	0.319	277.753	124.203	38.760	118.700	4.818	0.854	−0.74	0.04	0.04	0.69	−0.04	0.70
16	2017-09-30 21:06:58	1.075	5.113	174.858	7.700	145.665	0.365	255.707	62.187	38.761	118.699	3.912	0.717	−1.58	0.04	0.04	0.33	−0.06	0.34
17	2017-10-01 00:06:58	1.245	5.888	165.715	6.684	286.132	0.477	302.413	69.093	38.761	118.698	2.430	0.300	−1.48	0.04	0.04	−0.27	−0.12	0.30
18	2017-10-01 03:06:58	1.218	5.818	164.325	6.380	120.532	0.254	221.100	58.325	38.760	118.700	3.982	0.603	−1.63	0.04	0.04	0.36	−0.07	0.37
19	2017-10-01 06:06:58	0.915	5.228	157.595	4.826	63.887	0.535	77.780	225.998	38.764	118.704	1.827	0.310	0.63	0.05	0.05	−0.51	−0.12	0.53
20	2017-10-01 09:06:58	0.735	4.985	156.695	2.782	65.128	0.403	314.00	69.354	38.761	118.698	3.795	0.747	−1.48	0.04	0.04	0.28	−0.05	0.29
21	2017-10-01 12:06:58	0.568	4.928	154.235	2.118	189.569	0.131	75.420	233.420	38.763	118.703	25.070	1.831	0.73	0.05	0.05	1.97	0.12	1.97
22	2017-10-01 15:06:58	0.505	4.448	145.703	5.318	132.854	0.237	307.780	110.212	38.761	118.699	4.379	0.704	−0.93	0.04	0.04	0.52	−0.06	0.52

续表

序号	时间	H_s	T_p	Dir_H	U_{wind}	Dir_V	U_C	Dir_C	$Heading_{mean}$	X_{mean}	Y_{mean}	T_{hstd}	T_{vstd}	Heading	$X_{criteria}$	$Y_{criteria}$	$T_{hcriteria}$	$T_{vcriteria}$	STDEV_GLOBAL
23	2017-10-01 18:06:58	0.870	4.158	126.983	6.323	105.974	0.589	160.211	313.094	38.761	118.703	2.445	20.363	1.80	0.04	0.05	−0.26	0.16	0.31
24	2017-10-01 21:06:58	1.698	5.375	113.885	9.463	101.372	0.444	62.913	163.785	38.764	118.700	25.293	0.353	−0.21	0.05	0.04	−0.32	−0.11	0.35
29	2017-10-02 03:06:58	1.790	7.353	115.543	5.561	70.489	0.489	146.320	268.966	38.762	118.705	8.841	1.746	1.21	0.05	0.05	2.31	0.10	2.31
30	2017-10-02 06:06:58	1.278	7.075	108.375	4.292	190.381	0.190	251.027	50.291	38.761	118.699	4.137	0.519	−1.74	0.04	0.04	0.42	−0.09	0.43
31	2017-10-02 09:06:58	1.203	6.795	100.270	6.521	298.378	0.349	90.100	220.857	38.764	118.703	2.412	0.426	0.56	0.05	0.05	−0.27	−0.10	0.30
32	2017-10-02 12:06:58	1.088	6.838	105.623	5.304	112.063	0.201	215.307	195.481	38.764	118.702	3.172	0.445	0.22	0.05	0.05	0.03	−0.10	0.12

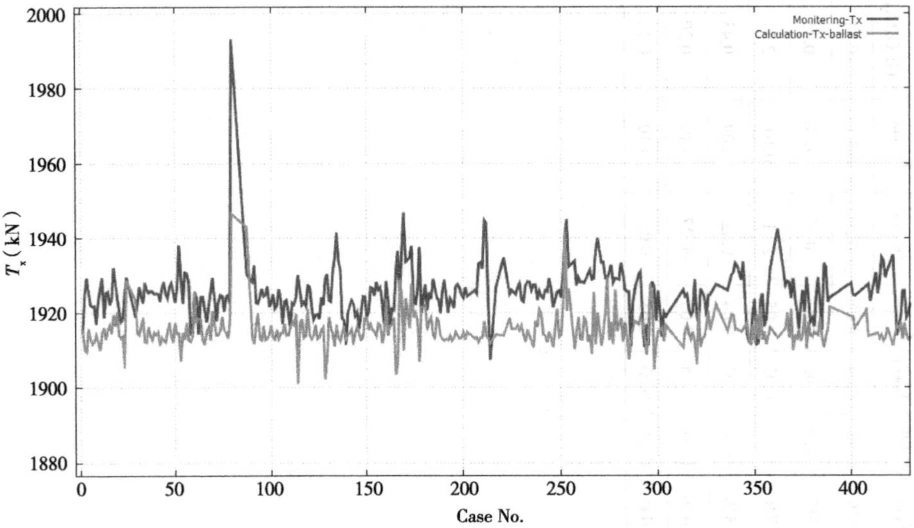

图 7-10 监测数据与数值计算对比

从图 7-11 中可以看出 438 h 之后监测张力出现突变，需要人为检查是否存在其他特殊作业（如装卸作业、锚链更换、装载变化等）产生的突变。

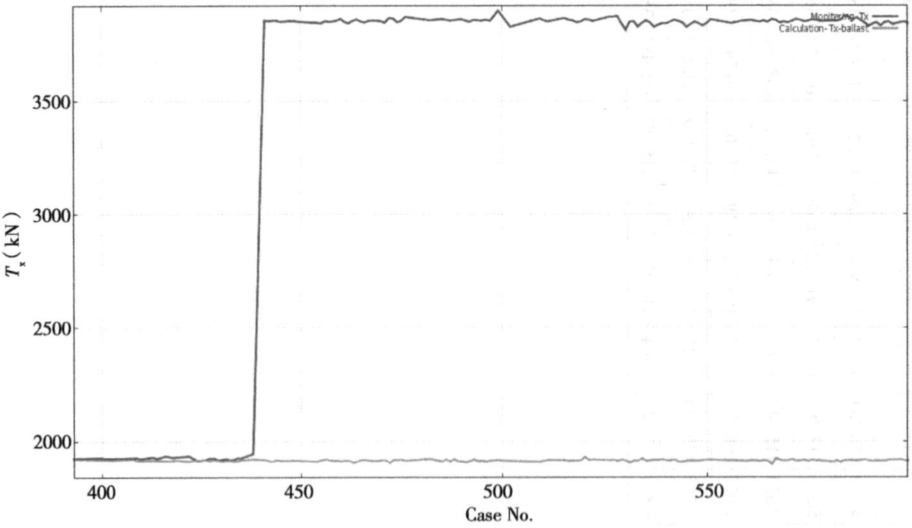

图 7-11 400~600 h 监测数据

7.2.2 渤海某 15.6 万吨 FPSO 检测数据分析

基于渤海某 15.6 万吨 FPSO 的 2018 年单点系统潜水作业检测报告，进行案例分析。

2018 年 9 月，通过潜水作业，对渤海某 15.6 万吨 FPSO 单点水下项目进行了特检。具体检验内容如下：

（1）A1-01 基盘及钢桩基盘；
（2）A2-01 转台两侧耳轴箱轴向螺栓及轴承；
（3）A2-03 转台耳轴箱底部 YOKE 固定板及螺栓；
（4）A2-04 转台底部轴向轴承，驱动块附近密封圈限位卡子间隙调整；
（5）A3-01 转台驱动块；
（6）A3-02 外转塔底部锥体与筒体连接结构；
（7）M1-01 横摇轴承锁盘螺栓；
（8）M1-03 系泊锚链水下万向节锁板；
（9）M2-01 和 M2-02 系泊锚链水下万向节螺栓和卸扣。
渤海某 15.6 万吨 FPSO 单点系泊装置水下结构目视检验结果见表 7-22。

表 7-22　渤海某 15.6 万吨 FPSO 水下检验结果

编号	位置	检验方法	检验结果概要	是否存在异常情况
1	基盘及钢桩基盘（A1-01）	目视检验	混凝土与钢桩套筒和钢桩（1#、2#、3#）之间没有间隙，钢桩表面没有裂纹；桩套与水平梁连接结构角隅处焊缝未发现裂纹，基盘结构无异常；单点基座底部在泥面，没有悬空情况	否
2	转台两侧耳轴箱轴向螺栓及轴承	目视检验	转台两侧耳轴箱轴向固定螺栓及轴承 16 根耳轴箱轴向固定螺栓（每侧 8 根）未发现松动。轴承未见异常	否
3	转台耳轴箱底部 YOKE 固定板及螺栓（A2-03）	目视检验	转台耳轴箱底部 YOKE 固定板未见异常，16 根固定螺栓（每侧 8 根）未发现松动	否
4	转台底部轴向轴承，密封圈限位卡子（A2-04）	目视检验	橡胶密封圈缺失，橡胶密封圈固定卡子锈蚀断裂脱落	是
5	转台底部轴向轴承（A2-04）	间距测量	见图 7-12，表 7-23	否
6	转台驱动块（A3-01）	目视检验	外转塔开孔处结构及焊缝未见异常	
7	转台驱动块（A3-01）	间距测量	见表 7-24	否
8	外转塔底部锥体与筒体连接结构（A3-02）	目视检验	外转塔底部锥体与筒体连接结构未见异常	否
9	横摇轴承锁盘螺栓（M1-01）	目视检验	横摇轴承 36 根锁盘螺栓未松动，锁盘剪切销、横摇轴承密封和近单点处横摇轴承限位卡子未见异常	否
10	系泊锚链水下万向节锁板（M1-03）	目视检验	万向节锁板螺栓（16 根）固定良好，未见异常	否
11	系泊锚链水下万向节螺栓和卸扣（M2-01 和 M2-02）	目视检验	系泊锚链水下万向节螺栓和卸扣固定良好，未见异常	否
12	YOKE 倾角仪	目视检验	左右倾角仪固定良好，左侧倾角仪电缆从根部断开脱落（图 7-13）	是
13	提升锚链与 YOKE 筒体	目视检验	中部两根提升锚链与 YOKE 筒体存在摩擦现象，筒体涂层局部脱落金属露白（图 7-14）	是

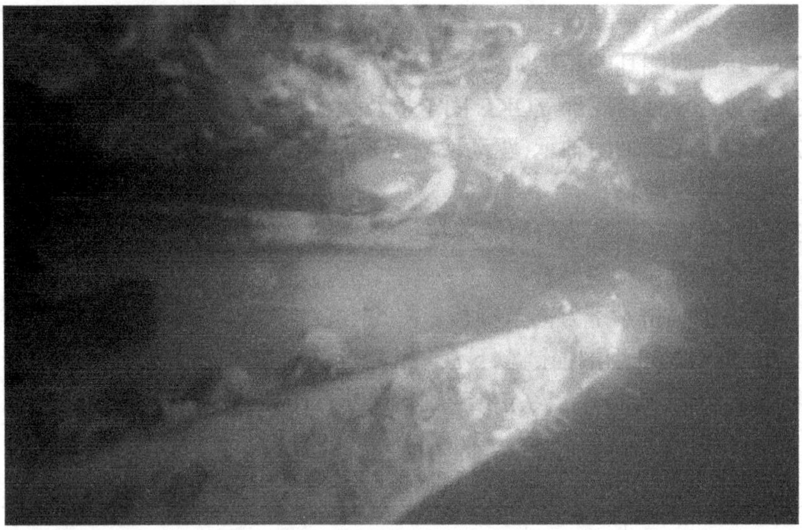

图 7-12　转台底部轴向轴承，密封圈限位卡子(A2-04)缺失

表 7-23　转台底部轴向轴承检查结果

销孔编号	定位销深度 a(mm)		定位销裸露高度 b(m)		测量面与转盘下表面距离 c(m)	
	2018年	2017年	2018年	2017年	2018年	2017年
1	95.3	96.6	1.8	—	49.1	51.8
2	93.9	97.2	4.3	—	49.8	51.4
3	94.5	95.8	5.0	—	49.3	50.6
4	95.0	96.0	5.5	—	49.9	50.4
5	95.5	96.0	4.6	—	49.6	50.3
6	94.6	96.0	4.7	—	48.7	50.5
7	94.7	96.2	3.6	—	48.9	52.9
8	93.8	96.2	7.0	—	48.0	50.8
9	99.1	100.2	0	—	48.1	50.1
10	94.8	97.0	3.7	—	48.0	50.3
11	93.9	95.8	2.2	—	48.0	50.6
12	94.4	95.8	2.0	—	49.8	51.2
注：受涂层厚度和构件相对运动的影响，在不同时段测量的数据存在偏差。						

表 7-24　转台驱动块检查结果

驱动块编号	驱动块与卡槽间(mm)	驱动块与卡槽外侧间(mm)			驱动块与卡槽内侧间(mm)			驱动块状态
		左	中	右	左	中	右	
1	4	23	24	24	26	25	25	未见异常

续表

驱动块编号	驱动块与卡槽间（mm）	驱动块与卡槽外侧间（mm）			驱动块与卡槽内侧间（mm）			驱动块状态
		左	中	右	左	中	右	
2	6	24	22	22	22	21	21	未见异常
3	4	21	21	20	22	21	21	未见异常
4	3	22	20	21	22	24	24	未见异常
5	2	27	25	26	25	23	23	未见异常
6	3	26	25	26	20	20	21	未见异常

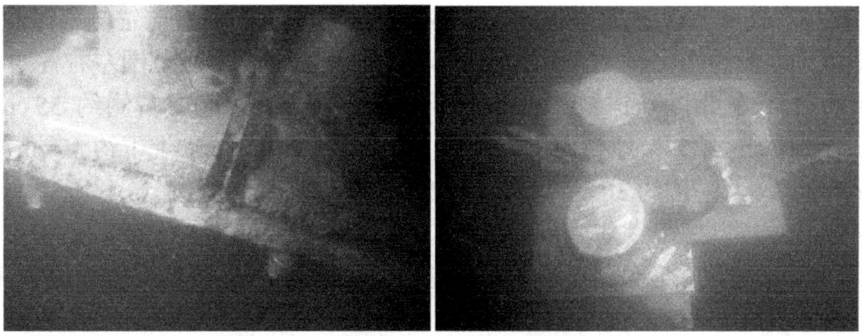

图 7-13　左侧倾角仪电缆从根部断开脱落

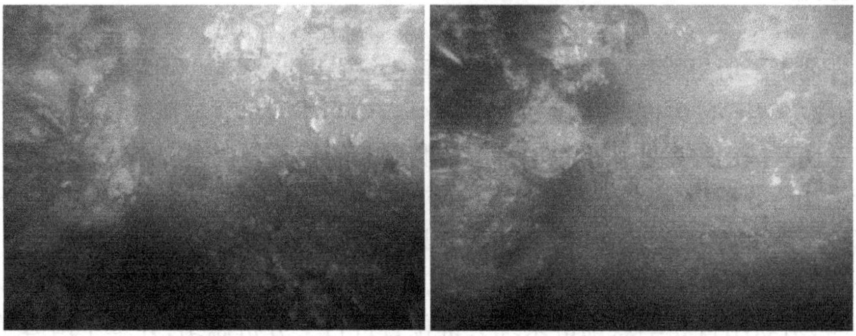

图 7-14　中部两根提升锚链与 YOKE 筒体存在摩擦现象

7.2.3　渤海某 15.6 万吨 FPSO 综合评价

对该 FPSO 的监测数据进行了分析处理。

对该 FPSO 的海况监测数据进行了分析，分析结果表明海况数据合理。

对该 FPSO 该段时间监测数据的处理结果表明，该段时间没有发生 1 d 记录超过 4 个警告或 3 d 以上记录超过 8 个警告，没有达到向 AIM 系统提出报警的级别。

对监测数据与数值计算进行了对比，对比结果差异较小。

基于该 FPSO 的 2018 年单点系统 ROV 检测报告，进行检测案例分析。该次检验，发现

3 个异常点,具体如下。

(1)转台底部轴向轴承:密封圈限位卡子(A2-04)缺失。

风险等级:2a。

专家决策:及时制订密封圈修复计划,下一检验周期检查其他位置密封圈情况。

(2)YOKE 倾角仪:按施工方案和规范的要求对倾角仪进行了外观检验,检验结果为左右倾角仪固定良好,左侧倾角仪电缆从根部断开脱落。

风险等级:1。

专家决策:该设备对系泊系统结构安全没有影响,建议检查校对系泊倾角仪监测数据,制订电缆更换方案。

(3)提升锚链与 YOKE 筒体:对筒体进行了外观检验,检验结果为:中部 2 根提升锚链与 YOKE 筒体存在摩擦现象,筒体涂层局部脱落金属露白。右舷提升锚链第四节开始接贴载舱,摩擦范围左侧约 30 cm,右侧约 50 cm;第五节贴压载舱,摩擦范围左右各约 30 cm;第六节开始悬空。左舷提升锚链第三节开始贴压载舱,摩擦范围右侧约 55 cm,左侧约 22 cm,上下约 10 cm;第四节摩擦范围右侧约 75 cm,左侧约 20 cm,上下约 10 cm;第五节摩擦范围右侧约 82 cm,左侧约 30 cm,上下约 22 cm;第六节开始悬空。

风险等级:2a。

专家决策:该风险短期不会对系统安全造成大的影响,建议定期检查该位置,确定摩擦范围和深度的变化。

7.3 结论

本报告列出了历史故障,包括其位置、严重性、原因和受影响的部分。对历史故障的审查还突出了检查程序的改进点,以便在可能的情况下尽早发出故障风险警告。

本书对现有国内外专业从事系泊系统监测服务的相关公司,其监测技术手段及其典型业绩进行了调研分析,对国外一些代表性的 FPSO 采用的系泊监测系统及其设备进行了调研。并调研了南海某 15.3 万吨 FPSO 和渤海某 5.7 万吨 FPSO 所使用的系泊监测系统。对我国渤海和南海现有的监测技术进行了调研,并对其监测内容和方式进行了总结概述。结合项目经验,对软刚臂和单点锚链系统关键位置进行了分析总结,并基于南海某 14 万吨 FPSO、渤海某 15.6 万吨 FPSO 和南海某 15.7 万吨 FPSO 的监测系统规格书,结合目前世界范围先进的监测技术手段,对我国渤海和南海作业 FPSO 的监测技术方案给出了优化建议。

本章部分图例

说明:为了方便读者直观地查看彩色图例,此处节选了书中的部分内容进行展示。页面左侧的页码,为您标注了对应内容在书中出现的位置。

附录 1　现存 FPSO 清单

FPSO 和其他船舶和驳船形状浮动生产/存储平台列表（不包括 semisubs，spars 和 TLP）

Type Unit	Field	Unit Name	Location Block No in GOM	Operator	Floater Owner	Mooring	Install Date
FSO	Ardjuna	Arco Ardjuna	Indonesia	Pertamina Hulu Energy	Pertamina Hulu Energy	Soft Mooring	1973
FPSO	White Tiger	Chi Linh	Vietnam	Vietsovpetro	Vietsovpetro	CALM Soft Yoke	1984
FSO	Lalang	Ladinda	Indonesia	Energi Mega Persada	Emha Tara Navindo	Tower Yoke	1984
FPSO	Kakap	Kakap Natuna	Indonesia	Star Energy	Star Energy (Duta Marine O&M)	CALM rigid yoke	1986
FSO	Bouri	Sloug	Libya	ENI/LNOC	ENI/LNOC	Ext. Turret	1987
FSO	Ras Isa Terminal	Safer	Yemen	SEPOC	SEPOC	Ext. Turret	1988
FPSO	Anoa	Anoa Natuna	Indonesia	Premier	Premier	Ext. Turret	1990
FPSO	Bozhong 28/34	Bohai You Yi Hao	China	CNOOC	CNOOC	Tower Yoke	1990
FSO	Dulang	Puteri Dulang	Malaysia	Petronas Carigali	MISC	Soft Mooring	1990
FPSO	Yombo	Conkouati	Congo	Perenco	Perenco	12 pt Spread	1991
FSO	Palanca	Palanca	Angola	Total	Total	Ext. Turret	1991
FPSO	Gryphon	Gryphon A	U.K.	Total	Total	Int. Turret	1993
FSO	Alba	Alba	U.K.	Chevron	Chevron	Int. Turret	1993
FPSO	Zaafarana	Al Zaafarana	Egypt	Gemsa	Gemsa	Ext. Turret	1994
BARGE	N'Kossa	N'Kossa FPU	Congo	Total	Total	Spread	1996
FPSO	Zafiro (Block B)	Zafiro Producer	Equatorial Guinea	ExxonMobil	ExxonMobil	Spread	1996
FPSO	Guillemot/Teal/Cook	Anasuria	U.K.	Hibiscus/Ping	Hibiscus/Ping (Petrofac O&M)	Int. Turret	1996

续表

Type Unit	Field	Unit Name	Location Block No in GOM	Operator	Floater Owner	Mooring	Install Date
FSO	Liverpool Bay - Douglas	Osi	U.K.	ENI	ENI (Petrofac O&M)	CALM rigid yoke	1996
FPSO	Liuhua 11-1	Nan Hai Sheng Li	China	CNOOC	CNOOC	Int. Turret	1996
FPSO	Foinaven	Petrojarl Foinaven	U.K.	BP	Teekay Corp	Int. Turret	1996
FSO	N'Kossa	N'Kossa II LPG	Congo	Total	SBM/Maersk FPSOs	Ext. Turret	1996
FPSO	Captain	Captain	U.K.	Chevron	Chevron	Int. Turret	1996
FPSO	Ukpokiti	Trinity Spirit	Nigeria	Shebah	Shebah	Spread	1997
FPSO	Marlim	P 32	Brazil	Petrobras	Petrobras	Int. Turret	1997
FPSO	Norne	Norne	Norway	Equinor	Equinor	Int. Turret	1997
FPSO	Banff / Kyle	Petrojarl Banff	U.K.	CNR	Teekay Corp	Int. Turret	1997
FPSO	Curlew	Curlew (ex-Maersk Curlew)	U.K.	Shell	Shell	Int. Turret	1997
FSO	Escravos	Escravos LPG	Nigeria	Chevron	Chevron	Ext. Turret	1997
FPSO	Marlim	P 33	Brazil	Petrobras	Petrobras	Int. Turret	1998
FSO	Stag	Dampier Spirit	Australia	Jadestone	Teekay Offshore	Soft Mooring	1998
FPSO	Albacora	P 31	Brazil	Petrobras	Petrobras	Int. Turret	1998
FPSO	TBD	Petrojarl Varg	TBD	TBD	Teekay Offshore	Int. Turret	1998
FPSO	TBD	Perintis	TBD	TBD	M3nergy	Ext. Turret	1999
BARGE	Abana	Agbani FPU	Nigeria	Moni Pulo	Exprotech Nigeria	Jetty Moored	1999
FPSO	Laminaria	Northern Endeavor	Australia	Northern Oil & Gas Australia	Northern Oil & Gas Australia (Upstream PS O&M)	Int. Turret	1999
FPSO	Marlim	P 35	Brazil	Petrobras	Petrobras	Int. Turret	1999
FPSO	Asgard	Asgard A	Norway	Equinor	Equinor	Int. Turret	1999
FPSO	Balder/ Ringhorne	Balder	Norway	Vaar Energy	Vaar Energy	Int. Turret	1999
FPSO	Jotun/Ringhorne/ Balder	Jotun A	Norway	Vaar Energy	Vaar Energy	Int. Turret	1999
FPSO	Pierce / Brynhild	Haewene Brim	U.K.	Shell	Bluewater	Int. Turret	1999
FPSO	Ross/Blake	Bleo Holm	U.K.	Repsol	Bluewater (Repsol O&M)	Int. Turret	1999

续表

Type Unit	Field	Unit Name	Location Block No in GOM	Operator	Floater Owner	Mooring	Install Date
FPSO	Bittern, Guillemot W & NW, Clapham	Triton	U.K.	Dana	Dana	Int. Turret	2000
FSO	White Tiger	Vietsovpetro 01	Vietnam	PetroVietnam	PetroVietnam	Ext. Turret	2000
FPSO	Marlim	P 37	Brazil	Petrobras	Petrobras	Int. Turret	2000
FSO	Banff	Apollo Spirit	U.K.	CNR	Teekay Offshore	Int. Turret	2000
FSO	Asgard / Kristin	Jorunn Knutsen Asgard C	Norway	Equinor	Knutsen	Int. Turret	2000
FSO	Marlim Sul	P 38	Brazil	Petrobras	Petrobras	Int. Turret	2000
FPSO	Girassol	Girassol	Angola	Total	Total	16 pt Spread	2001
FPSO	Terra Nova	Terra Nova	Canada	Suncor Energy	Suncor Energy	Int. Disc. Turret	2001
FPSO	Qinhuangdao 32-6	Bohai Shi Ji	China	CNOOC	CNOOC	Tower Yoke	2001
FPSO	Ceiba (Block G / F)	Sendje Ceiba	Equatorial Guinea	Kosmos	Kosmos	Spread	2002
FPSO	EA	Sea Eagle	Nigeria	Shell	Shell	Tower Yoke	2002
FPSO	Wenchang 13-1 / 13-2	Nan Hai Fen Jin	China	CNOOC	CNOOC	Int. Turret	2002
FSO	Camar	Maera Ayu	Indonesia	Fortune O&G	Trada Maritime	Soft Mooring	2002
FPSO	Espoir	Espoir Ivoirien	Cote d'Ivoire	CNR	BW Offshore	Int. Turret	2002
FSO	Cakerawala	Puteri Caker-awala	Malaysia	Petronas Carigali	Petronas Carigali	Ext. Turret	2002
FPSO	Etame	Petroleo Nautipa	Gabon	Vaalco	BW Offshore	8 pt Spread	2002
FPSO	TBD	Toisa Pisces	TBD	TBD	SeaLion	DP	2003
FPSO	Al Jurf (Block NC-137)	Farwah	Libya	Total	Total (EPC by Exmar)	Ext. Turret	2003
FPSO	Panyu 4-2 / 5-1	Hai Yang Shi You 111	China	CNOOC	CNOOC	Int. Turret	2003
FSO	Ebome	La Lobe	Cameroon	Perenco	Perenco	Spread	2003
FSO	Kribi	Kome Kribi 1	Cameroon	ExxonMobil	ExxonMobil	Tower Yoke	2003
FSO	Amenam/Kpono	Unity	Nigeria	Total	Total	Ext. Turret	2003
FSO	Bayu/Undan	Liberdade	Australia	ConocoPhillips	ConocoPhillips	Int. Turret	2003

续表

Type Unit	Field	Unit Name	Location Block No in GOM	Operator	Floater Owner	Mooring	Install Date
FSO	Bongkot	Pathumabaha	Thailand	PTT	PTT	Ext. Turret	2003
FPSO	Abo	Abo FPSO	Nigeria	ENI	BW Offshore	12 pt Spread	2003
FSO	West Patricia	Caspian Sea	Malaysia	Murphy	Omni	Soft Mooring	2003
FPSO	Zafiro (Block B)	Serpentina	Equatorial Guinea	ExxonMobil	ExxonMobil (SBM O&M)	Ext. Turret	2003
FPSO	Bijupira/Salema	Fluminense	Brazil	Shell	Shell (Modec O&M)	Ext. Turret	2003
FSO	PM-3	PM-3-CAA	Malaysia	Repsol	Repsol (Omni O&M)	Ext. Turret	2003
FPSO	Su Tu Den	Thai Binh Vn	Vietnam	Cuu Long JOC	Cuu Long JOC	Ext. Turret	2003
FPSO	Okono (Block OML 119)	Mystras	Nigeria	NNPC	NNPC	Spread	2004
FPSO	Barracuda	P 43	Brazil	Petrobras	Petrobras	Spread	2004
FPSO	Belanak	Belanak Natuna	Indonesia	Medco	Medco	Spread	2004
FPSO	Bozhong 25-1 South	Hai Yang Shi You 113	China	CNOOC	CNOOC	Tower Yoke	2004
FPSO	Caofeidian 11-1	Hai Yang Shi You 112	China	CNOOC	CNOOC	Tower Yoke	2004
FPSO	Huizhou 21-1	Nan Hai Fa Xian	China	CACT	CACT	Int. Disc. Turret	2004
FSO	Yoho	Yoho	Nigeria	ExxonMobil	ExxonMobil	Ext. Turret	2004
FSO	Cinta	CNOOC 114	Indonesia	CNOOC	Sillo Maritime Perdana	Soft Mooring	2004
FPSO	Penara / North Lukut (Block PM 318)	Bunga Kertas	Malaysia	Petronas Carigali	MISC	Ext. Turret	2004
FSO	Platong	Pattani Spirit	Thailand	Chevron	Teekay Offshore	Ext. Turret	2004
FPSO	Kizomba A	Kizomba A	Nigeria	ExxonMobil	ExxonMobil	Spread	2004
BARGE	West Seno	West Seno	Indonesia	Chevron	Chevron	Spread	2004
FPSO	TBD	Bourbon Opale	TBD	TBD	Bourbon	DP	2004
FPSO	Kizomba B	Kizomba B	Angola	ExxonMobil	ExxonMobil	Spread	2005
FPSO	Bonga	Bonga	Nigeria	Shell	Shell	Spread	2005
FPSO	Marlim	P 47	Brazil	Petrobras	Petrobras	Int. Turret	2005
FPSO	White Rose	Sea Rose	Canada	Husky	Husky	Int. Turret	2005

续表

Type Unit	Field	Unit Name	Location Block No in GOM	Operator	Floater Owner	Mooring	Install Date
FSO	Oguendjo	Fernan Vaz	Gabon	Perenco	Perenco	Spread	2005
FPSO	Caratinga	P 48	Brazil	Petrobras	Petrobras	Spread	2005
FPSO	TBD	Modec Venture 11	TBD	TBD	Modec	Int. Disc. Turret	2005
FPSO	Okwori	Sendje Berge	Nigeria	Addax/Sinopec	BW Offshore	Spread	2005
FPSO	Sanha/ Bomboco	Sanha LPG	Angola	Chevron	Chevron	Ext. Turret	2005
FPSO	Jasmine	FPF 3	Thailand	Mubadala	Petrofac / First Reserve	Ext. Turret	2005
FSO	South Angsi（Block PM 305）	Angsi	Malaysia	Repsol	MISC	Spread	2005
FPSO	Baobab	Baobab Ivoirien MV10	Cote d'Ivoire	CNR	Modec	Ext. Turret	2005
FPSO	TBD	Nganhurra	TBD	Woodside	Woodside	Ext. Disc Turret	2006
BARGE	Dibi	Dibi EPS	Nigeria	Chevron	Exprotech Nigeria	Spread	2006
FPSO	Dalia	Dalia	Angola	Total	Total	Spread	2006
FPSO	Erha	Erha	Nigeria	ExxonMobil	ExxonMobil	Spread	2006
FPSO	Albacora Leste	P 50	Brazil	Petrobras	Petrobras	Spread	2006
FPSO	Golfinho	Cidade de Vitoria	Brazil	Petrobras	Saipem	18 pt Spread	2006
FSO	Jabung	Petrostar LPG	Indonesia	PetroChina	Sillo Maritime Perdana	8 pt Spread	2006
FSO	Saparmyrat（Block I）	Oguzhan	Turkmenistan	Petronas Carigali	Petronas Carigali	Ext. Turret	2006
FPSO	TBD	Berge Helene	TBD	TBD	BW Offshore	Ext. Turret	2006
FSO	TBD	Cendor	TBD	TBD	MISC	Spread	2006
FSO	Tuban	Cinta Natomas	Indonesia	Pertamina	Star Energy（Duta Marine O&M）	Soft Mooring	2006
FPSO	Antan（Block OML 123）	Adoon	Nigeria	Addax	Yinson	Spread	2006
FSO	Rong Doi / Rong Doi Tay（Block 11-2）	Rong Doi MV12	Vietnam	KNOC	Modec	Ext. Turret	2006
BARGE	TBD	Sea Good 101	TBD	TBD	Apexindo	Spread	2007
FPSO	Plutonio	Greater Plutonio	Angola	BP	BP	Spread	2007

续表

Type Unit	Field	Unit Name	Location Block No in GOM	Operator	Floater Owner	Mooring	Install Date
FPSO	Roncador	P 54	Brazil	Petrobras	Petrobras	Spread	2007
FPSO	Donan/ Lochranza / Balloch	Global Producer III	U.K.	Total	Total	Int. Turret	2007
FPSO	Xijiang 24-3	Hai Yang Shi You 115	China	CNOOC	CNOOC	Int. Turret	2007
FSO	PRA-1	Cidade de Macae MV15	Brazil	Petrobras	Modec	Ext. Turret	2007
FSO	Corocoro	Nabarima	Venezuela	ConocoPhillips	ConocoPhillips	10 pt Spread	2007
FPSO	Espadarte Sul	Cidade do Rio de Janeiro MV14	Brazil	Petrobras	Modec	Spread	2007
FPSO	Piranema	Piranema Spirit	Brazil	Petrobras	Teekay Offshore	Spread	2007
FPSO	Tui	Umuroa	New Zealand	Tamarind	BW Offshore	Int. Turret	2007
FPSO	Polvo	Polvo	Brazil	PetroRio	BW Offshore	Int. Turret	2007
FPSO	KuMaZa	Yuum Kak Naab	Mexico	Pemex	BW Offshore	Int. Turret	2007
FPSO	Kikeh	Kikeh FPSO	Malaysia	Murphy	SBM/MISC	Ext. Turret	2007
FPSO	TBD	Stybarrow Venture MV16	TBD	TBD	Modec	Disc Int. Turret	2007
FPSO	Vincent	Ngujima Yin	Australia	Woodside	Woodside	Int. Disc. Turret	2008
FPSO	TBD	Dhirubhai 1	TBD	TBD	Aker Floating Production	Int. Turret	2008
FPSO	TBD	Petrojarl Cidade de Rio Das Ostras	TBD	TBD	Teekay Offshore	12 pt Spread	2008
FSO	TBD	Queensway	TBD	TBD	Omni	Ext. Turret	2008
BARGE	Moho/Bilondo	Alima FPU	Congo	Total	Total	Spread	2008
FPSO	Gimboa (Block 04/05)	Gimboa	Angola	Sonangol	Saipem	12 pt Spread	2008
FPSO	Kizomba C - Mondo	Mondo	Angola	ExxonMobil	SBM/Sonangol	Ext. Turret	2008
FPSO	Agbami	Agbami	Nigeria	Chevron	Chevron	Spread	2008
FPSO	Okoro/Setu	Armada Perkasa	Nigeria	Amni	Amni	10 pt Spread	2008
FPSO	Maari	Raroa	New Zealand	OMV	OMV (Modec O&M)	Int. Turret	2008

续表

Type Unit	Field	Unit Name	Location Block No in GOM	Operator	Floater Owner	Mooring	Install Date
FPSO	Marlim Leste	P 53	Brazil	Petrobras	Petrobras	Int. Turret	2008
FPSO	Chestnut	Hummingbird Spirit	U.K.	Spirit Energy	Teekay Corp	Spread	2008
FPSO	Galoc（Block SC-14）	Rubicon Intrepid	Philippines	Tamarind	Rubicon Offshore	Ext. Turret	2008
FPSO	Peng Lai 19-3	Hai Yang Shi You 117	China	CNOOC/ ConocoPhillips	CNOOC/ ConocoPhillips	Tower Yoke	2008
FPSO	Wenchang 19-1 / 15-1	Hai Yang Shi You 116	China	CNOOC	CNOOC	Int. Turret	2008
FSO	GCO	Kalamu	Congo	Perenco	Perenco	Soft Mooring	2008
FSO	Bunga Orkid Pakma（Block PM 3 CAA）	Orkid	Malaysia/ Vietnam	Repsol	MISC/PTSC	Ext. Turret	2008
FPSO	Alvheim / Volund / Boyla / Vilje	Alvheim	Norway	Aker BP	Aker BP	Int. Turret	2008
FPSO	Kizomba C- Saxi	Saxi-Batuque	Angola	ExxonMobil	SBM/Sonangol	Ext. Turret	2008
FPSO	Akpo	Akpo	Nigeria	Total	Total	Spread	2008
FPSO	Song Doc（Block 46/02）	Song Doc Pride MV 19	Vietnam	PetroVietnam	SPO	Spread	2008
FSO	Rang Dong	Rang Dong MV17	Vietnam	JVPC	Modec	Ext. Turret	2008
FPSO	TBD	Armada Perdana	TBD	TBD	Bumi Armada	12 pt Spread	2009
FPSO	TBD	Hai Yang Shi You 102	TBD	TBD	CNOOC	Tower Yoke	2009
FSO	Korchagin	Yuri Korchagin	Caspian	Lukoil	Lukoil	Tower Yoke	2009
FSO	CPOC JDA（Block Blk. B-17）	Ratu Songkhla	Malaysia	CPOC	M3nergy	Ext. Turret	2009
FSO	Al Shaheen	FSO Asia	Qatar	Total	Euronav/Int'l Seaways	Soft Mooring	2009
FPSO	Marlim Leste（Jabuti）	Cidade de Niteroi MV18	Brazil	Petrobras	Modec	Spread	2009
FPSO	EWT - Sururu	Cidade de Sao Vicente	Brazil	Petrobras	BW Offshore	Ext. Turret	2009
FPSO	TBD	Allan	TBD	TBD	Yinson	Spread	2009
FPSO	Frade	Frade	Brazil	Chevron	Chevron	Int. Turret	2009
FPSO	Parque das Conchas（Block BC-10）	Espirito Santo	Brazil	Shell	SBM/MISC	Int. Turret	2009

续表

Type Unit	Field	Unit Name	Location Block No in GOM	Operator	Floater Owner	Mooring	Install Date
FPSO	Camarupim	Cidade de Sao Mateus	Brazil	Petrobras	BW Offshore	Spread	2009
FPSO	Ruby (Block 01/02)	Ruby 2	Vietnam	PetroVietnam	PTSC/MISC	Ext. Turret	2009
FSO	Al Rayyan	Falcon Spirit	Qatar	Oxy	Teekay Offshore	Soft Mooring	2009
FPSO	TBD	Bohai Ming Zhu	TBD	CNOOC	CNOOC	Tower Yoke	2010
BARGE	Ajapa	Ajapa FPU	Nigeria	Brittania-U	Brittania-U	Spread	2010
BARGE	Phoenix	Helix Producer I	GC 236/237	Talos	Helix	Int. Disc. Turret	2010
FPSO	Jubilee	Kwame Nkrumah	Ghana	Tullow	Tullow (Modec O&M)	Spread	2010
FPSO	Pyrenees	Pyrenees Venture	Australia	BHP	BHP (Modec O&M)	Int. Disc. Turret	2010
FPSO	Van Gogh	Ningaloo Vision	Australia	Santos	Santos (purchased from BWO)	Int. Disc. Turret	2010
FPSO	Lula Central	Cidade de Angra dos Reis MV22	Brazil	Petrobras	Modec	Spread	2010
FPSO	Urugua/Tamba	Cidade de Santos MV20	Brazil	Petrobras	Modec	Spread	2010
FPSO	Campeche	ECO III	Mexico	Pemex	TMM (Marecsa O&M)	DP	2010
FSO	Vega	Leonis	Italy	Edison Oil	Edison Oil	Ext. Turret	2010
FSO	Bach Ho	FSO-5	Vietnam	PetroVietnam	PetroVietnam	Ext. Turret	2010
FSO	Al Shaheen	FSO Africa	Qatar	Total	Euronav/Int'l Seaways	Soft Mooring	2010
FPSO	Cachalote/Baleia Franca	Capixaba	Brazil	Petrobras	SBM/ Queiroz Galvao	Int. Turret	2010
FPSO	TBD	Dynamic Producer	TBD	TBD	Petroserv	DP	2011
FPSO	TBD	Firenze	TBD	ENI	ENI	Ext. Turret	2011
FPSO	TBD	Glas Dowr	TBD	TBD	Bluewater	Int. Turret	2011
FPSO	Pazflor	Pazflor	Angola	Total	Total	Spread	2011

续表

Type Unit	Field	Unit Name	Location Block No in GOM	Operator	Floater Owner	Mooring	Install Date
FPSO	PSVM BLK 31	PSVM FPSO	Angola	BP	BP	Ext. Turret	2011
FPSO	Cossack/Wanaea	Okha	Australia	Woodside	Woodside	Ext. Disc Turret	2011
FPSO	Jubarte	P 57	Brazil	Petrobras	ICBC (Petro-bras O&M)	Spread	2011
FPSO	Peregrino	Peregrino FPSO	Brazil	Equinor	Equinor	Int. Turret	2011
FPSO	Skarv	Skarv	Norway	Aker BP	Aker BP	Int. Turret	2011
FSO		Jesslyn Natuna	Indonesia	Tac Pertimina	PT Pan Natuna	Soft Mooring	2011
FSO	Ebok	Virini Prem	Nigeria	Oriental	Oriental	Spread	2011
FPSO	TGT	Armada TGT 1	Vietnam	Hoang Long	Bumi Armada	Ext. Turret	2011
FPSO	Aseng (Block I)	Aseng FPSO	Equatorial Guinea	Noble Energy	SBM/GEPetrol	Int. Turret	2011
FSO	TBD	FSO Sepat	TBD	TBD	Petronas	Spread	2011
FPSO	TBD	RCL Natuna	TBD	TBD	PT Batam Indah Samudra	Spread	2012
FPSO	Usan	Usan	Nigeria	ExxonMobil	ExxonMobil	Spread	2012
FPSO	Chim Sao	Lewek Emas	Vietnam	Premier	Petrofac / First Reserve	Int. Turret	2012
FSO	IMA	Ailsa Craig 1	Nigeria	Amni	World Tanker	Spread	2012
FSO	Rospo Mare	Alba Marina (new)	Italy	Edison Oil	PB Tanker	Ext. Turret	2012
FSO	Soroosh/Nowrooz	Khalij-E-Fars	Iran	Shell/NIRC	Shell	Ext. Turret	2012
FPSO	Cascade/Chinook	BW Pioneer	WR 206	Murphy/ Petrobras	BW Offshore	Int. Disc. Turret	2012
FSO	Erawan	Erawan 2	Thailand	Chevron	Chevron	Ext. Turret	2012
FPSO	TSB	BW Joko Tole	Indonesia	Kangean Energy	BW Offshore	Spread	2012
FPSO	TBD	BW Athena	TBD	TBD	BW Offshore	Int. Disc. Turret	2012
FPSO	Campeche	Blue Phoenix (ex-Crystal Ocean)	Mexico	Pemex	Blue Marine	3 leg turret + DP	2012
FPSO	Berantai (Block PM 309)	FPSO Berantai	Malaysia	Vestigo	Petronas	Spread	2012

续表

Type Unit	Field	Unit Name	Location Block No in GOM	Operator	Floater Owner	Mooring	Install Date
FSO（LNG）	Melaka Terminal	Tenaga Empat	Malaysia	Petronas	MISC	Jetty Moored	2012
FSO（LNG）	Melaka Terminal	Tenaga Satu	Malaysia	Petronas	MISC	Jetty Moored	2012
FPSO	Baleia Azul	Cidade de Anchieta	Brazil	Petrobras	SBM	Int. Turret	2012
FSO	Moudi / Rio del Rey	Massongo	Cameroon	Perenco	Perenco	Spread	2012
FSO	Poleng	Pertamina Abherka	Indonesia	Pertamina Hulu Energy	Pertamina（V.Ships O&M）	Soft Mooring	2012
FPSO	D1	Armada Sterling	India	ONGC	Bumi Armada	Int. Turret	2012
FPSO	TBD	EPV Balai Mutiara	TBD	TBD	BC Petroleum（Roc）	Spread	2013
FPSO	Montara	Montara Venture	Australia	Jadestone	Jadestone	Int. Turret	2013
FPSO	Papa Terra（Block BC-20）	P 63	Brazil	Petrobras	Petrobras	Spread	2013
FPSO	Sapinhoa Pilot	Cidade de Sao Paulo MV23	Brazil	Petrobras	Modec/ Schahin	Spread	2013
FPSO	Campeche	Vigo	Mexico	Pemex	Tapias	DP	2013
FSO	Lucina	Mayumba	Gabon	Perenco	Perenco	Spread	2013
FSO	Campos Basin	UOTE 1	Brazil	Petrobras	Omni	Ext. Turret	2013
FPSO	Bauna/Piracaba	Petrojarl Cidade de Itajai	Brazil	Petrobras	Teekay/Ocyan	16 pt Spread	2013
FPSO	Huntington	Voyageur Spirit	U.K.	Premier	Teekay Offshore	12 pt Spread	2013
FSO	Fuel Storage	Energy Star	Malaysia	Nathalin	Nathalin	Anchor	2013
FPSO	Lula Nordeste - Pilot	Cidade de Paraty	Brazil	Petrobras	SBM	Spread	2013
FSO	Fuel Storage	Merlion M	Singapore	Sentek Marine	Sentek Marine	Anchor	2013
FPSO	Spill Capture #1	Eagle Texas	GOM	MWCC	MISC	Ext. Disc Turret	2013
FSO	Hai Thach（Block 05-2/05-3）	Bien Dong 01	Vietnam	PetroVietnam	PTSC/Yinson	Int. Turret	2013
FPSO	TBD	OSX 2	TBD	TBD	OSX	Int. Turret	2013
FPSO	TBD	Perisai Kamelia	TBD	TBD	Perisai/EMAS	Ext. Turret	2013

续表

Type Unit	Field	Unit Name	Location Block No in GOM	Operator	Floater Owner	Mooring	Install Date
FPSO	Parque das Baleias	P 58	Brazil	Petrobras	Petrobras	Spread	2013
FPSO	Roncador	P 62	Brazil	Petrobras	Petrobras	Spread	2013
FPSO	Tubaro Martelo (Waikiki)	OSX 3	Brazil	Dommo Energia (formerly OGX)	OSX	Ext. Turret	2013
FPSO	CLOV	CLOV FPSO	Angola	Total	Total	Spread	2013
FSO	Fuel Storage	Fortune Star	Singapore	Nathalin	Nathalin	Anchor	2014
FSO	Fuel Storage	Marine Star	Singapore	Southernpec	Southernpec	Anchor	2014
FSO	KBM Cluster (Block PM 316)	Duta Pacific	Malaysia	Coastal Energy	Pacific Radiance	8 pt Spread	2014
FPSO	Spill Capture #2	Eagle Louisi-ana	GOM	MWCC	MISC	Ext. Disc Turret	2014
FPSO	Cendor (Block PM 304)	Cendor FPSO	Malaysia	Petrofac	MISC	Spread	2014
FPSO	Dong Do / Thang Long (Block 1/97 & 2/97)	PTSC Lam Son FPSO	Vietnam	PetroVietnam	PTSC/Yinson	Ext. Turret	2014
FSO	Manora (Block G1/48)	Manora Princess	Thailand	Mubadala	Omni	Soft Mooring	2014
FPSO	TBD	Armada Claire	TBD	TBD	Bumi Armada	Ext. Disc Turret	2014
FPSO	Iracema Sul	Cidade de Mangaratiba MV24	Brazil	Petrobras	Modec/ Schahin	24 pt Spread	2014
FPSO	Anjung Kecil + others	Nautica Muar	Malaysia	Vestigo	EA Technique	Soft Mooring	2014
FPSO	Enping 24-2	Hai Yang Shi You 118	China	CNOOC	CNOOC	Int. Turret	2014
FSO	Bualuang	Suksan Salamander	Thailand	Salamander Energy	Teekay Offshore	Ext. Turret	2014
FSO	Banyu Urip	Gagak Rimang	Indonesia	ExxonMobil	ExxonMobil	Tower Yoke	2014
FSO	Widuri	Federal II	Indonesia	Pertamina Hulu Energy	PT Supraco / Federal	Spread	2014
FPSO	Cluster 7	Armada Sterling II	India	ONGC	Bumi Armada	Int. Turret	2014
FPSO	Sapinhoa Norte (Block BM-S-9)	Cidade de Ilhabela	Brazil	Petrobras	SBM/ Queiroz Galvao/ Mitsubishi	Spread	2014

续表

Type Unit	Field	Unit Name	Location Block No in GOM	Operator	Floater Owner	Mooring	Install Date
FPSO	Ngoma(Block 15/06)	N'Goma	Angola	ENI	SBM/Sonangol	Ext. Turret	2014
FPSO	Knarr(ex-Jordbaer)	Petrojarl Knarr	Norway	Shell	Teekay Offshore	Int. Turret	2014
FPSO	Bukit Tua	Ratu Nusantara	Indonesia	Petronas	M3nergy	Spread	2014
FSO	Fuel Storage	Sea Coral	Malaysia	An Zhong Shipping	An Zhong Shipping	Anchor	2015
FSO	Fuel Storage	Sea Equatorial	Malaysia	Glencore	Agritrade	Anchor	2015
FSO	Panna Mukta	Prem Pride	India	Shell	Mercator	Soft Mooring	2015
FPSO	Bertam(Block PM 307)	Bertam (ex-Ikdam)	Malaysia	IPC	IPC	14 pt Spread	2015
FSO	Heidrun	Heidrun B	Norway	Equinor	Equinor(OSM O&M)	Int. Turret	2015
FSO	Dai Hung	PVN Dai Hung Queen	Vietnam	PetroVietnam	PetroVietnam	Soft Mooring	2015
FPSO	Goliat(Block PL 229)	Goliat FPSO	Norway	Vaar Energy	Vaar Energy	Spread	2015
FPSO	Alma	Enquest Producer	U.K.	EnQuest	EnQuest (Petrofac O&M)	Int. Turret	2015
FSO	Tembikai	Fois Natuica Tembikai	Malaysia	Vestigo	EA Technique	Spread	2015
FSO	Nong Yao(Block 11/48)	Aurora	Thailand	Mubadala	Omni	Soft Mooring	2015
FPSO	Campeche	Monforte de Lemos	Mexico	Pemex	Tapias	DP	2015
FPSO	Iracema Norte	Cidade de Itaguai MV26	Brazil	Petrobras	Modec/ Schahin	24 pt Spread	2015
FSO	Fuel Storage	Tulja Bhavani	Nigeria	Transocean Oil	Transocean Oil	Anchor	2015
FSO	Wassana(Block G10/48)	Rubicon Vantage	Thailand	Kris Energy	Rubicon Offshore	Soft Mooring	2015
FSO	Halk el Menzel	Thapsus	Tunisia	Sarost	Sarost	Soft Mooring	2015
FSO	Fuel Storage	CS Develop-ment	Malaysia	CS Shipping	CS Shipping	Anchor	2015
FPSO	Schiehallion/Loyal (Block Quad 204)	Glen Lyon	U.K.	BP	BP	Int. Turret	2016
FSO	Murmansk	Umba	Russia	Gazprom	NPK Nord (V.Ships O&M)	Spread	2016

续表

Type Unit	Field	Unit Name	Location Block No in GOM	Operator	Floater Owner	Mooring	Install Date
FPSO	Lula Alto	Cidade de Marica	Brazil	Petrobras	SBM	Spread	2016
FSO	Bouri	Gaza Marine Terminal	Libya	ENI/LNOC	ENI/LNOC	Ext. Turret	2016
FSO	Fuel Storage	CS Brilliance	Malaysia	CS Shipping	CS Shipping	Anchor	2016
FSO	Fuel Storage	CS Prosperity	Malaysia	CS Shipping	CS Shipping	Anchor	2016
FSO	Mariner	Mariner B	U.K.	Equinor	Equinor (OSM O&M)	Int. Turret	2016
FPSO	Aje (Block OML 113)	Front Puffin	Nigeria	YFP	Sea Production/ Rubicon	Int. Disc. Turret	2016
FSO	Fuel Storage	Grace Star	Malaysia	Winson Oil	Winson Oil	Anchor	2016
FPSO	Lula Central (Block BM-S-11)	Cidade de Saquarema	Brazil	Petrobras	SBM	Spread	2016
FPSO	TEN	Prof. John Evans Atta Mills	Ghana	Tullow	Modec	Ext. Turret	2016
FSO	Fuel Storage	Winson No. 5	Malaysia	Winson Oil	Winson Oil	Anchor	2016
FPSO	Stones	Turritella	WR 508	Shell	Shell (Conver-sion by SBM)	Int. Disc. Turret	2016
FPSO	Anjung Kecil	MAMPU 1	Malaysia	Vestigo	MISC	Spread	2016
FPSO	South Pars	Cyrus	Iran	Petroleum Iran	Petroleum Iran	12 pt Spread	2016
BARGE	Moho Nord	Likouf	Congo	Total	Total	Spread	2016
FPSO	Lapa (Block BM-S-9)	Cidade de Caraguatatuba MV27	Brazil	Total	Modec	Spread	2016
FSO	Martin Linge (ex-Hild)	Hanne Knutsen	Norway	Equinor	Knutsen/NYK	Int. Turret	2016
FSO	Ashtart	Ifrikia III	Tunisia	Sarost	Sarost	Soft Mooring	2017
FSO (LNG)	Delimara LNG	Armada LNG Mediterrana	Malta	ElectroGas	Bumi Armada	Jetty Moored	2017
FPSO	P 66 - Lula Sul	P 66	Brazil	Petrobras	Petrobras	Spread	2017
FPSO	East Hub (Block 15/06)	Armada Olombendo	Angola	ENI	Bumi Armada	Ext. Turret	2017
BARGE	Jangkrik (Block Muara Bakau)	Jangkrik	Indonesia	ENI	ENI	Spread	2017

续表

Type Unit	Field	Unit Name	Location Block No in GOM	Operator	Floater Owner	Mooring	Install Date
FPSO	Sankofa/Gye Nyame (Block Offshore Cape Three Points)	John Agyekum Kufuor	Ghana	ENI	Yinson	Spread	2017
FPSO	Kraken	Armada Kraken	U.K.	EnQuest	Bumi Armada	Int. Turret	2017
FPSO	Ichthys	Ichthys Venturer	Australia	Inpex	Inpex	Int. Turret	2017
FPSO	Madura BD	Karapan Armada Sterling III	Indonesia	Husky/CNOOC	Bumi Armada	12 pt Spread	2017
FSO	Gina Krog (ex Dagny)(Block 15/5-1)	Randgrid	Norway	Equinor	Teekay Offshore	Int. Turret	2017
FPSO	TBD	MTC Ledang	Malaysia	TBD	MTC Engineer-ing	Spread	2017
FSO	OML 42	Ugo Ocha	Nigeria	Neconde	Nestoil	Anchor	2017
FPSO	Libra	Pioneiro de Libra	Brazil	Petrobras	Teekay/Ocyan	Ext. Turret	2017
FPSO	Catcher (Block 28-9)	Catcher FPSO	U.K.	Premier	BW Offshore	Int. Turret	2017
FPSO	Western Isles (Block 210/24a)	Western Isles FPSO	U.K.	Dana	Dana	Spread	2017
FPSO	TBA (Block Salawati Island)	Brotojoyo	Indonesia	PetroChina	Berlian Laju	8 pt Spread	2018
FSO	Lufeng 13-1	Nan Hai Sheng Kai	China	CNOOC	CNOOC	Int. Disc. Turret	2018
FPSO	Kaombo (Block 32)	Kaombo Norte	Angola	Total	Total (EPC and O&M by Saipem)	Ext. Turret	2018
FPSO	P 74 - Buzios 1	P 74	Brazil	Petrobras	Petrobras	Spread	2018
FPSO	Atlanta (Block BS-4)	Petrojarl 1	Brazil	Queiroz Galvao	Teekay Offshore	Int. Turret	2018
FSO	Yetagun	Bratasena	Myanmar	Petronas Carigali	ENRA SPM	Soft Mooring	2018
FPSO	P 67 - Lula Norte	P 67	Brazil	Petrobras	Petrobras	Spread	2018
FSO	Culzean (Block 22/25)	Ailsa FSO	U.K.	Total	Total (EPC by Modec)	Int. Turret	2018
FSO	Benchamas (Block B8/32)	Benchamas 2	Thailand	Chevron	MISC	Ext. Turret	2018

续表

Type Unit	Field	Unit Name	Location Block No in GOM	Operator	Floater Owner	Mooring	Install Date
FPSO	Tartaruga Verde / Mestica	Cidade de Campos dos Goytacazes MV29	Brazil	Petrobras	Modec	Spread	2018
FSO	North Malay Basin (Block PM 302)	Mekar Bergading	Malaysia	Hess	MISC (EPC by EA Technique)	Ext. Turret	2018
FPSO	Dussafu	BW Adolo	Gabon	BW Energy	BW Offshore	Spread	2018
FSO	Jabung	Ship 115	Indonesia	PetroChina	Sillo Maritime Perdana	Spread	2018
FPSO	Egina (Block OML 130)	Egina FPSO	Nigeria	Total	Total	Spread	2018
FPSO	P 69 - Lula Ext Sul	P 69	Brazil	Petrobras	Petrobras	Spread	2018
FPSO	P 75 - Buzios 2	P 75	Brazil	Petrobras	Petrobras	Spread	2018
FSO	Belida	Barakuda Natuna	Indonesia	Medco	Soechi	Spread	2018
FSO (LNG)	Bahrain LNG	Bahrain Spirit	Bahrain	Noga	Teekay LNG	Jetty Moored	2018
FPSO	Yombo	La Noumbi	Congo	Perenco	Perenco	12 pt Spread	2018
FPSO	P 76 - Buzios 3	P 76	Brazil	Petrobras	Petrobras	Spread	2018
FPSO	P 68 - Iara 1 (Berbigao / Sururu)	P 68	Brazil	Petrobras	Petrobras	Spread	2019
FPSO	Langsa	Surya Putra Jaya	Indonesia	Blue Sky Langsa	PT Cakra Bahana / Duta Marine	Spread	2019
FSO (LNG)	Portovaya LNG	Excel	Russia	Gazprom	Gazprom	Jetty Moored	2019
FPSO	Kaombo (Block 32)	Kaombo Sul	Angola	Total	Total (EPC and O&M by Saipem)	Ext. Turret	2019
FPSO	P 77 - Buzios 4	P 77	Brazil	Petrobras	Petrobras	Spread	2019
FPSO	Lancaster	Aoka Mizu	U.K.	Hurricane	Bluewater	Int. Disc. Turret	2019
FPSO	P 70 - Iara 2 (Atapu)	P 70	Brazil	Petrobras	Petrobras	Spread	2019
BARGE	Apsara (Block A)	Ingenium II (Ex-San Jacinto)	Cambodia	Kris Energy	Kris Energy	Spread	2019
FPSO	Layang (Block SK 10)	Helang (ex-Four Rainbow)	Malaysia	JX Nippon	Yinson	Int. Turret	2019

续表

Type Unit	Field	Unit Name	Location Block No in GOM	Operator	Floater Owner	Mooring	Install Date
BARGE	MDA/MBH (Block Madura Offshore PSC)	Madura MDA/ MBH FPU	Indonesia	Husky/CNOOC	Gryphon Energy	Spread	2020
FPSO	Liza (Block Star-broek)	Liza Destiny	Guyana	ExxonMobil	SBM	Spread	2020
FSO	Lufeng 13-2	Feng Huang Zhou	China	CNOOC	CNOOC	Int. Disc. Turret	2020
FSO	Njord	Njord Bravo	Norway	Equinor	Equinor	Int. Turret	2020
FSO	Sao Vang and Dai Nguyet	Idemitsu FSO	Vietnam	Idemitsu	MISC/PTSC	Ext. Turret	2020
FPSO	Liuhua 16-2	Hai Yang Shi You 119	China	CNOOC	CNOOC (EPC by COOEC)	Disc Int Turret	2020
FPSO	Mero (formerly Libra)	Guanabara MV31	Brazil	Petrobras	Modec	Spread	2021
FPSO	Amoca (Block Area 1)	Amoca FPSO	Mexico	ENI	Modec	Disc Tower Yoke	2021
FPSO	Penguins (Block 211/13a, 211/14)	Penguins FPSO	U.K.	Shell	Shell (EPC by Fluor)	Spread	2021
FPSO	TBD	Fast4Ward #2 (Speculative Hull)	TBD	TBD	SBM		2021
FPSO	Sepia (Block BM-S-11)	Carioca MV30	Brazil	Petrobras	Modec	Spread	2021
FPSO	Karish	Karish FPSO	Israel	Energean	Energean (EPCI by Technip-FMC)	Spread	2021
FPSO	Ca Rong Do (Sus-pended)	OSX 1	Vietnam	Repsol	Yinson	Int. Turret	2021
FPSO	Tortue (Block C6, 8, 12, 13)	Tortue FPSO	Mauritania	BP	BP (EPC by TechnipFMC)	Spread	2021
FPSO	P 71 - Sururu (Block BM-S-11 / Transfer of Rights)	P 71	Brazil	Petrobras	Petrobras	Spread	2022
FPSO	Johan Castberg (Block PL 532)	Johan Castberg FPSO	Norway	Equinor	Equinor	Int. Turret	2022
FPSO	Liza (Block Sta-broek)	Liza Unity	Guyana	ExxonMobil	SBM	Spread	2022
FSO (LNG)	Woodfibre LNG	LNG Capricorn	Canada	Pacific O&G	Pacific O&G	Jetty Moored	2023

续表

Type Unit	Field	Unit Name	Location Block No in GOM	Operator	Floater Owner	Mooring	Install Date
FSO（LNG）	Woodfibre LNG	LNG Taurus	Canada	Pacific O&G	Pacific O&G	Jetty Moored	2023
FPSO	TBD	Deep Producer 1	TBD	TBD	TH Heavy Engineering		
FPSO	TBD	Munin	TBD	TBD	Bluewater	DP，STP	

附录 2　历史故障清单

K.T. MA listing

年份	船名	损坏部件	附件服务年限	事故	可能的原因	水深（ft）
2011	Banff	5 条系泊缆	12 年	转塔 10 条系泊系泊缆中 5 条断裂。在恶劣海况下平台偏移 250 m		300
2011	Volve（Navion Saga）	2 条缆绳	3 年	在检验过程中发现 9 条缆绳中的 2 条缆绳在其上段底部弯曲加强筋处发生断裂	由于局部动态强载荷导致缆绳在端部位置发生韧性过载	270
2011	Gryphon Alpha	4 条系泊缆	19 年	在强风暴中 8 条系泊缆中的 2 条发生断裂，导致平台偏移位置并造成立管损坏	100 m/h 的阵风；链环焊接点位置可能存在缺陷	400
2011	Fluminense	1 条系泊缆	8 年	顶部位置的 9 条系泊缆中的 1 条断裂	可能由于在安装前对链环切割时造成了损伤	2 600
2010	Jubarte	3 条系泊缆	2 年	3 条系泊缆在其下段发生断裂。2008—2010 年，在该 FPSO 系泊过程中发现 3、4、5 号系泊缆失效	由于链环和螺栓使用不同的材料，导致腐蚀以及应力增加和疲劳破坏	4 400
2009	海洋石油 113	钢臂柱	5 年	钢臂塔倒塌，导致平台偏移并造成立管损坏	强风；钢臂柱底部存在疲劳裂纹	60
2009	南海发现	4 条缆绳	19 年	在一场突发的台风中 8 条缆绳中的 4 条在其上段的下端发生断裂。平台没有时间与其底部的浮筒断开。平台偏离位置并导致立管损坏	台风；可脱离式 FPSO 未能及时脱离；系泊缆过载；钢缆性能退化	380
2009	Fluminense	1 个接头	6 年	9 条锁链中 1 条断裂	由于聚酯接头安装问题导致 1 条系泊缆失效	2 600
2008	Dalia	1 条系泊缆	2 年	12 条系泊缆中的 1 条在底部断裂，即位于泥线以下 5~7 m 的位置。此故障是在潜水员作业过程中发现的，并且在这之后不久，2012 年另外一条系泊缆也发生同样的问题	锚链在泥土以下的部分可能发生了打结	4 270
2008	Balder	1 条系泊缆	9 个月	10 条系泊缆中的 1 条发生断裂	可能是由于链环的缺陷造成了断裂	410

续表

年份	船名	损坏部件	附件服务年限	事故	可能的原因	水深（ft）
2008	Blind Faith	1 个接头	0 个月	8 条系泊缆中的 1 条断裂	设计缺陷	6 500
2007	Tahitl	0 个接头	0 个月	没有发生系泊缆断裂，但是，由于与锁扣严重摩擦产生烧蚀，所有的系缆桩都被替换了	断裂韧性太低	4 100
2007	Kilkeh	1 个接头	2 个月	1 条系泊缆在锚的锁扣位置发生断裂。同一条链上的其他锁扣韧性也很低	断裂韧性太低	4 400
2006	Schiehallion	1 条系泊缆	8 年	14 条系泊缆中的 1 条在锚链筒位置断裂。在随后的检查中发现另外 3 条存在类似的裂纹	平面外弯曲，在校对载荷时发生侵蚀	1 300
2006	Liuhua（南海胜利）	7 条缆绳	10 年	10 条缆绳中 7 条在台风中断裂，导致平台偏移并造成立管损坏	台风强度超过平台设计条件，钢丝缆绳性能退化	980
2006	Varg	1 条系泊缆	7 年	10 条系泊缆中 1 条发生断裂	硫酸盐还原菌腐蚀	280
2005	Kumul buoy	1 条缆绳	4 年	6 条钢丝缆绳中 1 条断裂。随后的检验发现另外 1 条也发生损坏	在钢缆与海床接触点位置由于相对运动造成了刮痕	60
2005	Foinaven	1 条系泊缆	9 年	10 条系泊缆中 1 条断裂，其他 2 条也出现裂纹	由点状腐蚀造成了疲劳腐蚀，并由于硫酸盐还原菌而加快了腐蚀速度。并由氢造成应力腐蚀而断裂	1 500
2003	Girassol buoy	1 条系泊缆	2 年	在第 3 次操作时 9 条系泊缆中 1 条断裂（在 2002—2003，共发生 3 次事故造成 5 条系泊缆损坏）	平面外弯曲	4 599
2002	Girassol buoy	3 条系泊缆，1 条聚酯绳	8 个月，10 个月	9 条锁链中 3 条发生断裂，2 条 OPB 系泊缆在锚链筒处断裂和 1 根聚酯绳断裂。浮筒漂移出设计区域但是未对输油管线造成损坏。一个月后，另外 1 条 OPB 锚链也出现问题。2002 年发生两次事故共造成 4 根缆绳和系泊缆断裂	平面外弯曲	4 600
2001	Harding buoy	1 个接头		9 条系泊缆中的 1 条在 triplate-socket 单元处断裂，插座换掉	定位销面板设计缺陷	360

UKHSE listing (for code list see after table)

Year of Event	Type of Unit	Operation Mode	Chain of events			Event Category	Event Description
			Chain1	Chain2	Chain3		
1980	SS	DR	AN			I	No.8 mooring buoy came adrift
1981	SS	MD	AN			I	The anchor chain parted at a stud link during recovery operations
1981	DS	DR	AN	PO		A	Nos 1 and 2 anchors broke. Rig drifted off station
1981	PS	PR	AN	PO		I	The converted semisub producing from a subsea manifold abandoned production due to the fierceful weather. At 0119 hrs a 9-ft heave and a 82-knot wind was recorded and the conditions continued to deteriorate and at 0236 hrs, abnchor chain no. 4 parted (tension: 200,000 lbs). Some 20 mins later two other anchor chain parted. Now the rig was 65 to 80 feet off location. At 0513 hrs anchor chains 6 and 7 parted after the rig had been hit by an unusually large wave. Two helicopters were mobilized. The weather continued to build and 20 mins later the breakaway of the rig appeared imminent and anchor chains 10, 11 and 12 were cut. This action was taken to prevent the overrun of these anchors and possible capsizing of the rig as a result. Only anchor chain no. 1 was left dragging. This prevented the rig to drift directly towards the sbm. The rig's mat tanks scraped over but cleared the <...>'s mooring lines. Once clear of the <...> The evacuation could start. 48 persons were evacuated while 22 remained onboard. The rig continued to drift another 1.5 days before being secured by a towline. The had drifted some 27 miles from original position. The rig was towed to <...> For inspections and replacement of anchor chains
1982	PS	PR	AN			I	<···> Has a 12 point mooring system. After repairs unit re-moored for a pre-tensioning exercise. After the pretensioning of all chains to 300,000 lbs the system was relaxed to normal operational loads of 6-90 kips at which no 7 chain parted
1983	SS	DR	AN			I	During pretensioning operations anchor chain no 8 parted between anchor winch and upper fairlead 3168 feet out of chain
1983	SS	MO	AN			I	Whilst deploying anchors a fault developed. This was cleared on deck. Whilst cutting out the 'birds nest' a chain broke loose and hit a man bruising him

续表

Year of Event	Type of Unit	Operation Mode	Chain of events			Event Category	Event Description
			Chain1	Chain2	Chain3		
1983	SS	MO	AN			I	Whilst carrying out final tensioning of anchor chains, to prove same. No.8 chain parted at 2, 800ft of chain from anchor. At time of failure this was approx 700 ft from rig
1983	SS	DR	AN			I	No.1 anchor chain dropped tension to 85 kips after initial surge of 205 kips. Investigation showed chain leading ahead at about 30 degrees to column leg. Chain 'fairlead' assumed to have failed
1983	AS	AC	AN			I	Flotel pulled off station, anchor tension lost on no. 8 anchor. Bad weather occurring at the time
1983	AS	AC	AN			I	<…> Lost tension on no 8 anchor
1983	SS	DR	AN			I	Pretensioning no 2 anchor chain, chain parted at a point 2897' from the anchor. Tension was 250,000 lbs, chain reconnected and pretensioned to 325,000
1984	SS	DR	AN			I	No.2 chain parted in high winds
1984	PS	PR	AN			I	Lost tension on anchor line E1, suspected wire breakage
1984	SS	DR	AN			I	No.2 anchor chain parted
1984	SS	DR	AN			I	Moving No.3 anchor chain to confirm tension reading and test replacement motor. Link failed and chain lost overboard
1984	SS	DD	AN	PO	GR	A	Winds up to 35 m/s broke 4 mooring lines and semi <...> Drifted onto rocks in <...> Harbour. 2 helicopters evacuated 29 workers, 22 remained onboard. 2 days later she was put afloat and anchored in harbour. On <...> She the rig was towed to <...> For repairs. Holes in tanks on pontoons, one month repair
1985	SS	MO	AN			I	Chain being heaved in, parted between wildcat anchor winch and upper fair wheel on deck at 3,500 feet of chain out. Tension on chain 200,000 lbs. Chain ends joined by Benter link
1985	SS	DR	AN			I	No. 1 anchor chain broken. Heavy seas struck rig producing shock loading on no.1 chain. Chain broke leender tension. It is believed tension on chain was approx 400 tonnes
1985	SS	DR	AN			I	Anchor chain number one parted from anchor as it entered lower fairlead
1985	SS	DR	AN			I	No.1 anchor chain parted at 190, 000 lbs. Was 2995 from anchor at upper idler sheave

续表

Year of Event	Type of Unit	Operation Mode	Chain of events			Event Category	Event Description
			Chain1	Chain2	Chain3		
1985	SS	DR	AN			I	No.7 mooring chain parted at distance of 1680 from rig during severe storm. No damage to rig. Probably due to too much tension on no 7 and no 8 chains
1985	SS	DR	AN			I	2 anchor chains broke during heavy weather. Hung off and then unlatched from well
1985	AS	AC	AN			I	During severe gales 3 out of 8 anchors failed. Wind at 100 knots N.W Evacuation of 150 of 177 persons on board
1985	SS	DR	AN	PO		A	Hole had been drilled. Drillstring being pulled out of hole when No.2 anchor chain failed during severe weather causing rig to move off location. The drillstring was sheared. The riser was found to have parted at lower ball joint
1985	SS	DR	AN			I	During adverse weather conditions, tension lost on No.1 anchor. Well isolated and riser disconnected. Rig was deballasted. Anchor later retrieved and reconnected
1986	SS	MD	AN			I	Moving location - off loading anchor from supply boat in bad weather. Main line jumped ship and cut line
1986	SS	MO	AN			I	Recovering anchors for rig move. No.2 anchor chain parted. Approx 1,100 m of chain and 12 ton Bruce anchor lost
1986	SS	MO	AN			I	A chain failure whilst anchoring at a new location
1987	JU	DR	AN	FA		I	Dead line anchor appears to have failed. Blocks fell onto drill floor. Drill pipe was in slips at the time
1988	SS	DR	AN			I	No. 3 anchor chain parted under water. No other damage. 1,226 m chain lost but subsequently salvaged and rejoined. Break occurred approx. 70 m from windlass
1988	SS	DR	AN			I	Failure of no.1 anchor chain approx 10 m from seabed.chain load at time of failure was 105 tne
1988	SS	DR	AN			I	Pear link failed on no.5 mooring during efforts to recover the anchor
1988	SS	DR	AN			I	Anchor chain parted at point 145 m from end of chain connected to 200 mm x 102 mm wire

续表

Year of Event	Type of Unit	Operation Mode	Chain of events			Event Category	Event Description
			Chain1	Chain2	Chain3		
1988	SS	MO	AN			I	The semi sustained damage during anchoring operations in the uk north sea and has been mobilized to <…> for repairs. Repairs are expected to be completed after about a week
1989	SS	TW	AN			I	Two pre laid moorings failed.anchor handler trying to pick up anchor chains
1989	SS	DR	AN			I	Tension dropped in no.8 anchor chain, believed to be result of pre-laid mooring (broken pear link).rig in no danger
1989	SS	DR	AN			I	While running out no 1 anchor chain on location, chain parted at approx 2,800 ft
1989	SS	DR	AN	CN		I	Whilst changing out no 7 anchor chain, vessel struck fairleads of nos 7 & 8 anchors.superficial damage to fairleads
1989	SS	DR	AN			I	Loss of tension on no 7 anchor.well no.3 being carried at the time they were out of the wire.kill-string rested & bop was fitted and closed
1990	SS	DR	AN			I	Loss of tension on no.1 main anchor.while adjusting no 1 mooring prior to pulling off hole.other 7 anchors adjusted to compensate for loss of tension.parted 400 m from lower fairlead
1990	SS	DR	AN			I	Anchor chain failure - no.5 anchor chain failed due to bad weather
1990	SS	DR	AN			I	Broke no.8 anchor chain while tensioning.rov fouled thruster while investigating & is disabled on seabed 200 ft from rig
1990	SS	DR	AN			I	Anchor chain failure
1990	SS	DR	AN			I	Anchor chain parted
1990	SS	DR	AN	FA		I	Anchor came off and landed on pontoon
1990	SS	MD	AN	FA		I	When heaving in no 3 anchor chain, the chain parted at the windlass at approx 35-45 ft from the anchor.loose end of chain fell to sea bed & no damage was sustained to rig structure
1990	SS	DR	AN			I	Mooring chain parted. No damage to installation.Drilling suspended

续表

Year of Event	Type of Unit	Operation Mode	Chain of events			Event Category	Event Description
			Chain1	Chain2	Chain3		
1990	SS	MD	AN			I	Whilst recovering no.1 anchor, chain parted: recorded tension at time 200/240 kips - 500 amp on windlass.After brake was applied distance recorded 2,800 feet. At the time of the incident no.1 anchor was the second from last anchor to be recovered and the rig was connected to towing vessel <...> Weather good
1990	SS	DR	AN			I	Anchor lost overboard. Connecting swivel between anchor and chain parted
1990	SS	DR	AN			I	Anchor broke whilst being prepared to run out
1990	SS	DR	AN			I	Failure of anchor line. While running port propulsion to relieve tension surges on no.8 anchor line the b.c.o. Noticed a loss of tension on no.1 a.l. At 13:00 hrs wind 35-40 kts sea 20-28 8 seconds wind 1321-1323 heaved in 100' on no.8 a.l. With no change in tension.13:30 running both shafts as required to maintain stato over well
1990	SS	DR	AN	PO		A	Anchor chain failure, riser failure. Anchor chain failed resulting in rig offset - attempted to reduce offset.With rig propulsion which proved unsuccesfull, energised riser connector.Unwatch during which all 6 ruckers tensioner lines parted causing riser to part at divertor ball joint
1990	PS	PR	AN			I	Failure of 2 installation anchorages in severe weather conditions. In severe storm conditions 2 of the 8 anchors lost e tension. The remaining 6 held.Production was already shutdown at the time of the incident
1990	PS	PR	AN			I	Failure of 2 out of 8 of the installation anchorages. In storm conditions number 5 & 6 anchors lost tension.The six remaining anchors held.Wind conditions were 60 knots nnw with seas in excess of 30 ft.Production was already shutdown at the time 27 non-essential personnel were airlifted off.19 personnel remained on board.The partial evacuation was completed at 1,201 hrs.No injuries sustained
1990	SS	DR	AN			I	No.8 mooring chain failed approx. 400 ft below sea level
1990	SS	DR	AN			I	During a violent storm number two anchor chain parted at 3,500 feet

续表

Year of Event	Type of Unit	Operation Mode	Chain of events			Event Category	Event Description
			Chain1	Chain2	Chain3		
1990	SS	DR	AN	CL		A	During violent storms two anchors of vessel. During violent storms it became clear that <...> Located 8 miles north of <...> Was experiencing mooring failures. If situation had worsened and they had come adrift, there would have been a real danger of the <...> Being driven down onto the <...>. As a precaution non-essential personnel were evacuated leaving a pob of 19
1990	SS	DR	AN			I	No.2 & 8 anchor chain parted during storm conditions. No.8 chain parted anchor tension reading observed at time varied from 130 t to 160 t. Nr. 2 chain failed at 14: 00 hrs and was found to have parted at lower fairlead.Anchor tensions observed at the time
1990	SS	DR	AN			I	Failure of mooring chain. Rig chains were being adjusted to reposition rig following a severe storm involving hurricane force winds with associated sea conditions
1990	SS	DD	AN			I	T+K63: R63hree out of 8 anchors were lost in high winds, but not drifting. 40 out of 69 crew were evacuated
1991	SS	DR	AN			I	Lost tension on no.3 anchor chain during severe storm conditions. No damage to other equipment or injury to personnel
1991	DS	DR	AN			I	Loss of tension noticed to no.3 anchor chain. Attempted to re-tension - no tension.Probable chain failure. Leeward chains slacked and azimuta thrusters utilized to maintain position over location
1991	SS	MD	AN			I	Started to recover the chain and anchor n0.5 by winching it to the bolster. Tension on the cahin varied between 200/400 kips.The chain parted close to upper fairlead
1991	SS	DR	AN			I	Whilst winching rig ahead 100 m to blast wellhead, no.5 anchor chain parted @ 135 t tension. When chain was recovered, it was observed that kenter link k2 failed a new kenter was installed to rejoin chain.K2 is situated 591 m from rig end of chain

续表

Year of Event	Type of Unit	Operation Mode	Chain of events			Event Category	Event Description
			Chain1	Chain2	Chain3		
1991	SS	DR	AN			I	On <...> It was noted that tension on no.8 anchor had considerably reduced for no apparent reason.An attempt was made to regain tension by pulling in 120 meters of chain, but with no success.It was deduced at this point, that the chain had parted.The other 7 anchors were steady at 100 tonnes and showed no signs of excessive loading, an anchor handling vessel was mobilised by shorebase and arrived on location.Mooring was eventually re-established
1991	SS	DR	AN			I	Whilst pre-tensioning n0.2 anchor chain at 150 t, chain parted at fairleader.When chain was recovered it was observed that failure occured in studlink, 74 links on rig side of joining kenter k3.Next link on rig side of chain was found to be distorted.Removed the 74 links of chain on rig side of k3 and also removed 10 links on rig side of breaker and sent ashor for inspection.Chain wa rejoined using existing k3 kenter link
1991	SS	MD	AN			I	No.5 primary chain chaser was passed to the boat.The boat stripped the chain chaser out to anchor and attempted to lift the anchor off bottom. The boat reported that the pcc had broken and the boat was recovering the pcc.The pcc was recovered intact, indicating a break in the chain or anchor.The end of the chain was recovered by grappling.The pcc pendant was attached to the chain and passed back to the<...>
1991	SS	DR	AN			I	No.8 anchor chain failed whilst on location.Rig was working normally to recover core no.2 from core barrel
1991	SS	DR	AN			I	No.8 anchor chain failed whilst on location, rig was working normally to recover core sample from hole
1991	SS	DR	AN			I	Whilst pretensioning no.4 anchor a baldt joining shackle borke at approx. 350 kips.This shackle was last mpd'd 1989
1991	SS	DR	AN			I	Failure of no. 4 and 5 anchor chains during mooring operations on arrival and location
1991	SS	DR	AN			I	No.2 anchor chain parted

续表

Year of Event	Type of Unit	Operation Mode	Chain of events			Event Category	Event Description
			Chain1	Chain2	Chain3		
1991	SS	DD	AN			I	Lost tension 6 anchor.Pull in 4 ft, but no increase in tension. Adjust thruster power + azimutm to compensate.L.m.p.r. Was already unlatched + rig positioned to port of the <...> Template.The lee anchorshad already been slacked off.The wheather anchors were adjusted slightly to relieve the critical lines.Weather conditions were recorded
1991	SS	DR	AN			I	No.1 anchor chain parted at joining shackle 2,648 ft from anchor
1991	SS	DR	AN			I	No.3 anchor chain failed whilst on location.Rig was working normally
1991	SS	DR	AN			I	No.10 anchor chain parted
1991	SS	DR	AN			I	The vessel was on location preparing to unlatch riser in winds over 80 knots.1 and 2 heavily loaded anchors.A sudden drop of tension
1991	SS	DX	AN	PO		I	The rig, with 87 people on board, lost 2 of its 8 anchors during rough weather. 69 persons were evacuated to nearby installations. 2-3 days later the situation was under control
1992	AS	AC	AN			I	The vessel is equipped with an 8 point mooring system eaxh line comprising of 76 mm wire, minimum break load of 440 tonnes, connected to 650 m of 76 mm orq chains, connected to the anchors. In addition the vessel is equiped with four azimuthing thrusters, each with 2.4 mw of power located under the corner columns.due to weather forecast the vessel was moved to the stand-off position some 100 m from <...>.the rig was de-ballasted to survival draft.anchor line no6 parted at a tension of 150-160 tonnes.the anchor lines were adjusted, with the lee anchors slackened to almost zero tension, in order to optimise the tensions. Anchor line no8 failed at tension of approximately 210 tonnes. Environmental conditions were wind speed gusting in access of 120kts and a maximum sea height of 25 m.the vessel maintained position on the remaining 6 lines and use of thrusters until such time as the weather had abated and the 2 failed mooring lines were replaced

续表

Year of Event	Type of Unit	Operation Mode	Chain of events			Event Category	Event Description
			Chain1	Chain2	Chain3		
1992	AS	AC	AN	PO		A	<...> Alongside <...> Believed to have lost 2 mooring lines however later found to have lost 3 windward mooring lines. <...> Was unable to maintain postion and had therefore slipped the remainder of its moorings and was heading for <...> With the assistance of an anchor handler
1992	SS	DR	AN			I	No.3 anchor chain failed during service
1992	PS	PR	AN			I	In heavy weather conditions anchor no.7 parted at the fairlead.All other anchors（7 off）held.Production had been shutdown 3 hours prior to losing the anchor. Wind conditions at the time were wxs 54 kt，sea wxs 8 metres.As a precautionary measure 15 non-essential personnel were evacuated on a single helicopter direct to <...>. No injures were sustained by any personnel
1992	AS	AC	AN			I	Alarm on tension monitor no.3 indicated zero tension.Thrusters started gangway disconnected. Mooring line recovered to fairlead & inspected. Joining shackle between mooring line and chain sighted，pin missing. Vessel maintaining position on thruster & remaining mooring lines
1992	SS	DR	AN	PO		A	At 17.05hrs on <...> A baldt joining shackle in our no.5 anchor chain system failed.The rig then moved of location by approximately 16' until the opposing anchor was slackened and hole position re-established. The well was then secured until the chain was reconnected and the system tested to 350 kips at 23.50hrs on <...>. Wind nne x 15/20 kts no.5 bearing 153 t sea nne 3-4 m link failure approx 600' from rig rig heading 313 t
1992	AS	AC	AN			I	Whilst winching rig to stand off position，it was necessary to slack heave anchor chains the order was given to heave 50 ft in on no.4 chain. The tension at this time was approx 100 kips.After heaving 20 ft，the chain parted at tension 110 kips.The chain parted at the gypsy
1992	DS	MO	AN	FA		I	The rig was being pulled over location by inhauling on winches no 2 & no 3.During this operation the gypsy wheel of no 3 fairlead came free and was lost to the seabed. One cheek of the fairlead was splayed open

续表

Year of Event	Type of Unit	Operation Mode	Chain of events			Event Category	Event Description
			Chain1	Chain2	Chain3		
1992	SS	DR	AN			I	10：10hrs：noise was detected at 3 anchor winch，at same time all tension on 3 anchor was lost on control room gauge. On inspection at 3 anchor winch it was found that a baldt chain connecting link had parted. Approx 60' of chain had dropped down towards 3 fairleader wildcat. At time above，280k tension was on 3 chain and 2814' out. Weather 22-26kts and 180 ×，seas 5'-7' and 180 × heave 1'-2'
1992	SS	DR	AN			I	Lost tension on number 6 anchor chain.After pulling 80 feet no tension was recorded.Suspect broken chain.No harm done to well or well heads boat on way to effect repairs
1992	SS	DD	AN			I	The rig，with 80 people on board，lost mooring anchor connection during fierce weather，but still with two windward anchors and its thrusters in operation enabling the rig to maintain its position
1992	SS	DD	AN			I	The rig，with 66 persons on board，lost one of its 12 anchors in fierce weather. Downmanning to 47 people was prepared if a second anchor should be lost. 4 days later anchor was reinstated and situation back to normal
1992	SS	DX	AN			I	The rig，with 80 people on board，lost tension on one anchor in bad weather
1992	SS	DD	AN			I	Rig towed to shore for inspection and repairs to the anchoring system. The rig was back on site january 19th. The well will be suspended prior to tow commencing. Tow was delayed several days by adverse weather
1993	AS	AC	AN			I	Mooring line failed in poor weather alongside the <...> Platform. Installation was disconnected from the platform
1993	SS	DR	AN			I	Wind 60 x 70 westerly，35' seas westerly. Lower marine riser package unlatched. The barge engineer on checking number 1 anchor winch after hearing a noise coming from that area，discovered the cheek plates on number 1 anchor fairlead had spread，resulting on the loss of the wildcat（gypsy）. No other damage had been sustained

续表

Year of Event	Type of Unit	Operation Mode	Chain of events			Event Category	Event Description
			Chain1	Chain2	Chain3		
1993	SS	DR	AN			I	The events involving the loss of the installations no 1 chain fairleader and parting of no 8 mooring chain occurred during the adverse period of weather experienced across the uk during the two week period 11th to 22nd january 1993
1993	SS	DR	AN			I	Very severe weather conditions were being experienced. Thrusters were being controled manually to reduce anchor tensions. A bang was heard + it was obvious that all tension had been lost from no.4 anchor. There was no loss in rig position. All compartments in the vicinity of the fairlead and chain were checked and no damage observed
1993	AS	AC	AN			I	At 19:55 tension on no 4 dropped to 34 tons. Observed higher mean tension in line no 5. Pulled approx 3 m on no 4. Checked tension and ampere reading on electro motor. Conclusion that no 4 line was broken. Weather condition: wsw force 12, sea 12-14 meters
1993	AS	AC	AN			I	No.4 anchor chain parted whilst heaving up to test tension. Tension at time of parting was 280kips. Amount of chain out was 4,268 ft
1993	SS	DR	AN			I	Operation at time of incident : pull out of hole with ‘fish’ thrusters were started at 1,615 hrs. Tensions of between 300-350 kips were being recorded during squalls, 50% power was used. At 1800 hrs a very strong squall hit the rig. At 1803 hrs high tensions alarmed on no2 and no3 winches. This was followed by a low alarm on no2 which subsequently dropped right down to 10kips. This indicated that the chain had parted and was hanging “up and down”
1993	AS	AC	AN			I	01.50 anchor no 8 dragging 01.56 anchor wire no 2 parted 2 m below <...>. Tension on anchor wire no: 1 400 ton. 02.10 to avoid collision with <...> Quickreleased anchor no, 8, 7, 6, 5 and 1. 02.55 crew burned of anchor wire no 3 and 4. Due to malfunction of quickrelease. 03.00 in pos. 1 mile sse of<...>

续表

Year of Event	Type of Unit	Operation Mode	Chain of events			Event Category	Event Description
			Chain1	Chain2	Chain3		
1993	AS	AC	AN	PO		I	The accomodation vessel <...> Was in position on the south west corner of <...> With gangway in operation. The wind was from ahead (300deg) and increasing from 35 kts to gust 60 kts. Whilst adjusting mooring tensions the vessel did not respond to the usual corections and a problem was suspected after heaving on 30ft on n02 line with no immediate effect noticed in gangway position or increased tension. Gangway setting was adjusted to zero uning other chains and construction personnel ordered back to <...>. Gangway was then lifted propulsion started to reduce tension on n01 line vessel winched off to stand off position and confirmed that n02 line was not holding tension
1993	SS	MD	AN			I	Whilst heaving in no.1 anchor chain assisted by a/h vessel <...>. The rig had recovered som 900 m of chain and there was 400 m still being recovered. The chain suddenly started to run out gathering speed. The static brake was applied but to no avail, the whole of the chain ran out of the locker to the seabed including the leader chain. <...> Retained the anchor and the other end of the chain. On sidescan, deployed at the time, the chain was seen to be on the seabed some 38 m from the nearest wellhead. Weather conditions were good with light airs and rippled sea. Superficial damage was sustained by the windlass around the lead guard rails. The indicator light in the control cabin indicated that the windlass was in gear
1993	PS	PR	AN			I	Prevailing weather: 49 knots gusting 59 from 140 degrees sea state hs 7.4 m. Loss of tension noted and investigated by <...>. No tension apparent on a1 mooring wire at winch location. Unable to restore tension. Symptoms suggesting that wire may have parted. Tension adjusted on adjacent anchor wires to compensate and maintain installation in normal location over subsea template. Production shutdown and all systems secured. All external authorities advised and updated on our situation

续表

Year of Event	Type of Unit	Operation Mode	Chain of events			Event Category	Event Description
			Chain1	Chain2	Chain3		
1993	SS	DR	AN			I	At 16:55 hrs the control room operator reported to baremasterthat the tension on no.6 chain has fallen from 100 t to around 65 tons and the tension on no.1 has reduced slightly. Riser was noted to be off course in moonpool. At 18: 30 hrs oim was informed that the bargemaster was of the opinion that anchor was slipping or chain broken. Nos. 2and 3 lee anchors were slacked down. Weather at the time of the incident was windy 160 41-49kts max wave ht 11 m. The weather was deteriorating. 19: 25 rig up 5ft and propulsion but on astbro to reduce wt on no.5 chain. Drin floor preparing to unlatch. 20:20 unlatched. U/l waiting out wk
1993	SS	DR	AN			I	No.2 anchor chain lost tension. Tension at the time of failure approx 250kips. No.2 anchor brg 293 degrees x 3569'. Failure subsequently identified as a failed baldt joining link at 2500 from the anchor
1993	SS	DD	AN			I	At 0520 hrs the no. 9 anchor parted and no. 8 slipping on the semi with 78 persons on board in 70 knots wind (gusting 85 knots) causing position holding problems. During the day the wind decreased to 55 knots. The semi was originally secured with 12 anchors. Due to bad weather in the coming days, the last anchor was not relayed (but not piggy-backed) until <···>. At <···> 14 all anchors were repositioned, but the no. 7 anchor cable (with two piggy-backed anchors) was still slipping due to poor holding ground
1993	SS	DX	AN	PO		I	At 2054 hrs the semi (crew of 72), in position lat <···>n and long <···>w reported that its no. 8 anchor cable had parted and no. 7 anchor was dragging in storm winds, very roughsea and heavy swell. The rig was 250 feet off location, but holding positionusing thrusters. No intention to downman/evacuate the rig. At 2123 hrs itwas reported that no. 7 anchor appeared to be holding. The rig was notconnected to the well at time drift occurred other than by guide wires tothe guide base. M tug vessel <···> was mobilized to assist thesemi. At 0030 hrs the situation was stable. At 0600 hrs the platform had moved 350 feet off location, winds 36-42 knots, seas 25-30 ft, 7 ft heave. At 1100 hrs the vessel was on site and rigged for towing

续表

Year of Event	Type of Unit	Operation Mode	Chain of events			Event Category	Event Description
			Chain1	Chain2	Chain3		
1994	AS	AC	AN			I	Plartform in stand off position.　Low tension alrm on anchor no5 - 15 tons
1994	FP	PR	AN			I	Second chain parted <...>.holding station on thrusters.productin shut down, wells shut in.during adverse weather anchor line no. 2, 3, 4 and 7 parted.see attached telex reports
1994	AS	AC	AN			I	Low alarm on number 5 chain.　Wind w.ly 15 m/sec. Sig wave 4,2 m, max wave 6,9 m average tension before occurrence 125-130 tons
1994	AS	AC	AN			I	2　men were on the bridge monitoring the wind conditions wave heights anchor tensions and gangway movement. The platform is moored on the north side of <...> Wire spread no5 and 6 each have 3 sub sea buoys connected.　Wind at time of the incident was 50kts on qp from direction 150. Significant sea height at 0400hrs was 5.5 m with 9second period and max wave ht of 9.3 m with 10 seconds period. All four thrusters were at 60% pitch in the direction of no5 and no6 and anchor tension normal for conditions. Gangways movement was 2 to 3 m total. At the time of the incidnet no large swells or gusts were observed, no unusual movement of the vessel or gangways was observed.　The only indication we received on the bridge was high tension alarm on no6, when i looked at the tension meteres no6 was reading 140-180tons and no5 was reading zero. I immediatey closed the gangway and ordered it to be lifted, in addition a seaman was sent down to no5 winch and reported slack turns on no5 which confirmed tension gauge reading zero and that the wire had parted
1994	SS	DR	AN			I	Dynamic and hand brake failure and subsequent loss of 2 anchor chain
1994	FP	DR	AN			I	Anchor alarm was activated in the marine control room indicating brake break on anchor no3 this was confirmed. After assessing weather condition and further chain failure it was decided to continue production

续表

Year of Event	Type of Unit	Operation Mode	Chain of events			Event Category	Event Description
			Chain1	Chain2	Chain3		
1994	FP	PR	AN			I	The vessel with 44 persons onboard, used for oil production and storage, in the <···> field, lost no 7 anchor (8 anchors in total) in a severe storm. The production was shut down. Vessel was unable to replace anchor due to the bad weather conditions. On <···> at 1358 hrs, the vessel was hit by a 20-25 m wave causing loss of nos anchors 2 and 3. Weather conditions: 50-55 knots wind (gusting 65 knots), sea state 10-12 m average (max 15-18 m) vessel holding position using remaining 4 anchors and propulsion. At 0028 hrs the next day, the vessel lost its no 4 anchor (wind: 30-40 knots, waves 7-8 m (max 12-13 m)). Vessel was still kept in position and the risers were not released. No evacuation was initiated. At 1755 hrs on <···> all anchors were relaid and tested and production resumed
1995	SS	DR	AN			I	After hearing a loud bang at 2100 hrs. The oim observed that the no.2 anchor wire (stbd. Fwd.) Had completely payed out. The oim reported to the emergency control room where he observed by a camera in the lower wich pump room a water spray coming from the vicinity of no 2 wire. After disconnecting the upper riser package and while moving the barge to a safe distance from the template another wire from winch no1 began to payout in an uncontrollable maner ultimately pulling the wire off the drum and onto the seabed
1996	FP	PR	AN			I	At 22: 50hrs the anchor alarm activated in the marine control room indicating a line break in anchor chain no.3. This was confirmed. After assessing weather condition and further chain failure predictions it was decided to stop the production and double the watch in the control room
1996	SS	DR	AN			I	At 1752 on <...> While conducting normal drilling ops no 6 anchor chain parted resulting in vessel sliding off of location to starboard to a resultant ball joint angle of aprox 4.5-5 degrees. Remaining anchors held and tensions were adjusted to maintain rig position
1996	SS	DR	AN			I	The rig had been drilling an exploration well, when it lost one of its anchors in rough seas and 70 mph winds. The rig managed to remain stable and in position with its remaining 7 anchors. All 69 crew members stayed on board

续表

Year of Event	Type of Unit	Operation Mode	Chain of events			Event Category	Event Description
			Chain1	Chain2	Chain3		
1997	SS	MD	AN	FA		I	Operation: waiting on weather to repair crown compensator. Weather: wind 55ex 56-65kts.Sea 12-15 mtrs pitch 2o-6o roll 2o-10o. Event: the rig was at 60ft draft [survival draft], when at 2140hrs a loud band was heard.On checking anchor tensions it was discovered no.8 tension hadn gone from 340 ktps to zero.Nos 1 & 7 tensions increased.At this time power ws assigned to winches and propulsion motors 2155 50ft heaved on no 8 chain, no tension assumed parted. 2210 propulsion onto reduce tension. 2210 rig manager informed. 2212 operator informed. 2214 coastguard informed
1997	SS	DR	AN			I	During heavy weather anchored on location on block <...>. The rig was experiencing heavy weather. The lmrp was unlatched from the bop stack and the vessel was riding out the storm. See'ly winds of 80-100kts seas of 40-70 feet. Thrusters running at 70% power to reduce anchor tensions on n0 6, 7 and 8 anchor winches. At 2125 the rig was hit by two sucessive waves, tension was lost on no7 anchor and no's 6 and 8 (adjacent anchors) rose to 500kips. Thruster power was increased to compensate for the loss of the mooring leg. At this time wind speed reached 100 kts and wave heights of 30 m was recorded. At 2140 <...> Were informed of the rigs situation. Subsequently <...> Platform, standby v/l <...>, And <...> Were informed of the situation. <...> No 7 anchor and chain recovered by mv <...>. The chain had failed at a stud link approximately 1400' from the rig and 2300' from the anchor, this is approximately catenery touch down point. A damaged link was recovered on the rig end of the chain. <...> No 7 chain was run to a distance of 3509' on a bearing of 164 degrees. The anchor was insurance tested to 350 kips for 15 minutes. Tests were complete at 0833 and the mooring system was reinstated as operational. <...> And <...> Were informed that the anchor system had been reinstated

续表

Year of Event	Type of Unit	Operation Mode	Chain of events			Event Category	Event Description
			Chain1	Chain2	Chain3		
1997	SS	DR	AN			I	Back reaming out of hole no 2 mooring line found to have parted this is thought to have been caused by drifting buoy dragging across wire inserts on no 2 mooring drill string was hung off and riser displaced to sea water in readiness for disconnecting anchor handler instructed to proceed to <...> To load anchor handling equip and replacement wire inserts
1997	SS	DR	AN			I	Not operating - awaiting anchor handler to re-establish no 2 mooring rig had already unlatched due to high anchor tensions rig hit by heavy sea no 3 mooring either parted or badly slipped winch cab stove in - unable to use controls for no 3 and 4 moorings rig hit by heavy sea no 1 mooring slipped and dragging very slowly and dragging very slowly rig position stabilised 225 m from wel p25 anchor handler standby to assist when weather moderates
1997	SS	DR	AN	PO		A	While heaving in 4 anchor to rack footage counter on winch read 100’ at this point stbd crane whipline was attached to pendant wire on the deck of mv <...>(normal operation is to rack anchor, then boat releases crane wire w/pendant attached). The deck crew on board the<...> Released the pendant, withour permission or given notice. Full weight of anchor and chain went on whipline causing it to part. Fooage counter on winch was out by 200ft, thus this meant anchor went to sea bed
1997	SS	DR	AN	CR	FA	A	Ongoing op - offloading ahv of recovered piggy back equip from last location during discharging of one 3” pennant 600 ft long [flaked] swing supplied parted as the load was almost onboard rig - pennant hit 3 bulk hose saddles and fell into sea close to starboard side
1997	SS	DR	AN	CR	FA	A	Whilst working from <...> Assisting rig to recover anchor cable, ip was placing rope through anchor link, the <...> Lifted with the swell, trapping hand

续表

Year of Event	Type of Unit	Operation Mode	Chain of events			Event Category	Event Description
			Chain1	Chain2	Chain3		
1997	SS	DR	AN	FA		I	Rig had moved off location 40. To recover bop rig was moving back over location to recover g/ line wires. No 2 anchor chain was being heaved in to predetermined length 3527' when the chain suddenly parted at 3528'. Tension was approximately 250 kips at the time of the incident. Area of parting is estimated at "the fairlead"
1997	SS	DR	AN			I	Drilling ahead 12 1/4" hole noted tension on no 8 chain zero vessel offset 5 m from well chain broke 1338 m from anchor
1997	SS	DR	AN			I	Rig was being manoeuvred wellheads in order to fit a prod guidebase whilst heaving on no 6 chain tension was seen to fall off on heaving in remainder of chain it was noted that there was a bruce rental 15 tonne anchor and 1038 m of chain on seabed - 1558 m chain out originally
1997	SS	EV	AN			I	Whilst carrying out anchor handling ops at <...> - <...> Recovered no 1 anchor and removed anchor from chain so that he could make up towing bridle - having made up starboard leg of towing bridle he positioned himself just ahead of port pontoon so that he could recover the anchor pennant of no 12 chain from <...> So that he could make up port leg of bridle procedure for this transfer had been agreed btwn captains of 2 vessels <...> And <...> Were lying stern to stern so that the pennant could be passed from one to the other - <...>'s tugger wire was passed to <...> So that the <...>'s work wire could then be passed back and attached to pennant of no 12 chain - <···>'s work wire was beig pulled over to the <...> When it became taught due to the motion of 2 vessels - as the 2 vessels were not directly in line the wire jumped to port having cut through a large mound of mud which was lying on <...>'s after deck deposited from last anchor he had recovered - wire caught ip in chest and pushed him against crash barrier resulting in injury to his chest

续表

Year of Event	Type of Unit	Operation Mode	Chain of events			Event Category	Event Description
			Chain1	Chain2	Chain3		
1997	SS	MD	AN	FA		A	The osv <...> Was in a position at the stern of the <...> With a potable water hose connected transferring potable water to <...> And off-loading containerised deck cargo. Vessel was positioned on a northerly heading and in attempting to reposition himself he encountered manoeuring difficulties and made contact with <...> No 5 anchor wire on port aft side. <...> Was de-ballasted to transit draught for wire inspection. Some strand damage was evident on no.5 anchor wire
1997	AS	AC	AN			I	Rig 50 ft astern of wellhead with riser and bop disconnected and on board. <...> 1600hrs. No 8 anchor chain end lost overboard from locker whilst paying out for maintenance at the winch. Wind direction 300 deg. 26-30 kts wave direction 300 deg. 8 - 10 ft 3 personnel involved in the operation. All in safe positions at the time of the incident. No personnel injury or damage resulted from this incident. <...> 0315 hrs no 8 anchor chain end retrieved to chain locker. Anchor proof tensioned against no 4 to 350 kips held for 20 mins
1997	SS	DR	AN			I	Whilst joining no 11 anchior chain to locker chain with kenter joining linkk, i.p. Hit his finger with lump hammer suring hammering in locking pin.Injury at firsts thought to be minor, fracture not discovere duntil x-ray on <...>. Note.This report compiled from ddl reports on rigafter request from company.Reporting person not on rig at time of incident
1997	SS	MD	AN			I	No.5 anchor chain failure during prolonged adverse weather – weather at time of failure no 5 anchor chain bearing 179 degrees - chain deployed 1466 m rig was moored in a position 15 m forward of the location wellhead and clear of all other seabed wellheads. Lower riser package and marine riser were disconnected in anticipation of adverse weather at 1635 hrs <...>

续表

Year of Event	Type of Unit	Operation Mode	Chain of events			Event Category	Event Description
			Chain1	Chain2	Chain3		
1997	SS	DR	AN			I	Rig operations at time of incident were pulling out of hole with 7” liner running tool assembly. Assembly depth at time of incident was 8790’. Weather conditions were as follows: wind 55-65 kts(at crown) from direction of 130deg. Seas (max) 18ft from direction of 130 deg. Heave 4’ - 6’ pitch 1/2 - 1 deg (single amplitude) tension on anchor chains no5 and no 6 were between 240 - 270 kips. Chain tensions are set to alarm at over 300kips. No alarms had been raised during the 12 hour period to time of incident. At approx 12: 45hrs rig experienced a roll of approx 5-6degrees. Anchor tensions alarmed on the dms, indicating loss of tension on no 5 and increase in tension on no 6 to 360kips. Visual investigation confirmed no 5 chain hanging loose at stbd aft column. The chain is 3” diameter orq/qt-s. Both thrusters were immediately started and put on line at 80% power to maintain position and ease tension on no 6 winch. Hang-off stand was connected to string and run to well-head and landed out. Lower pipe rams were closed and running string recovered to surface. Riser was then dislaced to seawater as contingency in case we needed to unlatch. Shear rams closed and well annulus monitored through the lower kill line. Tensions on winches no 1 and no 2 was also eased to relieve no 6 and no 4 which had risen to around 300kips+. Immediate weather forecast shows earliest window to commence work to recover and re-connect chain as <...>
1997	SS	DR	AN			I	Whilst retrieving no 7 anchor to bolster the anchor came upon its back and had to be lowered back down in attempts to turn it.During this operation, whilst the anchor was hanging below the bolster, the flukes contacted the hull holing it in two places.The environmental conditions at the time: wind sse 15 kz wave height 3mtr pitch 2 degrees roll 2 degrees
1997	JU	MD	AN	LE		A	The rig had commenced picking up anchors from the <...> Location and no 4 had been recovered and racked.The rig started moving and and the anchor and chain had released.The winchman got the brake engaged but by this time 518 m of chain had run out and was lying on the seabed

续表

Year of Event	Type of Unit	Operation Mode	Chain of events			Event Category	Event Description
			Chain1	Chain2	Chain3		
1997	SS	MD	AN			I	During anchor recovery operations with the vessel <...>, No 6 anchor had been lifted off bottom and was being recovered back to the rig.At 1629 <...> Chain inspector alerted the winch driver to the fact that the chain had broken.The winch was immediately stopped andbrake applied.By the time these actions had taken effect the end of the chain had passed over the winch gypsy and dropped down into the chain locker.The chain counter reading was 2,798 feet. On recovery of the end from the locker the joining shackle was found to be in place but was broken. No excessive tension had been noted whilst hauling in the chain. The joining shackle and both sides of the adjacent chain have been retained for analysis
1998	SS	DR	AN	CR	FA	A	Tension on no.5 chain was ranging between 250 - 350 kips and at approx. 11：11 tension increased suddenly to 380kips（last recorded），and seconds later was recording 14kips.Visual investigation confirmed no.5 chain had no tension.The chain is 3” diameter orq/qt-s
1998	SS	DR	AN			I	Running competion on rig floor whilst altering the position of the umbil ical saddle，a shackle was dropped some 6 m（20’approx above the drawwork. The personnel were attaching a longer sling，working from a riding belt，h when the weight of the assembly swung the man outward as the rig moved，the shackle parts he was holding fell to floor below as they slipped from his grip
1998	SS	DR	AN			I	First anchor broken at 7：30pm on the <...>, Second broken at 3：00am on the <...>. Sea anchors were out. Two had been lifted in preparation for severe winds 50 knots. Seas 13 m precautionary down manning underway
1998	SS	DR	AN			I	During adverse weather 230x 80kts and 13 m seas the leeward anchor chain no 1 and no 3 had been slacked down . At 0245 no 10 chain parted when 110 tonnes tension was on it the weather at the time of the breakage was gusting up to 90 knots

续表

Year of Event	Type of Unit	Operation Mode	Chain of events			Event Category	Event Description
			Chain1	Chain2	Chain3		
1998	SS	DR	AN			I	2055　rig lost position and on investigation it was found that no6 chain had lost tension.Heaved 40 metres but still no indication of tension. Drill string was hung off and riser displaced to sea water in readiness to disconnect.Anchor handling vessel mobilised
1998	SS	DR	AN	PO		A	The <...> Was about to reconnect our chain which had failed on <...>. The rig end of the 76 mm chain was in his sharks jaws and the anchor end of the chain had the <...>'s workwire attached to it the workwire was being heaved in so as a kewter could be inserted to the two ends of the chain.The anchor end of the chain was 1 metre from the sharks jaws when the chain failure occurred. The link of the chain that failed was recovered from the vessels deck and will be sent for analysis weather 150 degrees 125 kts 3 m seas
1998	SS	DR	AN			I	During maintenance of mooring chain fair leads the weak link on No.2 mooring line parted and the chain end towards the anchor got trapped in the chain pipe above the fair lead. No personnel/equipment injured/damaged. Operation with 7 mooring line continue in accordance to Marine and Contingency Manual and Non Conformance No.176
1999	FP	PR	AN			I	The ATC & 703 DP computers froze after receiving numerous “run time” errors due to fault on the system. The vessel was quickly taken off auto DP system by manual operation of the main thrusters using heading control. The manual heading control had to be maintained for 2 hrs until an auto system could be established to allow limited auto heading control. Non essential personnel were evacuated by helicopter as a precaution
1999	FP	PR	AN			I	Shuttle tanker was receiving export cargo when she suffered a dp failure it resulted in a fwd excursion from her set position, causing her to overun the mooring line buoyancy. Vessel repositioned and holding position on manual mode, still connected to export hose & mooring line. A subsequent survey indicated that an element of the mooring rope assembly had been wrapped around the mble, causing crush damage to the wire rope. Tanker disconnected whilst repair plan implemented. Actions taken/planned to prevent recurrence of incident

续表

Year of Event	Type of Unit	Operation Mode	Chain of events			Event Category	Event Description
			Chain1	Chain2	Chain3		
1999	FP	PR	AN			I	At 00:30 on <...>, while recovering #7 anchor, the chain wire connector was coming over the rig's wildcat gipsey. The chain wire connector failed to seat properly and at this time the wire socket failed, allowing the wire to drop to the chain locker and the chain to drop back through the lower fairlead and back into the sea. Fortunately, the <...> had #7 chaser pendant up to his stern roller, and nothing else failed. There were no personnel in the vicinity of the windlass, chain locker or aft end of the anchor handling vessel. The weather conditions at the time. Wind: -12 knots and seas of 4 feet with 7 feet swells. The rig's pitch was 1.5deg roll 0.6 deg
1999	SS	DR	AN			I	The rig was being moved from N7 location to a safe handling area 35 metres west in order to retrieve the G2/EDP package. As tension was being taken on the chain, the clutch slipped out allowing the chain to run out 554ft before it was arrested by the hydraulic braking system. The chain missed by 14 metres, the gas lift pipeline GLF/2 which was in use at the time of the incident. The clutch slipped due to failure of the operating relays and mechanical lock to hold the clutch in position, assisted by misalignment of the clutch operating yoke which prevented full engagement.Prior to resuming anchor handling operations, the electrical and mechanical faults were rectified and all other windlasses checked for similar defects. A review of operating and maintenance procedures was also undertaken and a number of improvements are to be put in place
1999	SS	MO	AN			I	Undertaking routine mooring line adjustments using nos 5 & 6 windglasses when gearing failure occured. Causing uncontrolled run-out of no.6 chain. Run out caught using brake. No damage or injuries and no critical loss of position over well resulted. Actions taken/planned to prevent recurrence of incident

续表

Year of Event	Type of Unit	Operation Mode	Chain of events			Event Category	Event Description
			Chain1	Chain2	Chain3		
1999	SS	MO	AN			I	The operation that was in progres was retrieving all anchors at block <...>. The <...> was passed no3 pennant at 1917 to chase out to the anchor. 1953 anchor was off the seabed. 2005 commenced retrieving the anchor chain. 2057 chain failed on the gypsy with 893 m of chain out. No 3 anchor was on the stern roller of the <...>. Actions taken/planned to prevent recurrence of incident
1999	SS	MD	AN			I	A motor was removed from the port bow anchor winch due to a ground fault in the motor. Prior to the job the brake on the drum was firmly applied, the motor was removed and after 10 mins the drum started to turn and the anchor fell to the seabed. Supply vessel <...> was working the rig on the port side at safe distance when the anchor dropped, Upon further investigation it was found that the "brake" was in fact not a brake but a clutch, the main brake is on the motor
2000	JU	DR	AN			I	Prior to commencing ops to inspect & change out sections of chain on #3 & #6 mooring lines the programme called for the rig to tension up all mooring lines to 300kips with rig in operating position alongside <...> to ensure mooring chains were in alignment. Prior to commencing recovery of chains for inspection mooring lines were to be slackened <...> CRO were informed & Gangway closed with watchman posted. At 0747 while in process of picking on #7 to cross tension against #3 the #7 chain failed. <...> CRO informed & instructed to inform OIM. Drill floor informed & instructed stop pumping & make safe drilling ops. As #7 is laid to NE of <...> the failure caused rig to move from platform to SW. No danger of rig clashing with platform. Crane Op dispatched to gangway cab to monitor gangway parameters. Barge Engr began adjusting remaining anchors to reposition rig back in operating position & ballasting to counteract 2deg list to Stb caused by chain failure. Rig back in secure operating position. @ 0806

续表

Year of Event	Type of Unit	Operation Mode	Chain of events			Event Category	Event Description
			Chain1	Chain2	Chain3		
2000	SS	DR	AN			I	Failure of No 7 anchor chain. Reportable due to down manning.At 06.00 hrs on <...> the rig was felt to roll violently (7 degrees), to starboard during severe weather (Winds Westerly up to 65 knots, seas 10 m+). At this time the tension on No 7 was observed, on the pilot house monitor, to pass the maximum recordable tension of 300 tons. A loud bang was then heard immediately followed by the sound of an uncontrollable payout of chain. The emergency "brake on" switch was activated in the pilot house very shortly followed by the "brake on" lever being applied at the winch house. The payout of chain was quickly stopped. Chain was heaved back to original scope - 10 m unable to re-establish tension. All indications were that chain had parted. LMRP disconnected at 06:23 hrs. <...> all informed shortly after 06:00hrs. Rig was now approx. 10 m off location but holding station. Decision taken to down man non-essential personnel to continuationof adverse weather. Anchor chain found to be broken with one end lying with 12 links across P4 flowline. No damage to flowlines evident. Broken link found on sea bed and recovered. Cross tensioning was carried out and the rig was skidded back over location at 19:20hrs and operations were resumed
2000	SS	DX	AN			I	The <···> Flotel had a reportable incident during anchor retrieval and unmooring from the <···> location. The <···> was at the stand off position and was also retrieving two of the last four anchors. An unexpected squall came through the area from a direction of 200 degrees. This squall caused the <···> to pivot in a direction towards the <···>. With the backup resources at hand e.g. the vessel's propulsion and the four anchor handling vessels, the <···> was brought back under full control in a timely manner. The air gap between the <···> and the <···> was reduced. During this situation the <···> OIM was informed and they decided to go into alert and shutdown their platform. The Initial situation was brought under control within 5 minutes and the <···> returned to normal status later in the morning. The incident happened at 04.30 hrs this morning

续表

Year of Event	Type of Unit	Operation Mode	Chain of events			Event Category	Event Description
			Chain1	Chain2	Chain3		
2001	AS	AC	AN			I	At 22.45 on <···>, whilst mooring <···> at new location <···>, the pawl on anchor winch #1 was being applied at the same time as the brake. The causation of the incident is still under investigation, but the pawl may have jumped out and jumped back into the next pocket. The resultant damage is that the outer cheek of the Winch wildcat cracked across the top third. The weather at the time was cloudy with 10 knot Sly winds and seas of 2.5 m. As stated the causation of the incident is still under investigation and until such a time as this is established, future recurrence prevention measures cannot be actioned. Chain on this wildcat has already been removed to make safe and measures are underway to affect repair soonest. Witnesses to incident were the winch operator and the stand by man
2001	SS	MO	AN			I	The dropping tension of number 8, mooring line. Line parted & failed. At 23.50 on <···> an alarm was activated in the control room showing loss of tension on # 6 mooring line. At the same time it was felt on the rig a shudder effect & a slight movement of Rig to starboard. Upon investigation it was found that the tension on # 6 line had dropped from 285 kips to 95 kips. The rig had moved off position approx. 20 metres initially settling down to 10 metres off location. Thruster were engaged & remaining mooring lines adjusted to maintain rig position over location. Weather at time of incident was Wind 27 kts direction 040 degrees. Seas 10 feet. Rig heading is 224 degrees. Bearing # 6 mooring line 113 degrees. Current situation is rig maintaining position over location. Awaiting arrival of Anchor handling vessel to assist in recovery of mooring line

续表

Year of Event	Type of Unit	Operation Mode	Chain of events			Event Category	Event Description
			Chain1	Chain2	Chain3		
2001	SS	DX	AN	PO		I	Whilst having No. 3 anchor in order to cross tension against No.9 anchor, the chain parted on the gypsy. The Rig end fell into the chain locker and outbound end fell into the water. The chain tension had only just begun to rise and was reported under 200kips just below the breakage. Approximately 1080 metres of chain was lost overboard. The anchor handling vessel <···> recovered the anchor and all the chain which was then wet stowed in a safe location. Weather conditions were SEly wind at approx. 25 kts. SE seas approx. 3 m, fine and clear. Location approval was then obtained for operating with 11 anchors for this well only
2002	SS	DR	AN			I	Whilst testing the emergency release on anchor No 1, the controlled pay out failed to work. The brakes also failed to come on causing a complete loss of No 1 chain to the sea bed. <···> instructed to attend the rig and carry out a full investigation
2002	SS	DD	AN			I	<···> Mooring Line parted. The rig was unlatched at the time and was waiting on weather. weather at the time was: wind 35-40 kts Wave ht 17-26 mtrs Visibility 4-6 miles. Pitch 8 deg. Roll 3 deg. Heave 20 mtres
2003	SS	DR	AN			I	Whilst running No.3 anchor, the anchor winch DC motor went into overspeed and destructed, throwing motor covers and mica into surrounding areas.Immediate area was made safe and cordoned off. Meteorological conditions at the time of the Incident were: Wind: 190° 20 Knots at Crown, Barometric Pressure: 983 m/b Steady Visibility: 10 Nautical Miles Air Temperature: 42 F Sea State: Wave height 6 feet @ 190° Roll Max 3°. Pitch 1°. Heave 1-2 ft
2003	SS	MO	AN	FA		I	Rig on location, preparing to cement liner when shear link on No 6 anchor chain was inadvertently payed out beyond fairlead and sheared as designed 192 ft from chain bitter end. Rig shut down all well operations and made safe, rig adjusted other anchor chains to maintain well centre. Environmental conditions Wind - 8 kts, Dir - 186, Vis - 10 miles, Sea - 6ft @ 250

续表

Year of Event	Type of Unit	Operation Mode	Chain of events			Event Category	Event Description
			Chain1	Chain2	Chain3		
2003	SS	WO	AN			I	The rig had just completed a rig move to this location and was in the process of commencing to run No8 anchor. While paying out No8 anchor to the <···> there was an uncontrolled pay out of anchor chain, approximately 3,900 feet. All methods available at the local station were used to arrest the chain pay out without success. The anchor chain ceased its controlled payout because the bitter end was secured in the anchor locker. Weather at time Wind - 5 -10 knots Seas - 0.5 metres Pitch - 0.5 deg Roll - 0.5 deg Vis - 10 miles
2003	SS	MO	AN			I	The operator started the maintenance operation on the first chain number 5, which required two links of the chain to be stowed. The chain was lifted by energising the rams to raise the chain gripper and the chain stopper was opened. When the rams reached their full extent the operator tried to close the chain stopper to engage the chain in its new position. The chain stopper would not fully engage the chain despite the chain having been raised by the full stroke and they were lowered back to the stat position. A second attempt was made to raise the rams, but once again the chain stopper could not be engaged due to incorrect chain position failed attempt. The operator made the decision to lower the rams to stow the chain in its original position and report the problem
2003	FP	PR	AN			N	The shuttle tanker off-load operation had just been completed. The off-load hose and hawser had just been rewound on their respective reels. The post-operation inspection of the equipment found the 55 tonne shackle on the Pusners coupling sheared. There was nothing unusual or abnormal seen by either <···> or shuttle tanker personnel during the whole operation. The weather was about 10 knots wind 7 degrees C. Calm sea state. Fine and sunny with excellent visibility

续表

Year of Event	Type of Unit	Operation Mode	Chain of events			Event Category	Event Description
			Chain1	Chain2	Chain3		
2003	FP	LO	AN			N	At 20: 25 hrs <...> the ballast operator received a low tension alarm on anchor mooring line no 4 (line was opposite to the weather, 108 deg). It was immediately discovered that this was a confirmed breakage. Weather: Wind from 340 deg, 45-50 kts. Hs 8, 2 m- max 13 m. FPSO designed to withstand any single failure, checked for abnormalities on seabed, all OK. <...> Survey of mooring line 4 performed by <...>, spring buoy still attached to the wire segment, no sign of any damage to the flowlines/subsea equipment. Anchor handling operation will take place in the future to re-establish mooring line
2005	FP	PR	AN			I	Inside 500 mz at the anchor handler vessel. During change out of mooring wire 8 the flamish eye on the core of the 135 mm mooring wire failed whilst being prepared for recovery on the anchor handling vessel, "<...>". The AHV had secured the 52 mm eye to their working wire with a shackle and was ready to start recovering the mooring wire onto the vessels winch. As the shark yaw was released the eye on the 52 core mm wire parted and the mooring wire dropped down to the seabed. Shortly after the incident a survey of the sub sea facilities was carried out, no server damage was recorded. Relevant documentation: <...>: <...> Mooring Line Replacement Procedure <...> w/ Risk Assessment. The weather at the time was good, wind W 18 knots. Sig wave height 1, 8 meter. There was no potential for personnel injuries

续表

Year of Event	Type of Unit	Operation Mode	Chain of events			Event Category	Event Description
			Chain1	Chain2	Chain3		
2005	FP	PR	AN			I	Wind 215 deg; T x 50 knts; wave ht. 8-10 mtrs. Rig had completed milling a side track window, was out of the window, circulating, awaiting weather to pull out of hole. Deteriorating weather being monitored. At approx 12: 48 #1 anchor from records lost tension. 13: 11 #2 anchor lost tension, rig beginning to move off location. Thrusters applied to counter the drift and preparations commenced to displace the riser to seawater hangoff and disconnect from seabed. 13: 34 #8 mooring indicated slipping. V/L held stabilised on thrusters while displacing riser. Deteriorating weather conditions caused v/l to drift against thruster capacity, reaching limits on riser offset for release. Displacement not completed when emergency disconnect had to be initiated resulting in a 93 bbl loss of OBM (78% oil to 22% water ratio) to sea. Vessel peak offset 80 -100 ft off before reduction in weather and thruster capacity restabilised rig position 50 ft east of well. Further adjustments to even the moor applied. Reported to authorities, including issue of PON 1 Notice. V/L awaiting arrival of anchor handlers to re instate moor and assess subsea rig equipment damage. <...> field production pipeline running under rig requested shut down action
2005	SS	DD	AN	PO	LG	A	Lifting anchors to depart location. The port crane was taking part in operations and the anchor was in the vicinity of the roller with 250 foot of chain when the pelican hook (on the boat) to the pelican wire was inadvertantly released
1984	SS	MD	CR	AN		I	The rig, with 73 persons on board, suffered extensive damage during the very bad weather. Shortly before the accident, the drilling operation had been halted and the well secured. No personnel were on deck at the time of the accident. An abnormally large wave estimated to 100 ft struck the side of the unit causing damage to anchor winch house, surrounding decks and one lifeboat. Lower hull propulsion room shell plating was punctured by falling debris causing a slight water intrusion, but the ballast pumps coped with the situation. After having 45 persons airlifted from the rig, it moved to port for repairs

续表

Year of Event	Type of Unit	Operation Mode	Chain of events			Event Category	Event Description
			Chain1	Chain2	Chain3		
1991	SS	DX	ST	AN	FA	A	The vessel was connected to the end of a flexible flowline via a pickup line in order to prevent snagging of the line with a nearby tanker. The vessel failed to maintain position and dragged the line westwards over the platforms anchor no 7 which caused the line to part. The line was filled with inhibited seawater at ambient pressure so there was no pollution or risk of injury
1994	SS	DR	PO	AN		A	Anchors were being recovered with the rig at operating draft of 83 ft during no 6 anchor permanent chaser pendant (pcp) recovery operations, using the starboard crane whipline, the pcp was released from the anchor handling vessel <...>, The whipline was subjected to a shock load.The shock load damaged the whipline hydraulic pump. The pump damage set it to "haul in" (not known at the time) and this function could only be stopped by operating the emergency stop.This resulted in the whipline, after an initial stop spooling off of it's drum into the sea still attached to the pcp. It was subsequently established that no 6 anchor was further out than thought due to the existance of an old white paint mark on the chain which had been mistaken for the correct deep draft move anchor position mark
1998	SS	DR	CR	AN	FA	A	(<...> <...>) Due to the adverse weather conditions Anchor chain No. 7 broke off. Thruster No.3 is not working

续表

Year of Event	Type of Unit	Operation Mode	Chain of events			Event Category	Event Description
			Chain1	Chain2	Chain3		
2005	SS	DR	MA	AN		I	The converted semisub producing from a subsea manifold abandoned production due to the fierceful weather. At 0119 hrs a 9-ft heave and a 82-knot wind was recorded and the conditions continued to deteriorate and at 0236 hrs, abnchor chain no. 4 parted (tension: 200,000 lbs). Some 20 mins later two other anchor chain parted. Now the rig was 65 to 80 feet off location. At 0513 hrs anchor chains 6 and 7 parted after the rig had been hit by an unusually large wave. Two helicopters were mobilized. The weather continued to build and 20 mins later the breakaway of the rig appeared imminent and anchor chains 10, 11 and 12 were cut. This action was taken to prevent the overrun of these anchors and possible capsizing of the rig as a result. Only anchor chain no. 1 was left dragging. This prevented the rig to drift directly towards the sbm. The rig's mat tanks scraped over but cleared the <...>'s mooring lines. Once clear of the <...> The evacuation could start. 48 persons were evacuated while 22 remained onboard. The rig continued to drift another 1.5 days before being secured by a towline. The had drifted some 27 miles from original position. The rig was towed to <...> For inspections and replacement of anchor chains
1981	PS	PR	AN	PO		I	Anchor pulled free during bad weather and <···> drifted towards platform tugs pulled it clear but tugline broke and it hit platform jacket, and was dented
1983	SS	DR	AN	PO	CN	A	Anchor chain failure, riser failure. Anchor chain failed resulting in rig offset - attempted to reduce offset.With rig propulsion which proved unsuccesfull, energised riser connector.Unwatch during which all 6 ruckers tensioner lines parted causing riser to part at divertor ball joint
1990	SS	DR	AN	PO		A	<...> Alongside <...> Believed to have lost 2 mooring lines however later found to have lost 3 windward mooring lines. <...> Was unable to maintain postion and had therefore slipped the remainder of its moorings and was heading for <...> With the assistance of an anchor handler

续表

Year of Event	Type of Unit	Operation Mode	Chain of events			Event Category	Event Description
			Chain1	Chain2	Chain3		
1992	AS	AC	AN	PO		A	At 17.05hrs on <...> A baldt joining shackle in our no. 5 anchor chain system failed.The rig then moved of location by approximately 16' until the opposing anchor was slackened and hole position re-established. The well was then secured until the chain was reconnected and the system tested to 350 kips at 23.50hrs on <...>. Wind nne x 15/20 kts no.5 bearing 153 t sea nne 3-4 m link failure approx 600' from rig rig heading 313 t
1992	SS	DR	AN	PO		A	At 1600 hrs <...> While recording weather and mooring tension details, watchstander reported that tension on no 7 mooring line had dropped to 14mt from 90mt at noon. Adjacent line tensions had increased and the rig was off location, as indicated by the positioning indicator. Approx 200 m mooring line was heaved in but no increase in tension resulted. At 0600hrs on <...> The vessel <...> Commenced recovery operations. The inboard end of the chain was recovered and buoyed off at 1045. Using the rig's permanent chain chaser and a safety shackle, the outboard end of the wire was recovered at 1225, and <...> Reported the failure of the connecting link used to connect the mooring chain. A replacement link was used to join the wire and chain, the operation being completed with mooring tensioned at 1458
1993	SS	DR	AN	PO		A	A routine inspection of anchor chain fairleads ability to turn was on- going.the turret was parked with mechanic breaks on the vessel turret was then turned approx 18deg to starboard by use of the vessel side thrusters to inspect the fairleads ability to swing.after approx 15 min the turret, without warning, swung quickly 18 deg to port. No injuries of personnel or equipment damage, but could have caused per- sonnel injuries

续表

Year of Event	Type of Unit	Operation Mode	Chain of events			Event Category	Event Description
			Chain1	Chain2	Chain3		
1993	FP	PR	AN	PO		I	At 2054 hrs the semi (crew of 72), in position lat <···>n and long <···>w reported that its no. 8 anchor cable had parted and no. 7 anchor was dragging in storm winds, very roughsea and heavy swell. The rig was 250 feet off location, but holding positionusing thrusters. No intention to downman/evacuate the rig. At 2123 hrs itwas reported that no. 7 anchor appeared to be holding. The rig was notconnected to the well at time drift occurred other than by guide wires tothe guide base. M tug vessel <···> was mobilized to assist thesemi. At 0030 hrs the situation was stable. At 0600 hrs the platform had moved 350 feet off location, winds 36-42 knots, seas 25-30 ft, 7 ft heave. At 1100 hrs the vessel was on site and rigged for towing
1993	SS	DX	AN	PO		I	At 1752 on <...> While conducting normal drilling ops no 6 anchor chain parted resulting in vessel sliding off of location to starboard to a resultant ball joint angle of aprox 4.5-5 degrees. Remaining anchors held and tensions were adjusted to maintain rig position
1996	SS	DR	AN	PO		I	Not operating - awaiting anchor handler to re-establish no 2 mooring rig had already unlatched due to high anchor tensions rig hit by heavy sea no 3 mooring either parted or badly slipped winch cab stove in - unable to use controls for no 3 and 4 moorings rig hit by heavy sea no 1 mooring slipped and dragging very slowly and dragging very slowly rig position stabilised 225 m from wel p25 anchor handler standby to assist when weather moderates
1997	SS	DR	AN	PO		A	2055 rig lost position and on investigation it was found that no6 chain had lost tension.Heaved 40 metres but still no indication of tension. Drill string was hung off and riser displaced to sea water in readiness to disconnect.Anchor handling vessel mobilised

续表

Year of Event	Type of Unit	Operation Mode	Chain of events			Event Category	Event Description
			Chain1	Chain2	Chain3		
1998	SS	DR	AN	PO		A	The dropping tension of number 8, mooring line. Line parted & failed. At 23.50 on <···> an alarm was activated in the control room showing loss of tension on # 6 mooring line. At the same time it was felt on the rig a shudder effect & a slight movement of Rig to starboard. Upon investigation it was found that the tension on # 6 line had dropped from 285 kips to 95 kips. The rig had moved off position approx. 20 metres initially settling down to 10 metres off location. Thruster were engaged & remaining mooring lines adjusted to maintain rig position over location. Weather at time of incident was Wind 27 kts direction 040 degrees. Seas 10 feet. Rig heading is 224 degrees. Bearing # 6 mooring line 113 degrees. Current situation is rig maintaining position over location. Awaiting arrival of Anchor handling vessel to assist in recovery of mooring line

Code(Chain1-5)	Type of event	Explanation
AN	Anchor failure	Problems with anchor/anchor lines, mooring devices, winching equipment or fairleads (e.g. anchor dragging, breaking of mooring lines, loss of anchor(s), winch failures)
BL	Blowout	An uncontrolled flow of gas, oil or other fluids from the reservoir, i.e. loss of 1. barrier (i.e. hydrostatic head) or leak and loss of 2. barrier, i.e. BOP/DHSV
CA	Capsize	Loss of stability resulting in overturn of unit, capsizing, or toppling of unit
CL	Collision	Accidental contact between offshore unit and/or passing marine vessel when at least one of them is propelled or is under tow. Examples: tanker, cargo ship, fishing vessel. Also included are collisions with bridges, quays, etc., and vessels engaged in the oil and gas activity on other platforms than the platform affected, and between two offshore installations (to be coded as CN only when intended for close location)
CN	Contact	Collisions/accidental contacts between vessels engaged in the oil and gas activity on the platform affected, e.g. support/supply/stand-by vessels, tugs or helicopters, and offshore installations (mobile or fixed). Also are included collisions between two offshore installations only when these are intended for close location
CR	Crane accident	Any event caused by or involving cranes, derrick and draw-works, or any other lifting equipment
EX	Explosion	Explosion
FA	Falling load	Falling load/dropped objects from crane, drill derrick, or any other lifting equipment or platform. Crane fall and lifeboats accidentally to sea and man overboard are also included

续表

FI	Fire	Fire
FO	Foundering	Loss of buoyancy or unit sinking
GR	Grounding	Floating installation in contact with the sea bottom
HE	Helicopter accident	Accident with helicopter either on helideck or in contact with the installation
LE	Leakage	Leakage of water into the unit or filling of shaft or other compartments causing potential loss of buoyancy or stability problems
LG	Spill/release	"Loss of containment". Release of fluid or gas to the surroundings from unit's own equipment/vessels/tanks causing (potential) pollution and/or risk of explosion and/or fire
LI	List	Uncontrolled inclination of unit
MA	Machinery failure	Propulsion or thruster machinery failure (incl. control)
PO	Off position	Unit unintentionally out of its expected position or drifting out of control
ST	Structural damage	Breakage or fatigue failures (mostly failures caused by weather, but not necessarily) of structural support and direct structural failures. "Punch through" also included
TO	Towing accident	Towline failure or breakage
WP	Well problem	Accidental problem with the well, i.e. loss of one barrier (hydrostatic head) or other downhole problems
OT	Other	Event other than specified above
s		
Code (Operation Mode)	Operation mode	Explanation
DD	Development drilling	Development and production drilling; incl. concurrent drilling and production and drilling of injection wells
DR	Drilling	Drilling, unknown phase
DX	Exploration drilling	Exploration drilling; including appraisal and sulphur drilling
EV	Completion	Completion or abandonment of ongoing drilling operation
MD	Demobilizing	Unit demobilizing; departing from site
MO	Mobilizing	Unit mobilizing; preparation to drill, positioning on site, etc
PR	Production	Production
TE	Testing	Testing; during exploration drilling (DST) and equipment testing related to production or development drilling
TW	Transfer	Transfer wet; transfer of floating unit (self propelled or not)
WO	Well workover	Well workover (light or heavy), e.g. wireline operation
OT	Other	Other, e.g. for storage units, helicopters, etc
Code (Event Category)	Event Category	Explanation

续表

A	Accident	Hazardous situation which have developed into an accidental situation. In addition, for all situations/events causing fatalities and severe injuries this code should be used
I	Incident	Hazardous situation not developed into an accidental situation. Low degree of damage, but repairs/replacements are required. This code should also be used for events causing minor injuries to personnel or health injuries
N	Near-Miss	Events that might have or could have developed into an accidental situation. No damage and no repairs required
U	Unsignificant	Hazardous situation, but consequences very minor. No damage, no repairs required. Small spills of crude oil and chemicals are also included. To be included are also very minor personnel injuries, i.e. "lost time incidents"
Code (Type of Unit)	Type of Unit	Explanation
AJ	Accommodation jackup	Jackup-type unit used for accommodation purposes
AS	Accommodation semi-submersible	Semi-submersible-type unit used for accommodation purposes
DS	Drillship	Drillship (MODU)
FP	FPSO	Floating Production Storage and Offloading unit
FS	FSU	Floating Storage Unit
JU	Drilling jackup	Jackup-type drilling unit (MODU)
PJ	Production jackup	Jackup-type production unit (MOPU)
PS	Production semi-submersible	Semi-submersible-type production unit (MOPU)
SS	Drilling semi-submersible	Semi-submersible-type drilling unit (MODU)
TL	Tension-leg platform	Tension-leg platform

参考文献

[1] 于嵩松,张大勇,王刚,等. 寒区海洋经济型抗冰结构预警报管理系统[J]. 中国海洋平台,2021,36(1):1-7,20.

[2] 张旭. 海洋结构物可靠性监测与分析方法研究[D]. 哈尔滨:哈尔滨工程大学,2018.

[3] 刘小会,赵文安,赵庆超,等. 海洋石油平台导管架安全监测系统[J]. 山东科学, 2015, 28(6):81-86.

[4] 任丽娜. 海洋平台结构健康监测系统的研究[D]. 镇江:江苏科技大学,2015.

[5] 甘泉. FPSO 单点系泊监测及预警系统的设计与开发[D]. 天津:天津大学,2014.

[6] 朱海山,何骁勇,陈勇军,等. 浮式平台一体化海洋监测系统的利用和发展[J]. 中国水运,2022(7):71-73.

[7] 杨光,王晓天,吕永坤,等. 海洋平台结构应力实时监测系统研究[J]. 中国水运, 2014, 14(2):92-93.

[8] 陈文华,黄伟稀. 基于卷积神经网络的海上风电机组齿轮箱故障诊断[J]. 电子设计工程,2022,30(21):6-10.

[9] 郑小霞,叶聪杰,符杨. 海上风电机组状态监测与故障诊断的发展和展望[J]. 化工自动化及仪表,2013,40(4):429-434.

[10] 徐留洋. 软刚臂铰接点故障诊断方法研究[D]. 大连:大连理工大学,2019.

[11] 李忠涛,熊振南. 基于贝叶斯网络的钻井平台法兰故障诊断及网络节点灵敏度分析[J]. 珠江水运,2022(10):45-48.

[12] 淳明浩,崔文勤,杨肖迪,等. 海底管道风险评估方法研究与应用[J]. 石油工程建设,2020,46(S1):120-125.

[13] 余小川, 谢永和, 李润培,等. 水深对超大型 FPSO 运动响应与波浪载荷的影响[J]. 上海交通大学学报,2005(5):674-677.

[14] 张火明, 杨建民, 肖龙飞. 基于混合模型试验技术的中等水深 FPSO 系统水动力性能研究[J]. 船舶力学,2006(5): 1-10.

[15] 肖龙飞, 杨建民, 姚美旺. 浮式生产储油轮诱导软刚臂系泊系统的动力响应[J]. 上海交通大学学报,2007,252(2):162-167.

[16] 王科, 张志强, 许旺. FPSO 型采油平台波浪力与运动响应分析[J]. 船舶力学, 2009, 13(5): 718-726.

[17] 肖龙飞, 杨建民, 胡志强. 极浅水单点系泊 FPSO 低频响应分析[J]. 船舶力学, 2010, 14(4): 372-378.

[18] 朱建, 窦培林, 陈刚, 等. 西非海域涌浪对多点系泊 FPSO 水动力性能影响分析[J]. 中国造船, 2014, 55(3): 117-124.

[19] 姚云鹏,余杨,余建星,等. 转塔式 FPSO 局部系泊失效模式下的动力响应[J]. 船舶工

程,2021,43(9):132-139.

[20] YE H, JIANG C, ZU F, et al. Design of a structural health monitoring system and performance evaluation for a jacket offshore platform in east China sea[J]. Appl. sci, 2022, 12: 12021.

[21] WU W, WANG Y, TANG D, et al. Design, implementation and analysis of full coupled monitoring system of FPSO with soft yoke mooring system[J]. Ocean engineering, 2016, 113:255-263.

[22] ZHANG X, NI W CH, LIAO H T, et al. Improved condition monitoring for an FPSO system with multiple correlated components[J]. Measurement, 2020, 166: 1-15.

[23] WU L, YANG Y W, MAHESHWARI M. Strain prediction for critical positions of FPSO under different loading of stored oil using GAIFOA-BP neural network[J]. Marine structures, 2020, 72: 1-16.

[24] HARISHANKAR S, REDDY L M, MOHAMED L, et al. Fatigue damage prediction of top tensioned riser subjected to vortex-induced vibrations using artificial neural networks[J]. Ocean engineering, 2023:268.

[25] WANG J, YE L K, GAO R X, et al. Digital Twin for rotating machinery fault diagnosis in smart manufacturing[J]. International journal of production research, 2019, 57(12): 3920-3934.

[26] AULIA R, TAN H, SRIRAMULA S. Dynamic reliability model for subsea pipeline risk assessment due to third-party interference[J]. Journal of pipeline science and engineering, 2021, 1(3):277-289.

[27] LI P, JIN C, MA G, et al. Evaluation of dynamic tensions of single point mooring system under random waves with artificial neural network[J]. Journal of marine science and engineering, 2022, 10(5): 1-17.

[28] SOARES C G, FONSECA N, PASCOAL R. Experimental and numerical study of the motions of a turret moored FPSO in waves[J]. 2005, 127(3): 197-204.

[29] VAZQUEZ-HERNANDEZ A O, ELLWANGER G B, SAGRILO L V S. Long-term response analysis of FPSO mooring systems[J]. Applied ocean research, 2011, 33(4): 375-383.

[30] HU Z Q, YANG J M, ZHAO Y N, et al. Full scale measurement for FPSO on motions in six-degrees of freedom and environmental loads and deduction of mooring system loads[J]. Science China(physics, mechanics & astronomy), 2011, 54(1): 26-34.

[31] ZHANG L, LU H, YANG J, et al. Low-frequency drift forces and horizontal motions of a moored FPSO in bi-directional swell and wind-sea offshore West Africa[J]. ships and offshore structures, 2013, 8(5): 425-440.

[32] WANG Y H, DOU X H, ZOU C T, et al. Research on modeling and control of thruster-assisted position mooring system for deepwater turret-moored FPSO[C]. Nanjing: IEEE, 2014.

[33] TANG Y G, LI Y, WANG B, et al. Dynamic analysis of turret-moored FPSO system in Freak Wave[J]. China ocean engineering, 2016, 30(4): 521-534.

[34] SANCHEZ-MONDRAGON J, VAZQUEZ-HERNANDEZ A O, Cho S K, et al. Yaw motion analysis of a FPSO turret mooring system under wave drift forces[J]. Applied ocean research, 2018, 74: 170-187.

[35] WU H, ZHANG Z Y. Sensitivity study of a floating production storage and offloading (FPSO) motion concerning wave parameters[J]. Marine technology society journal, 2021, 55(5): 210-221.

[36] QIAN D SH, LI B B, YAN J, et al. Transient responses evaluation of FPSO with different failure scenarios of mooring lines[J]. Journal of Marine Science and Engineering, 2021, 9(2): 103.

[37] AMIN I, DAI S S, DAY S, et al. Experimental investigation on the influence of interceptor plate on the motion performance of a cylindrical FPSO[J]. Ocean engineering, 2022, 243(2022)110339.

[38] SRIDHAR K, SANNASIRAJ S A, SUNDARAVADIVELU R. Motion response analysis of non-ship shaped FPSO for deepwater[C]. Chennai: OCEANS-IEEE, 2022.

[39] GUO X X, ZHANG X T, LU W Y, et al. Real-time prediction of 6-DOF motions of a turret-moored FPSO in harsh sea state[J]. Ocean engineering, 2022, 265:112500.

[40] COTRIM L P, BARREIRA R A, SANTOS I H F, et al. Neural network meta-models for FPSO motion prediction from environmental data with different platform loads[J]. IEEE access, 2022, 10: 86558-86577.